辽宁大学本科精品教材系列

无机化学实验

熊英 姜晓庆 主编

Inorganic
Chemistry
Experiments

化学工业出版社
·北京·

内容简介

《无机化学实验》按照基础知识—基础操作—专业基础实验—综合实验层次编写。第1章为无机化学基本操作训练，其中包含无机化学实验的必备知识和36个基础实验；第2章为常数测定，其中包含实验数据处理简介和12个常数测定实验；第3章为元素实验，其中包含8个元素性质及分离实验。本书使学生熟悉无机化合物的一般分离和制备方法，掌握基础无机化学的基本实验方法和操作技能，培养学生严谨的科学态度、分析问题与解决问题的能力。

《无机化学实验》可作为高等院校化学、应用化学、化工、制药、生物、环境、冶金、矿业等理工科专业学生的无机化学实验教材，也可供相关专业从业者作为参考之用。

图书在版编目（CIP）数据

无机化学实验 / 熊英，姜晓庆主编. -- 北京 ：化学工业出版社，2025. 11. --（化学工业出版社“十四五”普通高等教育规划教材）. -- ISBN 978-7-122-49214-2

Ⅰ. O61-33

中国国家版本馆 CIP 数据核字第 2025AH9469 号

责任编辑：汪　靓　林　媛　　文字编辑：朱　婧　师明远
责任校对：杜杏然　　装帧设计：史利平

出版发行：化学工业出版社
（北京市东城区青年湖南街13号　邮政编码100011）
印　　装：三河市君旺印务有限公司
787mm×1092mm　1/16　印张 11¼　字数 272 千字
2025年11月北京第1版第1次印刷

购书咨询：010-64518888　　售后服务：010-64518899
网　　址：http：//www.cip.com.cn
凡购买本书，如有缺损质量问题，本社销售中心负责调换。

定　　价：32.00 元

《无机化学实验》编写人员名单

主　编： 熊　英　姜晓庆

副主编： 张　薇　崔俊硕　闫卓君　刘　琳

孟庆博　孟　阳　朱俊泳　杜媛婷

前言

无机化学实验是一门独立的基础实验课程，是化学实验的重要分支，也是学习其他化学实验的重要基础。无机化学实验是学生进入大学后的第一门实验课程，因而它对奠定学生良好的实验基础技能特别重要，是学生必须熟练掌握的基本功。无机化学实验虽然是一门独立开设的课程，但在内容上是与无机化学课程密切联系的，理论课为学生积累了充分必要的理论知识，实验课在理论课的基础上让学生更好地理解消化，加深对无机化学中基本理论、无机化合物物质和反应性能的理解，熟悉无机化合物的一般分离和制备方法，掌握基础无机化学的基本实验方法和操作技能，培养学生严谨的科学态度、分析问题与解决问题的能力，虽然两门课程自成教学体系，但是相辅相成。

教材本着夯实基础、联系实际、突出特色、培养创新、绿色环保的主导思想，立足课程的基础性和整体性，按照基础知识—基础操作—专业基础实验—综合实验层次编写。第 1 章为无机化学基本操作训练，其中包含无机化学实验的必备知识和 36 个基础实验，涵盖以强化基本能力训练为目的的基本实验以及培养分析与解决较复杂问题能力的综合性实验。第 2 章为常数测定，其中包含实验数据处理简介和 12 个常数测定实验。第 3 章为元素实验，其中包含 8 个元素性质及分离实验。

本教材融入绿色环保、“三废”处理内容以响应可持续发展需求；设置能源、电池等新兴领域综合实验以对接产业发展；加入化学与艺术实验以提升学生学习兴趣；嵌入思政案例以落实立德树人，培养兼具创新能力与综合素养的人才。

本教材在编写过程中，得到了学院领导和无机化学实验课教师的大力支持，并参考了其他院校已正式出版的实验教材和网络材料，在此表示深深的感谢。

由于编者水平有限，书中难免有疏漏和不妥之处，敬请读者批评指正。

编者

2025 年 7 月

目录

附　录　136

参考文献　170

第1章 无机化学基本操作训练

1.1 无机化学实验必备知识

1.1.1 化学实验规则

（1）实验前必须认真预习，明确实验目的和要求，掌握实验的基本原理，了解实验操作技术和基本仪器的使用方法，熟悉实验内容以及注意事项，写好预习报告。

（2）未穿实验服、未写实验预习报告者不得进入实验室进行实验。不迟到，不早退，不穿拖鞋，不披长发。

（3）自觉遵守课堂纪律，维护课堂秩序。实验过程中要听从教师的指导，严肃认真的按操作规程进行实验，保持安静，仔细观察，记录实验现象和数据，科学分析，不得擅自离开岗位。

（4）节约使用药品、试剂和各种物品；注意保持药品和试剂的纯净，严防混杂；取完试剂后瓶盖应及时盖上。

（5）废液、废纸或火柴头及其他固体废物和带渣沉淀的废液都应倒入废品缸内，不能倒入水槽或到处乱扔。

（6）保持实验台面、试剂架上的整洁，公用试剂用毕应立即盖紧放回原处，勿使试剂药品洒在实验台面和地上。

（7）实验室内一切物品，未经本室负责教师批准严禁携出室外，借物必须办理登记手续。

（8）实验完毕，将试剂排列整齐，实验台面擦拭干净，玻璃仪器洗净放回指定地点。实验数据经指导教师检查合格并登记后才能离开实验室。

（9）值日生对讲台、窗台、药品架和地面等公共场所卫生进行全面清洁，并将实验室内垃圾倒入指定地点，检查实验室的水、电、煤气和窗户是否关闭，然后在值日生签到簿上签字，经指导老师允许方可离开实验室。

（10）实验后需及时处理实验数据，认真分析实验现象，对实验结果进行讨论和总结，根据不同的实验要求写出不同格式的实验报告。实验结束后做好实验室的整理工作。

（11）学生在开放实验室做自行设计的实验时，应提前预约，提供实验的目的、内容和所需要的实验仪器设备及药品，经审查同意后，在规定的时间内进行。

（12）实验中要严格遵守“实验室安全管理规定”及相关的操作规定，仪器设备损坏时应及时报告老师。对违反操作规定损坏仪器的要追究责任，酌情赔偿。

1.1.2 实验室安全

1.1.2.1 实验室安全守则

化学实验室中许多试剂具有易燃性、易爆性和腐蚀性、毒性，存在不安全因素。因此，必须在思想上让学生高度认识和重视，绝不可麻痹大意。为了顺利地做好化学实验，保证实验的成功开展，保护实验仪器设备的正常运转，维护师生的安全，防止一切实验事故，制订实验室安全操作规程。

(1) 未进实验室时，就应对本次实验进行预习，掌握操作过程及原理，弄清所有药品的性质，估计可能发生危险的实验，在操作时注意防范。

(2) 实验开始前，检查仪器是否完整无损，装置是否正确稳妥，实验进行时，应该经常注意仪器有无漏气、碎裂，反应是否正常进行等情况。

(3) 有危险的实验在操作时应使用防护眼镜、面罩、手套等防护设备，能产生有刺激性或有毒气体的实验必须在通风橱内进行。需要借助嗅觉辨别气体时，应用手轻轻扇动少量的气体进行嗅闻，而不能把鼻子直接对准容器嗅闻气体。

(4) 充分熟悉安全用具，如灭火器、急救箱的存放位置和使用方法，并加以爱护，安全用具及急救药品不准移作他用。

(5) 实验结束，必须将工作台、仪器设备、器皿等清洁干净，并将仪器设备和器皿按规定归类放好，不能任意搬动和堆放。

(6) 严禁在实验室内饮食、吸烟或把餐具带进实验室，化学实验药品禁止入口。

(7) 不要用湿手、湿物接触电源，以免发生触电事故。

(8) 易燃、易爆物质的实验，必须在远离火源的地方进行。

(9) 不能俯视正在加热的液面。加热试管时，不得将试管口对着自己，也不可指向别人，避免溅出的液体烫伤人。

(10) 稀释浓硫酸时，应将浓硫酸慢慢倒入水中，并不断搅拌，切不可将水倒入硫酸中！以免局部过热使硫酸溅出，引起灼伤。

(11) 使用强腐蚀性的浓酸、浓碱时，应避免接触皮肤和衣服，更要避免溅入眼睛里。

(12) 取用在空气中易燃烧的钾、钠和白磷等物质时，要用镊子，不要用手去接触。

(13) 有毒药品不得入口或接触伤口。剩余的废液不允许倒入下水道，应倒入废液缸或由教师指定的容器里。

(14) 点燃的火柴用后应立即熄灭，不得乱扔。

(15) 不得将实验室的化学药品带出实验室。

(16) 未经指导教师允许，严禁在实验室内做与实验无关的事情。

(17) 水、电、煤气一经使用完毕，应立即关闭开关。

(18) 实验结束后，请将手洗干净，再离开实验室。

1.1.2.2 意外事故的预防

(1) 火灾的预防　在实验中使用易燃的试剂时，应远离火源，切勿用明火加热，无论是在敞口还是在密封的容器里的易燃试剂，易燃试剂必须密封存放，易燃试剂的废液须统一回收、统一处理。

(2) 爆炸的预防　爆炸性事故多发生在具有易燃易爆物品和压力容器的实验室，酿成这类事故的直接原因是：违反操作规程使用设备、压力容器（如高压气瓶）而导致爆炸；设备老化，存在故障或缺陷，造成易燃易爆物品泄漏，遇火花，引起爆炸；对易燃易爆物品处理不当，导致燃烧爆炸；该类物品（如三硝基甲苯、苦味酸、硝酸铵、叠氮化物等）受到高热摩擦、撞击、震动等外来因素的作用或与其他性能相抵触的物质接触，就会发生剧烈的化学反应，产生大量的气体和高热，引起爆炸；强氧化剂与性质有抵触的物质混合储存能发生分解，引起燃烧和爆炸；由火灾事故引起仪器设备、药品等的爆炸。

（3）中毒的预防　毒害性事故多发生在具有化学药品和剧毒物质的实验室和具有毒气排放的实验室。造成这类事故的直接原因是：将食物带进有毒物质的实验室，造成误食中毒；设备设施老化，存在故障或缺陷，造成有毒物质泄漏或有毒气体排放不出，处理具有刺激性、恶臭和有毒的化学药品时，如 H_2S、NO_2、Cl_2、Br_2、CO、SO_2、SO_3、HCl、HF、浓硝酸、发烟硫酸、浓盐酸，乙酰氯等，必须在通风橱中进行。通风橱开启后，不要把头伸入通风橱内，并保持实验室通风良好，以免造成人员中毒；管理不善、操作不慎或违规操作，实验后有毒物质处理不当，造成有毒物品散落流失，引起人员中毒、环境污染；废水排放管路受阻或失修改道，造成有毒废水未经处理而流出，引起环境污染。实验中所用装有毒物质的器皿要贴标签注明，用后及时清洗，经常使用有毒物质实验的操作台及水槽要注明，实验后的有毒残渣必须按照实验室规定进行处理，不准乱丢。

1.1.2.3　意外事故的处理

（1）割伤　伤口处不能用手摸，也不能用水洗。应先把异物从伤口内挑出。轻伤可涂以红汞或碘酒，必要时撒些消炎粉或敷些消炎膏，再用绷带包扎。

（2）烫伤　不要用冷水洗伤处。伤口处皮肤未破时，可抹红花油或烫伤膏；如果伤处皮肤已破，可涂些紫药水。

（3）酸腐蚀致伤　先用大量水冲洗，再用饱和碳酸氢钠溶液（或稀氨水、肥皂水）洗，最后再用水冲洗。如果酸液溅入眼睛，先用大量水冲洗，再用 3%碳酸氢钠冲洗后送医院处理。

（4）碱腐蚀致伤　先用大量水冲洗，再用 2%醋酸溶液或饱和硼酸溶液清洗，最后用水冲洗。如果是碱液溅入眼中，先用大量的水冲洗，再用 3%硼酸溶液冲洗后送入医院。

（5）溴腐蚀致伤　用 2%硫代硫酸钠溶液洗至伤处呈白色或用甘油洗伤口，再用水洗。

（6）磷灼伤　用 1%硝酸银、5%硫酸铜或浓高锰酸钾溶液洗伤口，再水洗，然后包扎。

（7）吸入刺激性或有毒气体　吸入氯气、氯化氢气体时，可吸入少量酒精和乙醚的混合蒸气使之解毒。吸入硫化氢或一氧化碳气体而感到不适时，应立即到室外呼吸新鲜空气。切记氯气、溴中毒不可进行人工呼吸，一氧化碳中毒不可用兴奋剂。

（8）毒物进入口内　将 5～10 mL 稀硫酸铜溶液加入一杯温水中，内服后，用手指伸入咽喉部，促使呕吐，吐出毒物，然后立即送医院。

（9）触电　首先切断电源，然后在必要时进行人工呼吸。

（10）实验室急救药箱　为了对实验室内意外事故进行紧急处理，每个实验室都应配备一个急救药箱。药箱内可准备下列药品：红药水、碳酸氢钠溶液（饱和）、硼酸溶液（饱和）、獾油或烫伤膏、醋酸溶液（2%）、氨水（5%）、碘酒（3%）、硫酸铜溶液（5%）、高锰酸钾（10%）、消炎粉、氯化铁溶液（止血剂）、甘油、凡士林、消毒棉、氧化锌橡皮膏、绷带、棉签、剪刀、纱布、创可贴。

1.1.2.4 “三废”处理

在化学实验中会产生可能对环境造成污染的三种主要废弃物，包括废水、废气和固体废物，称为“三废”。“三废”不仅污染环境，而且其中的贵重和有用的成分没能回收，在经济上也是损失。因此，在学习期间应进行“三废”处理以及减少污染的教育，树立环境保护和绿色化学实验观念。

(1) 废气　产生少量有毒气体的实验应在通风橱中进行，并通过排风设备将少量毒气排到室外。产生毒气量较大的实验必须有吸收或处理装置。例如卤化氢、二氧化硫等酸性气体可以用氢氧化钠水溶液吸收后排放；碱性气体用酸溶液吸收后排放；一氧化碳可点燃使其生成二氧化碳后排放。

(2) 废液　酸性和碱性废液中和为中性后再处理。含有汞、铅、镉、砷、氰化物等有毒物质的溶液，根据其化合物性质，采用化学反应使其转化为固体、沉淀或无毒化合物，送交专业人员和部门处理。含有机物的废液须经萃取后处理。

(3) 固体废物　无毒固体废物可在指定地点深埋，有毒固体废物必须交有关专业部门处理。

1.1.2.5 消防

当实验室不慎起火时，要冷静地观察和了解火势，选择恰当的方式降温或将燃烧物与空气隔绝。

(1) 小火时，用湿布、石棉布覆盖燃烧物即可灭火；大火时，可用泡沫灭火器灭火。对活泼金属 Na、K、Mg、Al 等引起的着火，应用干燥的细沙覆盖灭火，绝对不能用水、泡沫灭火器、二氧化碳、四氯化碳等灭火。有机溶剂着火，切勿用水灭火，而应用二氧化碳或干粉灭火器、沙子等灭火。

(2) 如果加热时着火，应立即停止加热，关闭气体阀门，切断电源，把一切易燃、易爆物移至远处。

(3) 电器设备着火，需先切断电源，再用四氯化碳灭火器灭火，也可用干粉灭火器灭火。

(4) 发现烘箱有异味或冒烟时，应迅速切断电源，使其慢慢降温，并准备好灭火器备用。不要急于打开烘箱门，以免突然供入空气，产生助燃（爆）现象，引起火灾。

(5) 当衣服着火时，不要跑动或用手拍打，应当赶紧脱下衣服或就地打滚，压灭火苗。

(6) 有些类型的化合物具有爆炸性，如过氧化物、干燥的重氮盐、硝酸酯、多硝基化合物等，使用时必须严格按照操作规程进行实验，以防爆炸。

(7) 当火情有蔓延趋势时，要立即报火警。

发生火灾时要做到三会：

(1) 会报火警。

(2) 会使用消防设施扑救初起火灾。

(3) 会自救逃生。

【附注】

干粉灭火剂是用于灭火的、干燥且易于流动的微细粉末，其是由具有灭火效能的无机盐和少量的添加剂经干燥、粉碎、混合而成的微细固体粉末组成。它是一种在消防中广泛应用的灭火剂，主要用于灭火器中。除扑救金属火灾的专用干粉化学灭火剂外，干粉灭火剂一般分为 Bc 干粉灭火剂和 ABC 干粉灭火剂两大类。干粉灭火剂主要通过在加压气体作用下喷出的粉雾与火焰接触、混合时发生的物理、化学作用来灭火。

手提式干粉灭火器，正确使用方法是：

（1）使用手提式干粉灭火器时，应手提灭火器的提把，迅速赶到着火处。

（2）在距离起火点 5 米左右处，放下灭火器。在室外使用时，应占据上风方向。

（3）使用前，先把灭火器上下颠倒几次，使筒内干粉松动。

（4）使用内装式或储压式干粉灭火器时，应先拔下保险销，一只手握住喷嘴，另一只手用力压下压把，干粉便会从喷嘴喷射出来。

（5）用干粉灭火器扑救流淌液体火灾时，应从火焰侧面，对准火焰根部喷射，并由近而远，左右扫射，快速推进，直至把火焰全部扑灭。

（6）用干粉灭火器扑救容器内可燃液体火灾时，亦应从火焰侧面对准火焰根部，左右扫射。当火焰被赶出容器时，应迅速向前，将余火全部扑灭。灭火时应注意不要把喷嘴直接对准液面喷射，以防干粉气流的冲击力使油液飞溅，引起火势扩大，造成灭火困难。

（7）用干粉灭火器扑救固体物质火灾时，应使灭火器嘴对准燃烧最猛烈处，左右扫射，并应尽量使干粉灭火剂均匀地喷洒在燃烧物的表面，直至把火全部扑灭。

（8）使用干粉灭火器应注意灭火过程中应始终保持直立状态，不得横卧或颠倒使用，否则不能喷粉；同时注意干粉灭火器灭火后要防止复燃，因为干粉灭火器的冷却作用甚微，在着火点存在着炽热物的条件下，灭火后易产生复燃。

（注：干粉灭火器指针范围——绿色表示正常，红色表示压力不足，黄色表示压力过大。若压力超过临界值少许，则无需顾虑；若超过太多，则需多加注意，防止超压爆炸。）

1.1.3　实验报告的书写方法

1.1.3.1　实验预习

实验课前应做好预习，主要内容有：实验目的、原理、反应式、所用仪器、药品性能、操作步骤、注意事项、实验进度、时间的充分利用、安全事项、问题等。根据要求书写预习报告，一目了然，做到心中有数。

1.1.3.2　实验记录

实验记录是实验的原始材料，必须及时记录，做实验时随做随记，杜绝写“回忆录”。做实验记录应该不忘 6 个字：“真实”“详细”“及时”。“真实”是说记录应该反映实验中的真实情况，不是抄书，也不是抄袭他人的数据或内容，而是根据自己的实验事实如实地、科学地记叙，绝不可做不符实际的虚假报告。“详细”是要求对实验中的任何数据、现象以及上述各项内容做详细记录，甚至包括自己认为无用的内容都要不厌其烦地记录下来。有些数据、内容，宁可在整理总结实验报告时舍去，也不要因为缺少数据而浪费大量时间重新做实验。再有，记录应该清楚明白，不仅自己目前能看懂，而且在几十年后也应该看得懂。“及时”是指实验时要边做边记，不要在实验结束后补做“回忆录”。回忆容易造成漏记、误记，影响实验结果的准确性和可靠程度。

具体记录的内容是：

（1）实验目的、反应式和有关的参考资料；

（2）使用的仪器品种、大小及仪器装置，所有测试仪器的名称、规格与型号；

（3）药品试剂的规格（包括纯化方法）和用量；

（4）反应的操作步骤及现象；

（5）产品的分离提纯方法；

（6）产品的产量、产率、测定的物理常数数据及光谱分析谱图；

（7）实验中的挫折及处理手段。

实验记录无统一格式要求，但均应做到：

（1）记录本要编页码；

（2）要记录实验名称和日期；

（3）若有实验谱图也要注意编写号码；

（4）实验记录本最好能将实验项目编成目录。

1.1.3.3　实验报告

实验操作完成后，必须根据自己的实验记录进行归纳总结、分析讨论、整理成文。实验报告的书写在文字和格式方面都有较严格的要求。应该做到：叙述简明扼要，文字通顺，条理清楚；字迹工整，图表清晰。另外，必须强调的是在根据实验记录整理成文之后，还要认真写出“实验讨论”，应该对实验原理、操作方法、反应现象给予解释说明，对操作中的经验教训和实验中存在的问题提出改进性建议以及回答思考题等。通过讨论，可达到从感性认识上升到理性认识的目的。只有完成了实验报告的整理，才能算真正完成了一个实验的全过程。

要求写明：实验题目、实验目的、实验原理、仪器和药品、实验步骤、画出实验装置图并标明各仪器名称、实验记录和实验结果。（如果数据不符合要求需要对结果进行讨论）图 1-1 和图 1-2 是某学生的实验报告。实验数据必须是原始数据，实验结果有效数字必须与测量数据相匹配。

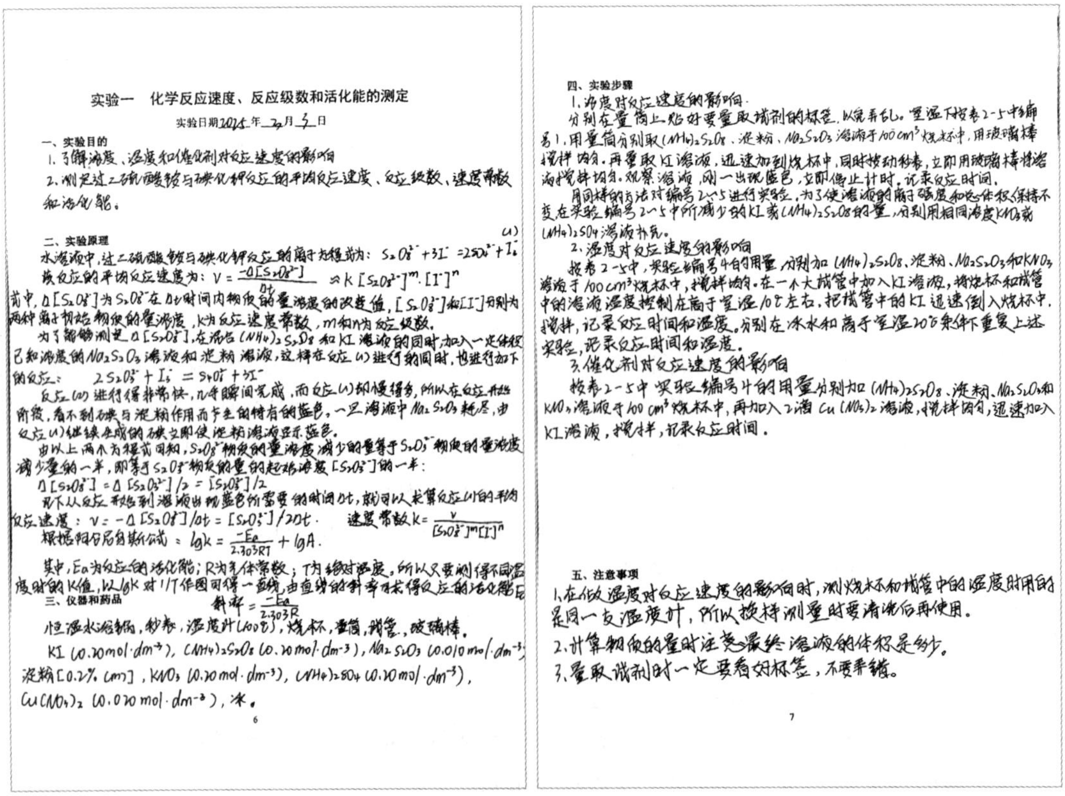
实验一　化学反应速度、反应级数和活化能的测定

实验日期 2025 年 2 月 7 日

一、实验目的

1. 了解浓度、温度和催化剂对反应速度的影响

2. 测定过二硫酸铵与碘化钾反应的平均反应速度、反应级数、速度常数和活化能。

二、实验原理

水溶液中，过二硫酸铵与碘化钾反应的离子方程式为：$S_2O_8^{2-}+3I^-=2SO_4^{2-}+I_3^-$　(1)

该反应的平均反应速度为：$v=\frac{-\Delta[S_2O_8^{2-}]}{\Delta t}\approx k[S_2O_8^{2-}]^m\cdot[I^-]^n$

式中，$\Delta[S_2O_8^{2-}]$ 为 $S_2O_8^{2-}$ 在 Δt 时间内物质的量浓度的改变值，$[S_2O_8^{2-}]$ 和 $[I^-]$ 分别为两种离子初始物质的量浓度，k 为反应速度常数，m 和 n 为反应级数。

为了能够测定 $\Delta[S_2O_8^{2-}]$，在混合 $(NH_4)_2S_2O_8$ 和 KI 溶液的同时，加入一定体积已知浓度的 $Na_2S_2O_3$ 溶液和淀粉溶液，这样在反应 (1) 进行的同时，也进行如下的反应：$2S_2O_3^{2-}+I_3^-=S_4O_6^{2-}+3I^-$

反应 (2) 进行得非常快，几乎瞬间完成，而反应 (1) 却慢得多，所以在反应开始阶段，看不到碘与淀粉作用而产生的特有的蓝色，一旦溶液中 $Na_2S_2O_3$ 耗尽，由反应 (1) 继续生成的碘立即使淀粉溶液显示蓝色。

由以上两个方程式可知，$S_2O_8^{2-}$ 物质的量浓度减少的量等于 $S_2O_3^{2-}$ 物质的量浓度减少量的一半，即等于 $S_2O_3^{2-}$ 物质的量的起始浓度 $[S_2O_3^{2-}]$ 的一半：

$\Delta[S_2O_8^{2-}]=\Delta[S_2O_3^{2-}]/2=[S_2O_3^{2-}]/2$

记下从反应开始到溶液出现蓝色所需要的时间 Δt，就可以求算反应 (1) 的平均反应速度：$v=-\Delta[S_2O_8^{2-}]/\Delta t=[S_2O_3^{2-}]/2\Delta t$。　速度常数 $k=\frac{v}{[S_2O_8^{2-}]^m[I^-]^n}$

根据阿仑尼乌斯公式：$\lg k=\frac{-E_a}{2.303RT}+\lg A$。

其中，E_a 为反应的活化能；R 为气体常数；T 为绝对温度，所以只要测得不同温度时的 k 值，以 $\lg k$ 对 $1/T$ 作图可得一直线，由直线的斜率可求得反应的活化能 E_a

斜率 $=\frac{-E_a}{2.303R}$

三、仪器和药品

恒温水浴锅，秒表，温度计（100 ℃），烧杯，量筒，试管，玻璃棒。

KI（0.20 mol·dm⁻³），$(NH_4)_2S_2O_8$（0.20 mol·dm⁻³），$Na_2S_2O_3$（0.010 mol·dm⁻³），淀粉［0.2%（m）］，KNO_3（0.20 mol·dm⁻³），$(NH_4)_2SO_4$（0.20 mol·dm⁻³），$Cu(NO_3)_2$（0.020 mol·dm⁻³），冰。

6

四、实验步骤

1. 浓度对反应速度的影响

分别在量筒上贴好要量取试剂的标签，以免弄乱。室温下按表 2-5 中编号 1，用量筒分别取 $(NH_4)_2S_2O_8$、淀粉、$Na_2S_2O_3$ 溶液于 100 cm³ 烧杯中，用玻璃棒搅拌均匀。再量取 KI 溶液，迅速加到烧杯中，同时按动秒表，立即用玻璃棒将溶液搅拌均匀。观察溶液，刚一出现蓝色，立即停止计时。记录反应时间。

用同样的方法对编号 2～5 进行实验。为了使溶液的离子强度和总体积保持不变，在实验编号 2～5 中所减少的 KI 或 $(NH_4)_2S_2O_8$ 的量，分别用相同浓度 KNO_3 或 $(NH_4)_2SO_4$ 溶液补充。

2. 温度对反应速度的影响

按表 2-5 中，实验编号 4 的用量，分别加 $(NH_4)_2S_2O_8$、淀粉、$Na_2S_2O_3$ 和 KNO_3 溶液于 100 cm³ 烧杯中，搅拌均匀。在一个大试管中加入 KI 溶液，将烧杯和试管中的溶液温度控制在高于室温 10 ℃ 左右，把试管中的 KI 迅速倒入烧杯中，搅拌，记录反应时间和温度。分别在冰水和高于室温 20 ℃ 条件下重复上述实验，记录反应时间和温度。

3. 催化剂对反应速度的影响

按表 2-5 中实验编号 4 的用量分别加 $(NH_4)_2S_2O_8$、淀粉、$Na_2S_2O_3$ 和 KNO_3 溶液于 100 cm³ 烧杯中，再加入 2 滴 $Cu(NO_3)_2$ 溶液，搅拌均匀，迅速加入 KI 溶液，搅拌，记录反应时间。

五、注意事项

1. 在做温度对反应速度的影响时，测烧杯和试管中的温度时用的是同一支温度计，所以换样测量时要清洗后再使用。

2. 计算物质的量时注意最终溶液的体积是多少。

3. 量取试剂时一定要看好标签，不要弄错。

7

图 1-1　实验报告示例 1

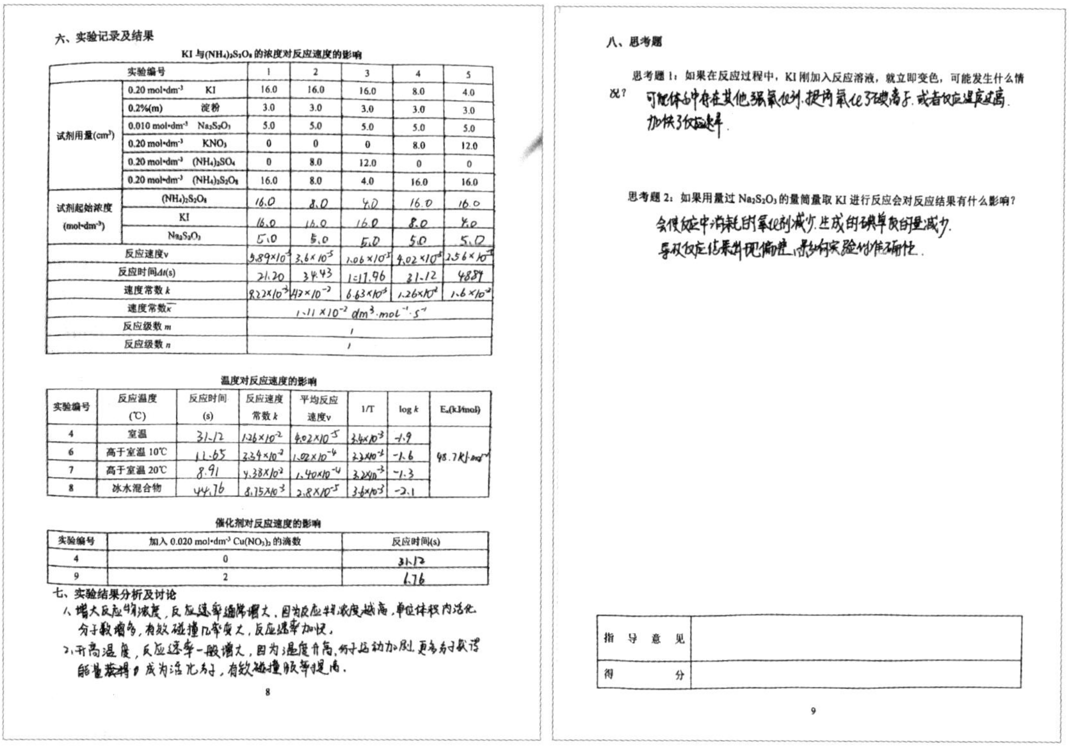

六、实验记录及结果

KI 与 $(NH_4)_2S_2O_8$ 的浓度对反应速度的影响

实验编号		1	2	3	4	5
试剂用量(cm³)	0.20 mol·dm⁻³ KI	16.0	16.0	16.0	8.0	4.0
	0.2%(m) 淀粉	3.0	3.0	3.0	3.0	3.0
	0.010 mol·dm⁻³ $Na_2S_2O_3$	5.0	5.0	5.0	5.0	5.0
	0.20 mol·dm⁻³ KNO_3	0	0	0	8.0	12.0
	0.20 mol·dm⁻³ $(NH_4)_2SO_4$	0	8.0	12.0	0	0
	0.20 mol·dm⁻³ $(NH_4)_2S_2O_8$	16.0	8.0	4.0	16.0	16.0
试剂起始浓度(mol·dm⁻³)	$(NH_4)_2S_2O_8$	16.0	8.0	4.0	16.0	16.0
	KI	16.0	16.0	16.0	8.0	4.0
	$Na_2S_2O_3$	5.0	5.0	5.0	5.0	5.0
反应速度 v		3.89×10^{-5}	3.6×10^{-5}	1.06×10^{-5}	4.02×10^{-5}	2.56×10^{-5}
反应时间 Δt(s)		21.20	34.43	1:11.96	31.12	48.84
速度常数 k		9.22×10^{-3}	1.43×10^{-2}	6.63×10^{-3}	1.26×10^{-2}	1.6×10^{-2}
速度常数 $\overline{k}$		1.11×10^{-2} dm³·mol⁻¹·s⁻¹				
反应级数 m		1				
反应级数 n		1				

温度对反应速度的影响

实验编号	反应温度(℃)	反应时间(s)	反应速度常数 k	平均反应速度 v	1/T	log k	E_a(kJ/mol)
4	室温	31.12	1.26×10^{-2}	4.02×10^{-5}	3.4×10^{-3}	-1.9	48.7 kJ·mol⁻¹
6	高于室温 10℃	11.65	3.34×10^{-2}	1.02×10^{-4}	3.3×10^{-3}	-1.6	
7	高于室温 20℃	8.91	4.38×10^{-2}	1.40×10^{-4}	3.2×10^{-3}	-1.3	
8	冰水混合物	44.76	8.75×10^{-3}	2.8×10^{-5}	3.6×10^{-3}	-2.1	

催化剂对反应速度的影响

实验编号	加入 0.020 mol·dm⁻³ $Cu(NO_3)_2$ 的滴数	反应时间(s)
4	0	31.12
9	2	6.76

七、实验结果分析及讨论

1、增大反应物浓度，反应速率随之增大，因为反应物浓度越高，单位体积内活化分子数增多，有效碰撞几率变大，反应速率加快。

2、升高温度，反应速率一般增大，因为温度升高，分子运动加剧，更多分子获得能量成为活化分子，有效碰撞频率提高。

8

八、思考题

思考题 1：如果在反应过程中，KI 刚加入反应溶液，就立即变色，可能发生什么情况？

可能体系中存在其他强氧化剂，提前氧化了碘离子，或者反应温度过高，加快了反应速率。

思考题 2：如果用量过 $Na_2S_2O_3$ 的量筒量取 KI 进行反应会对反应结果有什么影响？

会使反应中消耗的氧化剂减少，生成的碘单质的量减少，导致反应结果出现偏差，影响实验的准确性。

指导意见	
得分	

9

图 1-2　实验报告示例 2

1.1.4　实验基本操作

化学实验的基本操作是在进行化学实验时必须掌握的基本技能。例如，常用化学仪器的安装、使用和洗涤，化学试剂的取用、称量、加热、过滤、蒸发、集气和溶液配制等一系列操作方法。

1.1.4.1　加热

（1）加热器具及其使用

① 酒精灯和酒精喷灯　酒精灯为玻璃制品，有一个带有磨口的玻璃帽（图 1-3），加热温度在 400～500℃。酒精喷灯是金属制成的（图 1-4）。灯管下部有一个预热盘，盘的下方有一支管，经过橡皮管与酒精储罐相通。酒精喷灯加热温度在 700～900℃。

酒精灯的使用方法：拿掉玻璃帽，提起灯芯瓷质套管，用口轻轻向灯内吹一下，以赶走聚集的酒精蒸气。放下套管，拨正灯芯，然后用火柴点燃。使用完毕后要盖上玻璃帽，使火焰隔绝空气后自行熄灭，火焰熄灭片刻后，将玻璃帽打开，再盖上，否则下次使用时会打不开帽子。添加酒精必须在熄灭火焰之后进行，每次添加的量不超过灯容积的 2/3。

酒精喷灯的使用方法：先将酒精储罐挂在高处，再将预热盘装满酒精并点燃。待盘内酒精近干时，灯管已被灼热，开启空气调节器和酒精储罐下部开关，从储罐流进热灯管的酒精立即汽化，并与由气孔进来的空气混合，即可在管口点燃。调节灯管旁的开关，可以控制火焰的大小。用完后，关闭开关可使火焰熄灭。

在点燃前必须保证灯管充分预热，否则酒精在管内不能完全汽化，会有液态酒精从管口喷出，形成“火雨”，甚至引起火灾。

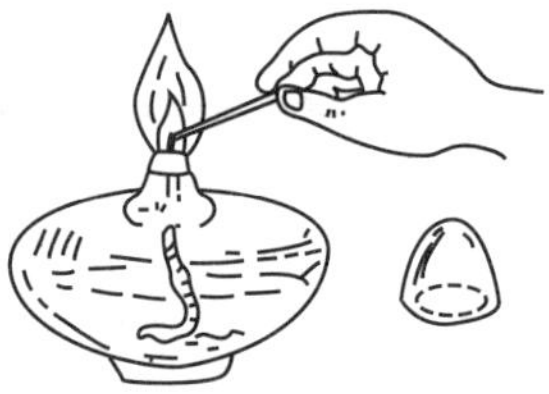

图 1-3 酒精灯

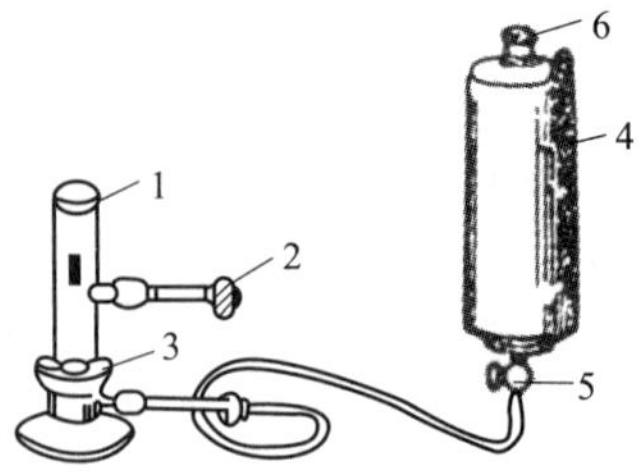

图 1-4 酒精喷灯

1—灯管；2—空气调节器；3—预热盘；
4—酒精储罐；5—开关；6—盖子

② 电炉、管式炉和马弗炉

a. 电炉（图 1-5）是可以替代酒精灯的加热器具。温度的高低可以通过调节电阻来控制。加热时容器和电炉之间要垫一块石棉网，使受热均匀。

b. 管式炉（图 1-6）有一管状炉膛，利用电热丝或硅碳棒来加热，温度可以调节。炉膛中插入一根耐高温的瓷管或石英管，反应物放在瓷舟中在瓷管内加热。管中可设定所需的气氛。

c. 马弗炉（图 1-7）也是一种用电热丝或硅碳棒加热的炉子。它的炉膛是长方体，有一炉门，打开炉门很容易地放入要加热的坩埚或其他耐高温的器皿。最高使用温度可达 1300℃。

图 1-5 电炉

图 1-6 管式炉

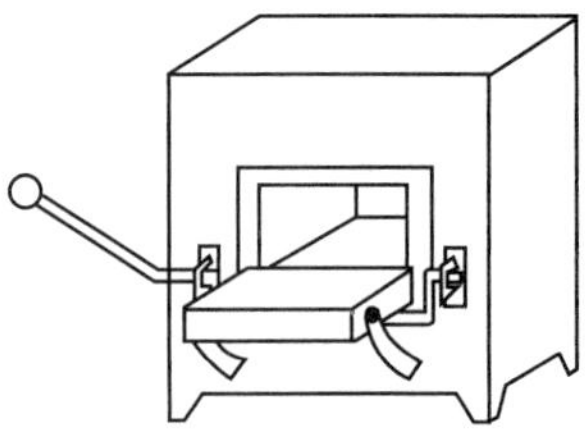

图 1-7 马弗炉

管式炉和马弗炉的温度控制是由热电偶和一只接入电路的温度控制器连接起来，通过交替断电、通电，将炉温控制在一定范围。

（2）常用的加热操作

① 直接加热

a. 直接加热试管中的液体时应擦干试管外壁，用试管夹夹住试管中上部，不要用手拿试管，以免烫伤，试管应稍倾斜（图 1-8），管口向上，管口不能对着别人或自己，以免溶液在煮沸时喷溅到脸上，造成烫伤。液体量不能超过试管高度的 1/3。加热时，应使液体各部分受热均匀，先加热液体的中上部，再慢慢往下移动，然后不时地上下移动。不要集中加热某一部分，否则易造成局部沸腾而喷溅。

加热烧杯、烧瓶、锥形瓶等玻璃仪器中的液体时，必须在器皿下放置石棉网，以免受热不均匀而使仪器破裂（图 1-9），烧瓶还要用铁夹固定在铁架上。所盛液体不应超过烧杯容量的 1/2 和烧瓶容量的 1/3。烧杯加热时还要适当搅动内容物，以防止暴沸。

直接加热蒸发皿中的液体时，可将蒸发皿放在泥三角上加热，先小火预热，然后再调大火焰。蒸发皿内盛放溶液的量不能超过其容量的 2/3。

b. 加热试管中的固体时，管口应略低于管底，防止冷凝的水倒流到试管的灼热部位而使试管破裂（图 1-10）。

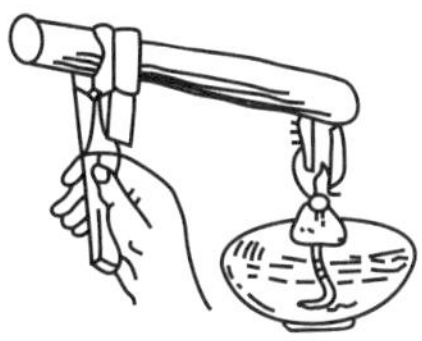

图 1-8　加热试管中的液体

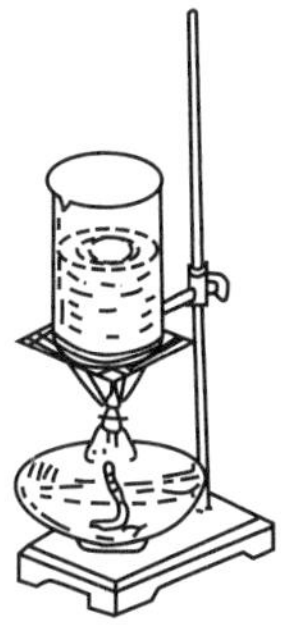

图 1-9　加热烧杯

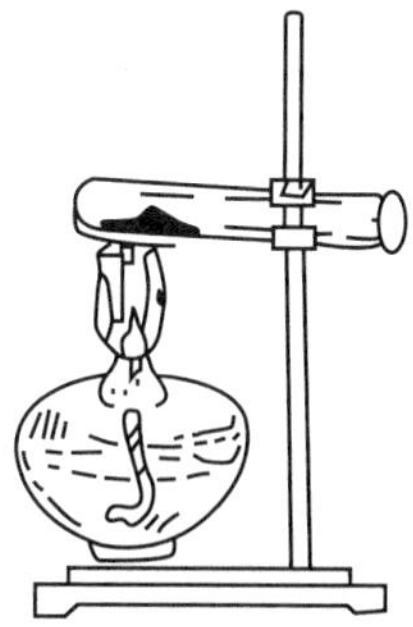

图 1-10　加热试管中的固体

c. 灼烧：当需要在高温加热固体时，可把固体放在坩埚中用酒精灯的外焰灼烧（图 1-11）。先用小火灼烧坩埚（图 1-11），使坩埚受热均匀，然后加大火焰灼烧。

使用干净的坩埚钳夹取高温下的坩埚时，先在火焰旁预热一下钳的尖端，再去夹取。坩埚钳使用后，应按图 1-12 平放在桌上，如果温度很高，则应放在石棉网上，尖端向上，保证坩埚钳尖端洁净。

当灼烧温度要求不高时，也可在瓷蒸发皿内进行。

② 水浴加热　当被加热物质要求受热均匀，而温度又不能超过 100℃时，可用水浴加热。当需要加热的温度在 100℃以下时，可将容器浸在水浴中，但不能触及水浴锅底部，小心加热以保持所需的温度。如需加热到约 100℃，可用沸水浴，也可用水蒸气加热（图 1-13），将容器放在水浴锅的铜圈或铝圈上，用酒精灯将水浴锅的水煮沸。水浴加热时，水浴锅盛水量不要超过其容量的 2/3，加热时要随时向水浴锅补充适量的水。在无机化学实验中一般用一大小合适的烧杯代替水浴锅。

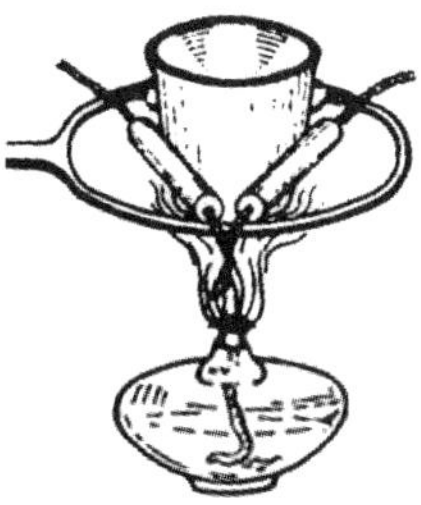

图 1-11　灼烧坩埚

图 1-12　坩埚钳放法

图 1-13　水浴加热

③ 油浴和砂浴加热　当要求加热温度高于 100℃时，被加热物质又要受热均匀，可使用油浴或砂浴加热。

以油代替水浴锅中的水即油浴，油浴所能达到的最高温度与所用油的沸点相同。使用油浴要小心，防止着火。

砂浴是将均匀细砂盛在一个铁制器皿内，用电陶炉加热，被加热的器皿的下部埋置在砂中（图 1-14）。若要测量温度，可把温度计插入砂中。

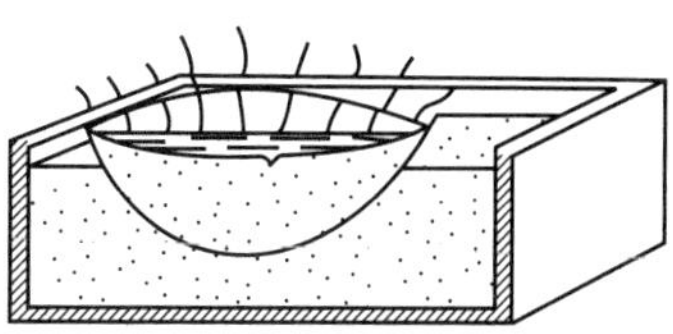

图 1-14　砂浴加热

1.1.4.2 玻璃操作和塞子钻孔

(1) 截断玻璃管（棒） 第一步：将玻璃管平放在桌面上，用左手拇指按住玻璃管要截断的地方，右手用锉刀的棱在要截断的部位用力锉出一道凹痕（图 1-15）。应该向一个方向锉，不要来回锉，锉出来的凹痕应与玻璃管垂直。然后双手持玻璃管用拇指在凹痕的后面轻轻外推，（凹痕向外），同时用食指和拇指把玻璃管向外拉（图 1-16），折断玻璃管。截断玻璃棒的操作与截断玻璃管相同。

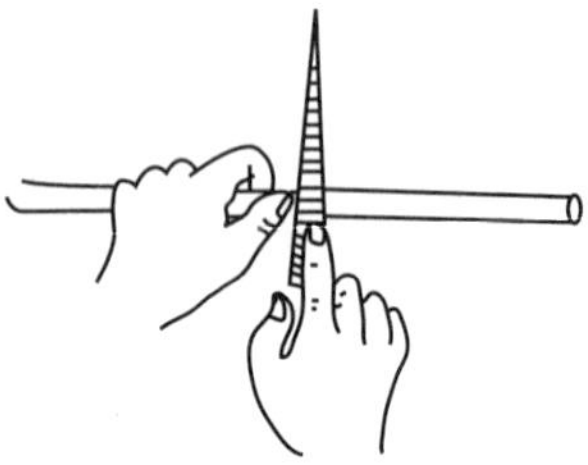

图 1-15 玻璃管的锉割

图 1-16 玻璃管的截断

第二步：为了防止玻璃管的截断面把手划破，要把截断面放在酒精喷灯的火焰中熔烧。把截断面斜插入火焰中，缓慢转动玻璃管使熔烧均匀，直到熔烧光滑为止。灼热的玻璃管应放在石棉网上冷却，不要放在桌上，也不要用手去摸，以免烫伤。

玻璃棒的截断面也同样需要熔烧。

(2) 塞子钻孔 容器上常用的塞子有：软木塞、橡胶塞和玻璃磨口塞。软木塞易被酸、碱所损坏，但与有机物作用较小。橡胶塞可以把瓶子塞得很严密，并可以耐强碱性物质的侵蚀，但它易被强酸和有机物质所侵蚀。玻璃磨口塞子也可把瓶子塞得很严，它适用于除碱和氢氟酸以外的一切盛放液体或固体物质的瓶子。

实验时，有时需要在塞子上插入玻璃弯管，有时需要安装温度计，所以经常要在软木塞或橡胶塞上钻孔。

钻孔要用钻孔器（图 1-17）或钻孔机。钻孔器是一组直径不同的金属管，一端有柄，另一端的管口很锋利，可用来钻孔。另外还有一个带圆头的细铁棒，用来捅出钻孔时进入钻孔器中的橡皮或栓皮。钻孔的步骤如下：

选择一个比要插入橡胶塞的玻璃管略细一点的钻孔器。在钻孔器前端涂上凡士林，然后将塞子的小头向上，放置在桌面上，用左手按住塞子，右手握住钻孔器的手柄（图 1-18），在选定的位置上，沿顺时针方向垂直地边转边往下钻，钻到一半深时，反方向旋转并拔出钻孔器。调换橡胶塞另一头，对准原孔的方位按同样的操作钻孔，直到打通为止。最后用细铁棒将钻孔器中的橡胶条捅出。

图 1-17 钻孔器

图 1-18 钻孔法

软木塞的钻孔方法和橡胶塞基本相同。因为软木塞弹性小，选择钻孔器的直径应比玻璃管略小一些。另外，钻孔前，还要用压塞机把软木塞压紧实一些，以免钻孔时钻裂。其他操作则两者完全一样。钻孔时保持钻孔器与塞子的平面垂直，防止把孔钻斜。

1.1.4.3　称量

(1) 托盘天平　托盘天平用于精确度不高的称量。最大载荷为 200 g 的托盘天平能称准至 0.1 g 或 0.2 g；最大载荷为 500 g 的托盘天平能称准至 0.5 g。

托盘天平的构造如图 1-19 所示。天平的横梁架在底座，横梁左右各有一个托盘，横梁中部有指针与刻度盘，称量时根据指针在刻度盘左右摆动情况，可判断天平是否处于平衡状态。

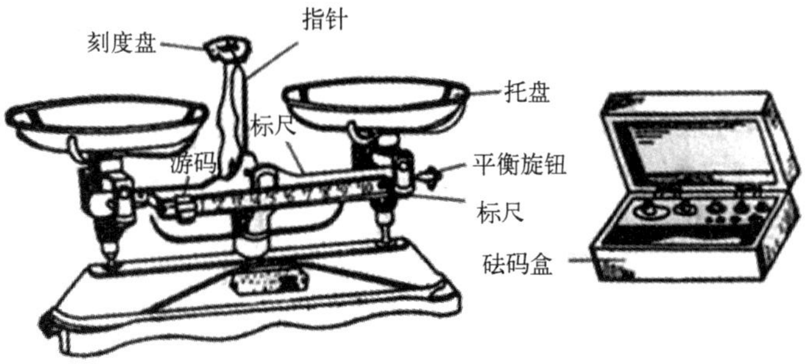

图 1-19　托盘天平

使用方法：称量前首先要检查天平的零点。天平的零点是指未放物体时，天平的指针在刻度盘上指示的位置。指针应指向刻度盘的中间，可通过平衡旋钮调节。称量时，称量物放在左盘，砝码放在右盘，10 g（或 5 g）以上砝码直接用镊子从砝码盒夹取，10 g（或 5 g）以下砝码通过移动标尺上的游码来添加。当最后的停点即左右两盘分别放上称量物和砝码后，达到平衡时，指针在刻度盘的位置与零点重合时（允许偏差一小格之内），砝码＋游码所表示的质量就是称量物的质量。

称量完毕，将砝码放回砝码盒，游码退回刻度“0”处，取下盘上的物品，将托盘放在一侧或用橡胶圈架起，以免摆动。

称量时必须注意：

① 热的物体不能用托盘天平称量。

② 称量物不允许直接放在托盘上，根据称量物的性质决定将称量物放在适合的容器内。吸湿或有腐蚀性的药品必须放在玻璃容器内。

③ 保持托盘天平的整洁，药品或其他污物掉在托盘上，应立即擦净。

④ 砝码只能放在托盘或砝码盒中。

(2) 电子分析天平　电子分析天平（图 1-20），是根据电磁力平衡原理直接称量，即利用电子装置完成电磁力补偿的调节或通过电磁力矩的调节，使物体在重力场中实现力矩的平衡。电子分析天平性能稳定、操作简便、称量速度快、灵敏度高，能进行自动校正、去皮及质量电信号输出。

电子分析天平最基本的功能是可以自动调零、自动校准、自动扣除空白和自动显示称量结果。

使用方法：一般情况下，电子分析天平只使用开/关键、调零/去皮键和校准/清除键。

其操作步骤如下：

① 在使用前观察水平仪是否水平，若不水平，需调整水平调节脚。

② 接通电源，预热 30 min。

③ 按［ON/OFF］键，显示屏全亮，约 2 s 后，显示 0.0000 g。

④ 如果显示不是 0.0000 g，则需按一下 TARE 键调零。

⑤ 将容器（或被称量物）轻轻放在秤盘上称皮重，待显示数字稳定并出现质量单位“g”后，即可读数，并记录称量结果。若需清零，去皮重，轻按 TARE 键，显示全零状态 0.0000 g，容器质量显示值已去除，即为去皮重。可继续在容器中加入药品进行称量，显示出的是药品的质量，当拿走称量物后，就出现容器质量的负值。

⑥ 称量完毕，取下被称物，轻按 TARE 键清零。若不再使用，按一下［ON/OFF］键关机。如果不久还要称量，可不拔掉电源，让天平处于待命状态，再次称量时按一下 ON 键就可使用。最后使用完毕，应拔下电源插头，盖上防尘罩。

使用注意事项：

① 将天平置于稳定的工作台上，避免振动、气流及阳光照射。

② 在使用前调整水平仪使气泡至中间位置。使用前要预热。

③ 开关天平门时要轻缓。

④ 操作天平不可过载使用，以免损坏天平。

⑤ 取放称量物时要轻缓，称量的物品必须放在适当的容器中。不得直接放在天平盘上。易挥发和具有腐蚀性的物品要盛放在密闭的容器中，以免腐蚀和损坏天平。

⑥ 避免使用滤纸或玻璃纸作为称量容器，这会加大静电干扰，同时这种轻质的容器也会增加空气浮力等对称量的影响。

⑦ 称量时，关上防风罩，等数值稳定后再读数。

⑧ 称量完毕应将各部件恢复原位，关好天平门，罩上天平罩，切断电源。最后在天平使用登记本上写清使用情况。

⑨ 不要在防风罩内放置干燥剂。因为干燥剂的存在会引起防风罩内空气对流而影响称量，另外干燥剂也会增大静电的产生。

⑩ 经常对电子分析天平进行自校或定期外校，保证其处于最佳状态，不要冲击秤盘，不要让粉粒等异物进入中央传感器孔。使用后应及时清扫天平内外（切勿扫入中央传感器孔），定期用酒精擦洗秤盘及防护罩，以保证玻璃门正常开关。

图 1-20　电子分析天平

图 1-21　电子台秤

（3）电子台秤　如图 1-21 所示，基本功能同电子分析天平，称准至 0.01 g，操作方法及注意事项同分析天平。

（4）称量方法　常用的称量方式有直接称量法和减量法。

① 直接称量法　直接称量法用于称取不易吸水、在空气中性质稳定的物质，如称量金属或合金试样。称量时先称出称量瓶（或称量纸）的质量（m_1），加上试样后再称出称量瓶（或称量纸）与试样的总质量（m_2）。

$$称出的试样质量=m_2-m_1$$

也可按调零/去皮键，去皮后称得的质量即称出的试样质量。

② 减量法称量　此法用于称取粉末状或容易吸水、氧化、与二氧化碳反应的物质。减量法称量应使用称量瓶。如欲称出 0.6～0.8 g 的 $KHC_8H_4O_4$，方法如下：

a. 取洁净干燥的称量瓶，内装约 2 g $KHC_8H_4O_4$，按上述方法先在电子分析天平上称其准确质量 m_1。注意：切勿用手直接拿取，用干净的纸条套在称量瓶上，如图 1-22 所示。

b. 用一干净的纸条套在称量瓶上，用手拿取，再用一小块纸包住瓶盖，打开称量瓶，用盖轻轻敲击称量瓶，从称量瓶中小心倾出 0.6～0.8 g 的 $KHC_8H_4O_4$ 于一洁净干燥的小烧杯中。倾出试样后，把称量瓶轻轻竖起，同时用瓶盖敲打瓶口上部，使粘在瓶口的试样落回瓶内。

c. 再称出称量瓶与剩余的 $KHC_8H_4O_4$ 的质量 m_2，计算称出的 $KHC_8H_4O_4$ 质量 m（如果小于 0.6 g，可再倾一次，再称量，直至倾出的 $KHC_8H_4O_4$ 质量在 0.6～0.8 g 范围内为止）；称出的样品质量为：

$$m=m_1-m_2$$

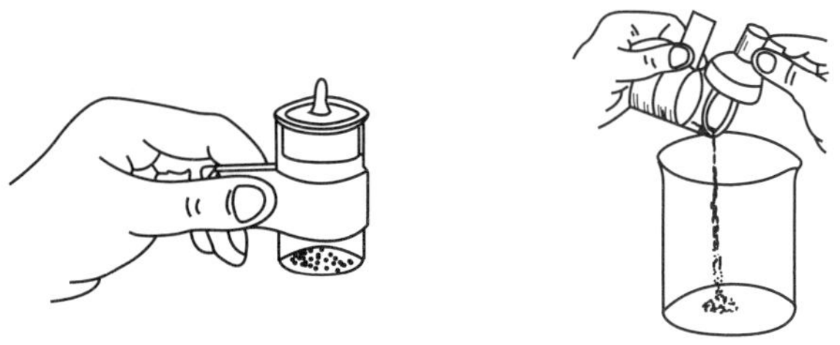

(a) 拿取称量瓶　　(b) 试样敲击方法

图 1-22　称量瓶操作

1.1.4.4　液体体积的度量仪器及使用方法

（1）量筒　量筒是用来量取要求不高的溶液体积的仪器。量取液体时，应用左手拿量筒，并用大拇指指示所需体积的刻度处，右手拿试剂瓶，将液体小心倒入量筒内。读取刻度时，应让量筒垂直，使视线与量筒内液面的弯月形最低处保持水平（图 1-23），偏高或偏低都会造成误差。

（2）移液管和吸量管　移液管（图 1-24）或吸量管（图 1-25）是准确地移取液体体积时所使用的仪器。移液管的形状如图 1-24 所示。玻璃球上部的玻璃管上有一标线，吸入的液体的弯月面下沿与此标线相切后，让液体自然放出，所放出的液体的总体积，就是移液管的容量。一般常用的有 25 cm^3、10 cm^3（20℃或 25℃）等规格。

吸量管是一种刻有分度的内径均匀、下部管口尖细的玻璃管（图 1-25）。常用的吸量管有 10 cm^3、5 cm^3 和 1 cm^3 等多种规格，可以量取非整数的小体积液体。最小分度有 0.1 cm^3、0.02 cm^3 以及 0.01 cm^3 等。量取液体时每次都是从上端 0.00 刻度开始，放至所需要

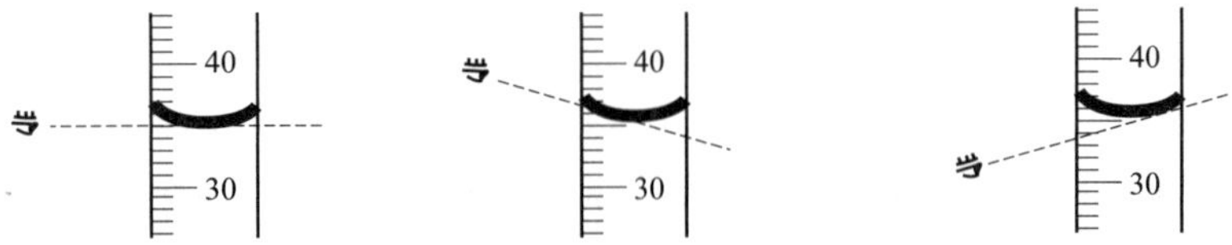

(a) 正确读数　　(b) 视线偏高　　(c) 视线偏低

图 1-23　观看量筒内液体的体积

的体积刻度为止。

移液管和吸量管使用前依次用洗液、自来水、去离子水洗至内壁不挂水珠为止。然后用少量待吸溶液洗涤 3 次。

吸取液体时，左手拿洗耳球，右手拇指及中指拿住移液管（吸量管）的标线以上部位，使管下端伸入液面下约 1～2 cm 深处，左手用洗耳球轻轻吸取液体，眼睛注意管中液面上升情况，移液管或吸量管应随容器中液体的液面下降而往下伸（图 1-26）。当液体上升到刻度标线以上时，迅速移去洗耳球，并用右手食指按住管口，将移液管（吸量管）从溶液中取出，靠在容器壁上，稍微放松食指，让移液管（吸量管）在拇指和中指间微微转动，使液面缓慢下降，直到溶液的弯月面与标线相切时，立即用食指按紧管口，使溶液不再流出。取出移液管（吸量管），移入准备接受溶液的容器中，将接受容器倾斜，使容器内壁紧贴移液管（吸量管）尖端管口，并成 45°左右。放松右手食指，使溶液自由地顺壁流下（图 1-27），待液面下降到管尖，停靠约 15 s 后取出移液管（吸量管）。此时可见管尖尚留有 1 滴溶液，如果移液管上没有注明“吹”字，这一滴溶液不必用外力使之放出，因为在校正移液管的容量时，没有考虑这一滴溶液的体积。

图 1-24　移液管

图 1-25　吸量管

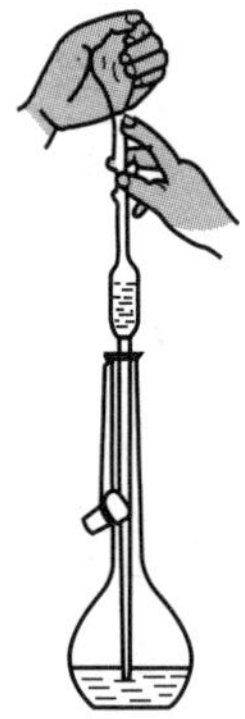
图 1-26　移液管吸取液体

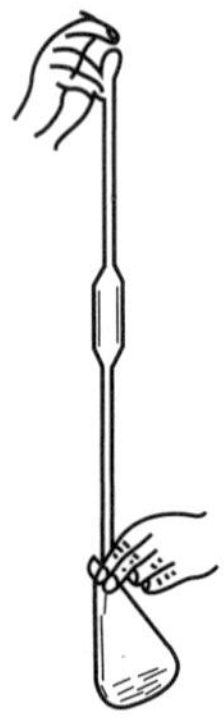
图 1-27　放出液体

（3）容量瓶　容量瓶是一种细颈梨形的平底玻璃瓶，带有磨口塞子或塑料塞。颈上有标线，表示在所指温度（一般为 20℃）下，当液体充满到标线时，液体体积恰好与瓶子上所注明的体积相等。

容量瓶在使用前应首先检查瓶塞是否漏水。加自来水至标线附近，盖好瓶塞后，左手用食指按住塞子，其余四指拿住瓶颈标线以上部分，右手用指尖托住瓶底边缘（图 1-28），将瓶倒立 2 min，如不漏水，将瓶直立，转动瓶塞 180°后，再倒过来检查一次，确定不漏水后，才能使用。容量瓶的瓶塞应该用绳系在瓶颈上，以免打破或遗失。

用容量瓶配制溶液时，如果是固体物质，应先把称好的固体试样放在烧杯中，加入少量去离子水或其他溶剂将试样溶解，然后将溶液沿玻璃棒小心地转入容量瓶中（图 1-29）。转移时要注意：烧杯嘴应紧靠玻璃棒，玻璃棒下端靠着瓶颈内壁，使溶液沿玻璃棒和内壁流入。溶液全部流完后，将烧杯轻轻向上提，同时直立，使附在玻璃棒与烧杯嘴之间的一滴溶液收回烧杯中。将玻璃棒放回烧杯，用去离子水多次洗涤烧杯和玻璃棒，把洗涤液也转移到容量瓶中，以保证溶质全部转移。继续加去离子水至接近标线附近，等 1～2 min，使附在瓶颈的溶液流下，再用洗瓶或滴管滴加去离子水至弯月面下缘与标线相切。盖紧瓶塞，将容量瓶倒转，使气泡上升到顶，轻轻摇动，再倒转过来。如此反复多次，将溶液混匀（图 1-30）。

如果固体是经过加热溶解的，那么溶液必须冷却后才能转移到容量瓶中。如果要将一种已知准确浓度的浓溶液稀释成准确浓度的稀溶液，要用吸量管吸取一定体积的浓溶液，移入合适的容量瓶中，然后按上述方法稀释至标线。

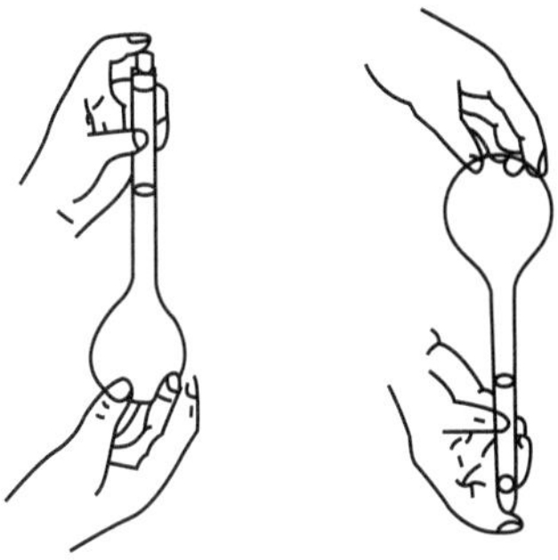

图 1-28　容量瓶的拿法

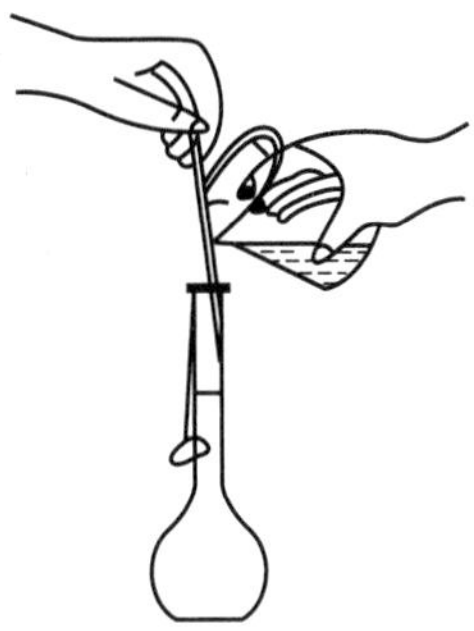

图 1-29　溶液从烧杯转移入容量瓶

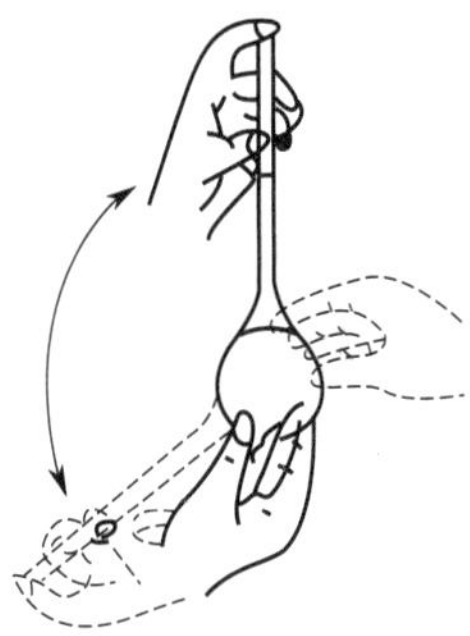

图 1-30　振荡容量瓶

（4）滴定管　滴定管是滴定时准确测量标准溶液体积的仪器。常量分析的滴定管容积有 50 cm^3 和 25 cm^3，最小刻度为 0.1 cm^3，读数可估计到 0.01 cm^3。

滴定管一般分为两种：一种是下端带有玻璃活塞的酸式滴定管［图 1-31(a)］，用于盛放酸类溶液或氧化性溶液。另一种是碱式滴定管［图 1-31(b)］，用于盛放碱类溶液，其下端连接一段医用橡皮管，内放一玻璃珠，以控制溶液的流速，橡皮管下端再连接一个尖嘴玻璃管。

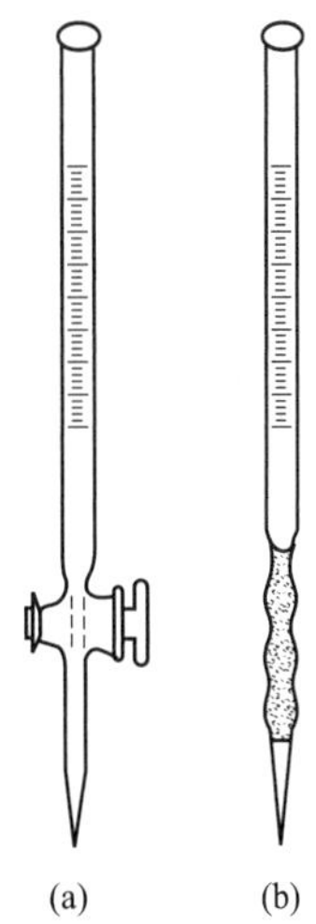

图 1-31　(a) 酸式滴定管和 (b) 碱式滴定管

滴定管的使用方法：

① 滴定管的洗涤、涂油与试漏　滴定管在使用时，根据污染程度选择用配好的合成洗涤剂、自来水、去离子水洗涤至内壁不挂水珠为止。

为使酸式滴定管活塞转动灵活并防止漏水，需要在活塞上涂一薄层均匀的凡士林油。用干净的滤纸擦干活塞和活塞槽内壁（图 1-32）之后，用手指蘸少量凡士林在活塞的两头，沿活塞孔两边均匀地涂一薄层（图 1-33）。凡士林不能涂得太多，也不能涂在活塞的中部，以免凡士林将活塞孔堵住。涂完以后将活塞插入槽内，插时活塞孔应与滴定管平行（图 1-34）。然后向同一方向转动活塞，直到从活塞外面观察，全部呈现透明为止（图 1-35）。若发现仍转动不灵活，或活塞内油层出现纹路，表示涂油不够。如果有油从活塞隙缝溢出或挤入活塞孔，表示涂油太多。遇到这些情况，都必须重新涂油。活塞装好后套上小橡皮圈。

涂好油的滴定管需检查是否漏水。其方法是：用水充满滴定管，置于滴定管架上直立静置 2 min，观察有无水渗出。然后将活塞旋转 180°，再静置 2 min，继续观察有无水滴渗出。若 2 次皆无水滴渗出，活塞转动灵活，即可以使用。（碱式滴定管漏水则应更换玻璃珠或橡皮管。）

图 1-32 擦干活塞内壁手法

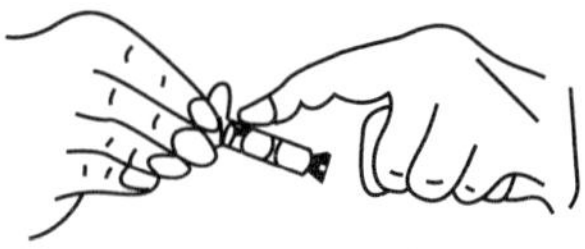

图 1-33 涂油手法

图 1-34 活塞安装

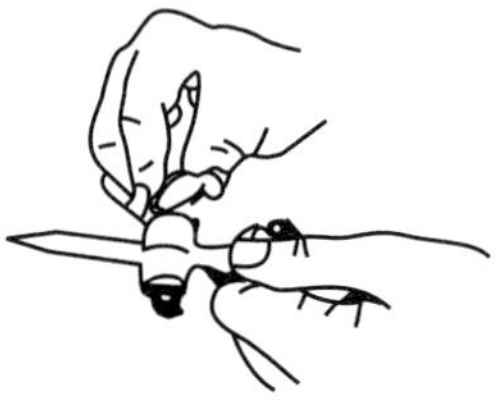

图 1-35 转动活塞

② 操作溶液的装入 在装入操作溶液时，先用该溶液洗涤滴定管内壁三次（每次约 10 cm^3），然后装入溶液至 0 刻度以上为止。

装满溶液的滴定管，应检查出口管是否充满溶液，如出口管还没有充满溶液，将酸式滴定管倾斜约 30°，左手迅速打开活塞使溶液冲出，溶液将充满全部出口管。如果使用碱式滴定管，则把橡皮管向上弯曲，玻璃尖嘴斜向上方。用两指捏挤玻璃珠，使溶液从出口管喷出，即可排除气泡（图 1-36）。

③ 滴定管的读数 读数时滴定管必须保持垂直。注入或放出溶液后稍等 1～2 min，待附着于内壁的溶液流下来后再进行读数。常量滴定管读数应读到小数点后第二位。

读数时，视线必须与液面保持在同一水平线上。对于无色或浅色溶液，读它们的弯月面下缘最低点的刻度；对于深色溶液如高锰酸钾、碘水等，可读两侧最高点的刻度。

为了准确读出弯月面下缘的刻度，可在滴定管后面衬一张“读数卡”。“读数卡”是一张约 3 cm×1.5 cm 黑纸或深色纸。读数时将它放在滴定管背后，使黑色边缘在弯月面下方约 1 mm，此时看到的弯月面反射层呈黑色［图 1-37(a)］，读出黑色弯月面下边缘最低点的刻度即可。

若滴定管的背后有一条蓝线（或带），无色溶液这时就形成了两个弯月面，并且相交于蓝线的中线上［图 1-37(b)］，读数时即读此交点的刻度；若为深色溶液，则仍读液面两侧最高点的刻度。

④ 滴定操作

a. 使用酸式滴定管时，将滴定管下端伸入锥形瓶口约 1 cm，用左手控制滴定管活塞，大拇指在管前，食指和中指在管后，三指平行地轻轻拿住活塞柄，无名指和小指向手心弯曲，轻贴出口管（图 1-38），注意不要顶出活塞，造成漏水。滴定时，右手持锥形瓶，然后边滴加溶液边向同一方向摇动锥形瓶。滴定速度在前期可稍快，但不能滴成“水线”。接近终点时改为逐滴加入，即每加 1 滴，摇动后再加，最后应控制半滴加入，将活塞稍稍转动，使半滴悬于管口，用锥形瓶内壁将其沾落，再用洗瓶冲洗内壁。

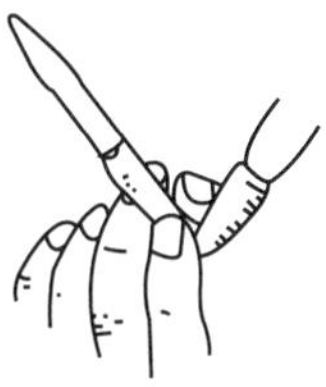

图 1-36　碱式滴定管排出气泡

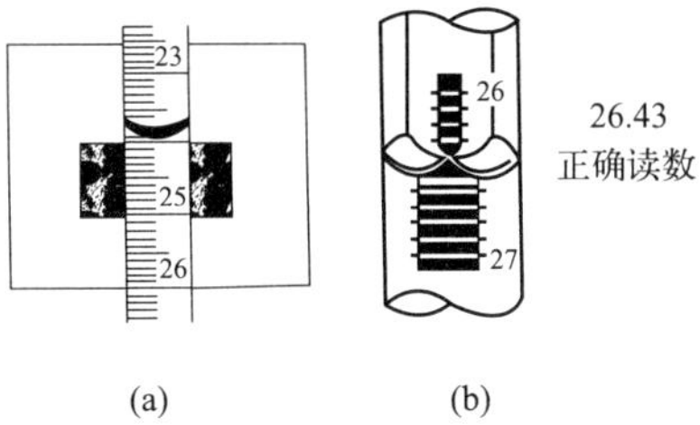

图 1-37　滴定管读数

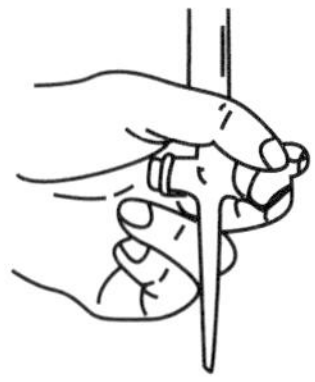

图 1-38　左手旋转活塞方法

每次滴定最好都是将溶液装至滴定管“0.00”cm^3 刻度或稍下一点，这样可减少终点误差。

b. 使用碱式滴定管时，用左手拇指和食指捏住玻璃珠稍上的部位，轻轻往一边挤压玻璃球外的橡皮管，使溶液从玻璃珠旁的空隙处流出。注意不要用力捏玻璃珠，也不能使玻璃珠上下移动。

1.1.4.5　试剂及取用方法

根据化学试剂中杂质含量的多少，通常把试剂分成下列五种规格（见表 1-1），并规定了试剂包装的标签颜色及应用范围。

表 1-1　化学试剂等级标志及相关信息

级别	一级品	二级品	三级品	四级品	其他
标志	优级纯	分析纯	化学纯	实验试剂	生物试剂
代号	GR	AR	CP	LR	BR 或 CR
标签颜色	绿色	红色	蓝色	棕色	黄色
用途	纯度最高，杂质含量最少的试剂，适用于最精确分析及研究工作	纯度较高，杂质含量较低，适用于精确的微量分析，为分析实验广泛使用	质量略低于二级试剂，适用于一般的微量分析实验，要求不高的工业分析和快速分析	纯度较低，但高于工业用的试剂，适用于一般化学实验	根据说明使用

在实验准备室中分装化学试剂时，一般把固体试剂装在广口瓶中，液体试剂或配制的溶液则盛放在细口瓶或带有滴管的滴瓶中，见光易分解和氧化的试剂（如硝酸银、碘化钾等）盛放在棕色瓶内。每一试剂瓶上都贴有标签，上面写明试剂的名称、规格或溶液的浓度以及日期。在标签外面涂一薄层蜡来保护它。

（1）取用化学试剂时必须遵守以下原则

① 倒出试剂后，瓶塞要马上盖在原来的试剂瓶上，拧紧，绝对不能弄混。取完试剂后，要将试剂瓶放回原处。

② 注意不要多取试剂。取多的试剂不能倒回原瓶，可放在指定的容器中供他人使用。

（2）固体试剂的取用　要用干净的药勺取用。用过的药勺必须洗净并擦干后才能再使用，以免玷污试剂。有毒药品要在教师指导下取用。普通固体试剂可以放在干净的称量纸或表面皿上称量。具有腐蚀性、强氧化性或易潮解的固体试剂不能在纸上称量。不准使用滤纸来盛放称量物。

（3）液体试剂的取用

① 在滴瓶中取用液体试剂时，滴管决不允许触及所用的容器器壁，以免玷污（图 1-

39）。滴管放回原滴瓶时不要放错。不允许使用自己的滴管到瓶中取药。装有试剂的滴管不能平放或管口向上斜放，以免试剂流到橡皮胶头内。

② 在细口瓶中取用液体试剂时，先将瓶塞倒放在桌面上。拿试剂瓶时，要使瓶上贴有标签的一面朝向手心方向，逐渐倾斜瓶子，使瓶口靠住容器壁，缓缓倒出所需液体。若所用容器为烧杯，可沿着洁净的玻璃棒注入烧杯（图 1-40）。取出所需量后，逐渐竖起瓶子，把瓶口剩余的一滴试剂“碰”到容器口内或用玻璃棒引入烧杯中去，以免液滴沿着瓶子外壁流下。

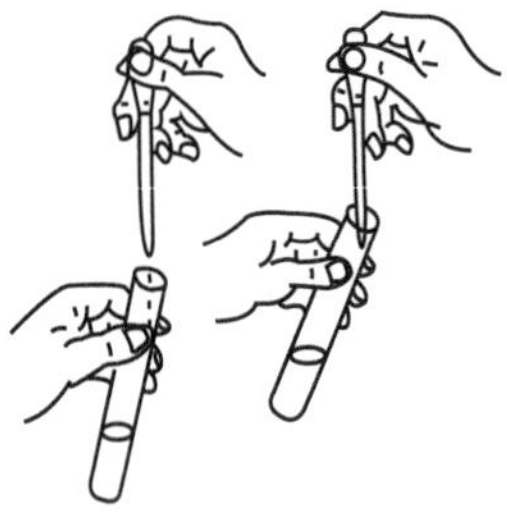

图 1-39 往试管中滴加溶液

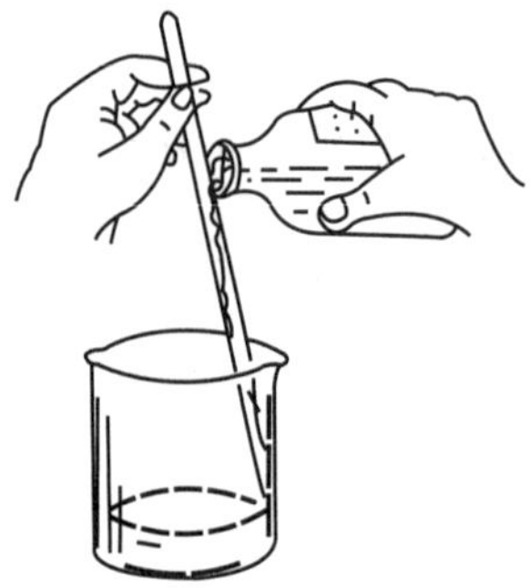

图 1-40 液体试剂倒入烧杯

③ 定量量取液体试剂时可用量筒或移液管。

1.1.4.6 溶解、结晶与固液分离

（1）固体的溶解 固体物质溶解于溶剂中时，常用搅拌、加热等方法促进溶解。搅拌时不能使玻璃棒接触容器底部及器壁。如果固体颗粒较大，可用研钵将固体颗粒研细。如果需要加热溶解，则根据待溶固体物质的热稳定性选用直接加热或水浴加热。

（2）蒸发（浓缩） 通过加热使溶液中部分溶剂除去，提高溶液的浓度或使溶质析出的过程称为蒸发。蒸发是在蒸发皿中进行的，蒸发皿的面积越大，蒸发速度越快。蒸发皿内所盛溶液的体积不能超过蒸发皿体积的 2/3。当物质的溶解度较大时，必须蒸发到溶液表面出现晶膜时才能停止加热。当物质的溶解度较小或高温时溶解度较大而室温时溶解度较小，则不必蒸发到溶液表面出现晶膜就可冷却。若物质对热是稳定的，可以用酒精灯直接加热（应先均匀预热），否则用水浴间接加热。

（3）结晶 溶液浓缩到一定浓度后冷却，溶质就会析出晶体。析出晶体的颗粒大小与结晶条件有关。如果溶液的浓度较高，骤冷、搅拌或摩擦器壁，有利于析出细小的晶体。若将溶液慢慢冷却或静置，则有利于大晶体的生成。特别是加入一颗小晶体（晶种）更有利于大晶体的形成。

（4）重结晶 如果第一次结晶所得物质的纯度不符合要求，可进行重结晶。即在加热情况下使被纯化的物质溶于一定量的水中，形成饱和溶液，趁热过滤，除去不溶性杂质，然后使滤液冷却，被纯化物质即结晶析出，而杂质则留在母液中，过滤便得到较纯净的物质。若一次重结晶达不到要求，可再次重结晶。重结晶适用于溶解度随温度有明显变化的化合物的提纯。

（5）固液分离、沉淀的洗涤 固液分离一般有三种方法：倾析法、过滤法和离心分离法。

① 倾析法 当沉淀的结晶颗粒较大或密度较大，静置后能很快沉降到容器的底部时，

可用倾析法分离或洗涤。就是把沉淀上面的清液用玻璃棒小心地倾入另一个容器中，然后在盛有沉淀的容器内加入少量洗涤剂，充分搅拌后静置，沉降，再小心地倾析出洗涤液。如此重复操作两三遍，即可洗净沉淀。

② 过滤法　当溶液和沉淀的混合物通过过滤器时，沉淀就留在滤纸上，溶液则通过过滤器滤入接收的容器中。过滤所得的溶液叫做滤液。

常用的过滤方法有三种：常压过滤、减压过滤和热过滤。

a. 常压过滤　根据漏斗角度的大小，先把滤纸折叠成四层，展开成圆锥形（图 1-41）。放入漏斗中，实验它与漏斗壁是否密合，如不密合，可适当改变角度，直到密合为止。然后将三层厚的紧贴漏斗的外层撕去一小角，将滤纸放入漏斗中，滤纸边缘应略低于漏斗的边缘。用食指把滤纸按在漏斗内壁上，用少量水将滤纸润湿，轻压滤纸赶去气泡。

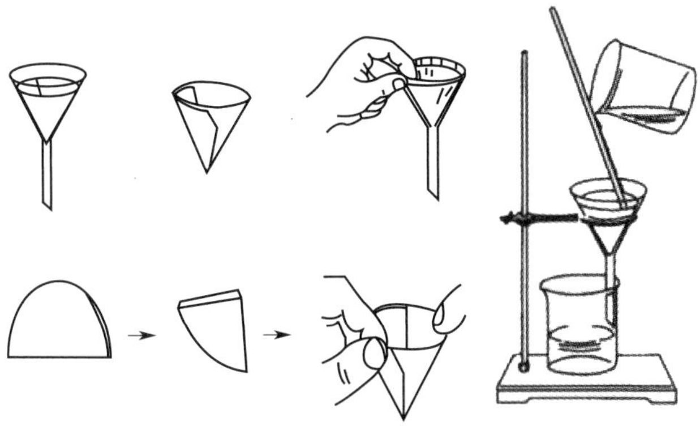

图 1-41　常压过滤

过滤时应注意，漏斗要放在漏斗架上，漏斗颈要靠在接收容器的壁上；先转移溶液，后转移沉淀；转移溶液时，应把它滴在三层滤纸处并使用玻璃棒引流，每次转移量不能超过滤纸高度的 2/3。

如果需要洗涤沉淀，则等溶液转移完毕后，往盛着沉淀的容器中加入少量洗涤剂，充分搅拌并放置，待沉淀下沉后，把洗涤液转移入漏斗，如此重复操作两三遍，再把沉淀转移到滤纸上。洗涤时应采取少量多次的原则。检查滤液中的杂质含量，可以判断沉淀是否已经洗净。

b. 减压过滤（简称“抽滤”）　在减压过滤时，循环水式真空泵将吸滤瓶中的空气吸走，使吸滤瓶内的压力减小，从而使布氏漏斗中的液面和吸滤瓶内产生一个压力差，提高了过滤速度。减压过滤不适用于胶状沉淀和颗粒太细的沉淀的过滤。减压过滤装置如图 1-42 所示，抽滤用的滤纸比布氏漏斗的内径略小，但又能把瓷孔全部盖没。将滤纸放入并湿润后，打开循环水式真空泵，先稍微抽气使滤纸紧贴，然后用玻璃棒往漏斗内转移溶液，加入的溶液不要超过漏斗容积的 2/3。等溶液流完后再转移沉淀，继续减压抽滤，直至沉淀抽干。滤毕，先拔掉橡皮管，再关电源。用玻璃棒轻轻揭起滤纸边，取出滤纸和沉淀。滤液则由吸滤瓶的上口倾出。

洗涤沉淀时，应关掉水泵（循环水式真空泵），加入洗涤剂使其与沉淀充分接触后，再开水泵（循环水式真空泵）将沉淀抽干。

有些浓的强酸、强碱或强氧化性的溶液会与滤纸发生化学反应，因此过滤时不能使用滤纸，可用的确良布或尼龙布代替滤纸。浓的强酸溶液也可使用烧结漏斗（也叫砂芯漏斗）过

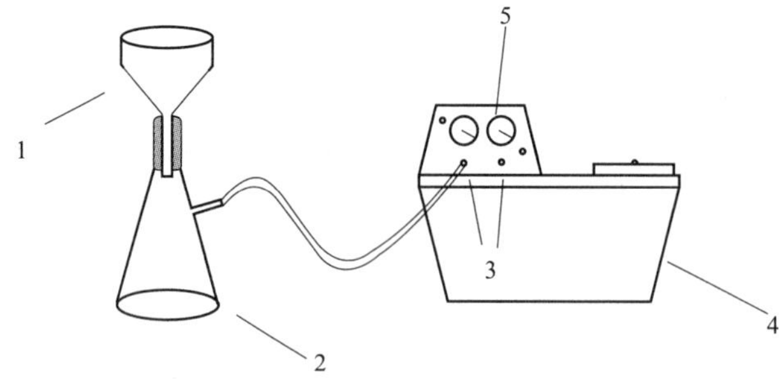

图 1-42 减压过滤

1—布氏漏斗；2—吸滤瓶；3—吸气口；4—循环水式真空泵；5—真空表

滤，这种漏斗在化学实验中常见的规格有四种，即 1 号、2 号、3 号、4 号。1 号孔径最大。可以根据沉淀颗粒不同来选用。但它不能用于强碱性溶液的过滤，因为强碱会腐蚀玻璃。

c. 热过滤 如果溶液中的溶质在温度下降时容易大量结晶析出，而又不希望它在过滤过程中留在滤纸上，这时就要趁热进行过滤。过滤时可把玻璃漏斗放在铜质的热漏斗内（图 1-43），热漏斗内装有热水，用来维持溶液的温度。也可以在过滤前把普通漏斗放在水浴上用蒸汽加热，然后使用。热过滤时选用的漏斗的颈部越短越好，过滤时溶液在漏斗颈内停留时间越短，越能避免因散热降温析出晶体而发生的堵塞。

③ 离心分离法 当被分离的沉淀的量很少时，可以应用离心分离法。实验室常用的离心仪器为 800 型离心机（图 1-44）。将盛有沉淀和溶液的离心试管放在离心机套管中，开动离心机，沉淀受到离心力的作用迅速聚集在离心试管的尖端而和溶液分开。用滴管将溶液吸出。如需洗涤，可往沉淀中加入少量的洗涤剂，充分搅拌后再离心分离，重复操作 2～3 遍即可。

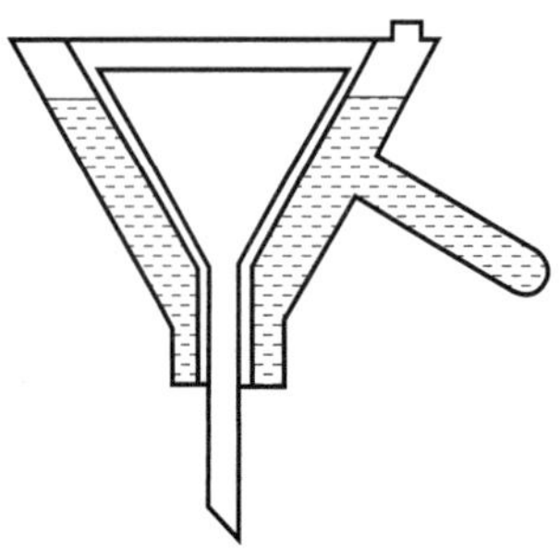

图 1-43 热过滤用漏斗（热漏斗）

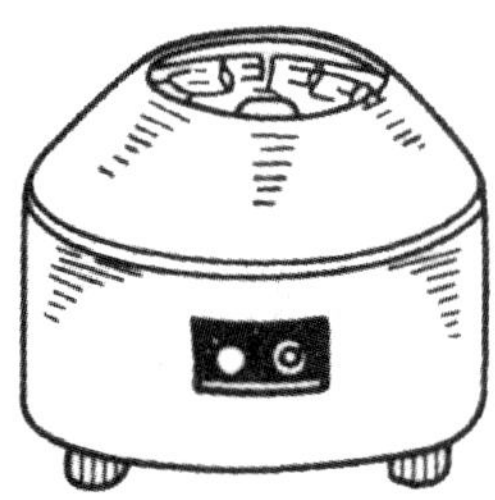

图 1-44 800 型离心机

（6）固体的干燥 如果分离出来的沉淀对热是稳定的，那么需要干燥时，可把沉淀放在表面皿上，在电烘箱中烘干。也可把它放在蒸发皿内，用水浴或酒精灯加热烘干。有些带结晶水的晶体不能烘烤，可以用有机溶剂洗涤后晾干。有些易吸水潮解或需要长时间保持干燥的固体，应放在干燥器内。

干燥器是一种有磨口盖子的厚质玻璃器皿，磨口上涂有一薄层凡士林，以防水蒸气进入。分上下两层，下层放干燥剂，中间放置一块带孔的圆形瓷板，用来承放需要保持干燥的物品。开启干燥器时，左手按住干燥器的下部，右手按住盖顶，向左前方推开盖子（图 1-45），加盖时，也应当拿着盖顶，平推着盖好。热的物体应稍微冷却再放入干燥器内，放入后，要在短时间内打开盖子 1～2 次，以调节干燥器内的气压。在搬动干燥器时，用两手的拇指同时按住盖子，防止盖子因滑落而被打破（图 1-46）。

图 1-45　开启干燥器的操作

图 1-46　搬动干燥器的操作

1.1.4.7　气体的发生、净化、干燥和收集

实验室制备气体，根据使用的原料的状态及反应条件，选择不同的反应装置。

（1）块状或大颗粒固体与液体反应制备气体　启普发生器是由一个葫芦状的玻璃容器、球形漏斗和导气管活塞三部分组成（图 1-47）。固体药品通过中间球体的侧口或上口放入中间圆球内，加入固体的量不超过球体容积的 1/3，圆球内放置胶皮垫用来承受固体，以免固体掉至下部球内。从球形漏斗加入适量的酸液。

使用时，打开导气管活塞，由于压力差，酸液自动下降进入中间球内，与固体接触而产生气体。要停止反应时，只要关闭活塞，继续产生的气体会把酸液从中间球内压入下球及球形漏斗内，使酸液与固体不再接触而停止反应。再次使用时，只要重新打开活塞即可。

当启普发生器内的固体即将用完或酸液浓度太稀，而不能产生气体时，应补充固体或更换酸液。补充固体时，应关闭导气管活塞，使球内酸液压至球形漏斗中，然后用橡胶塞塞紧漏斗的上口，取下导气管上的塞子，从侧口加入固体。更换酸液时，应关闭导气管活塞，使废液压入球形漏斗中，用移液管把废液吸出或用橡胶塞塞紧球形漏斗口，把发生器仰放在废液缸上，使下口塞附近无酸液，再拔下塞子，使发生器下倾，让废液慢慢流出从下球的侧口放出废液，当废液流完后，从球形漏斗加入新的酸液。

（2）粉状或小颗粒固体与液体反应制备气体　当反应需要加热，或固体反应物是小颗粒或粉状时，就不能使用启普发生器，而改用图 1-48 所示的气体发生装置。固体装在蒸馏瓶内，把酸液装在分液漏斗中。使用时，打开分液漏斗的活塞，使酸液均匀地滴加到固体上，就产生气体。当反应缓慢或不产生气体时，可以加热。如果加热后，仍不起反应，则需要更换固体药品。

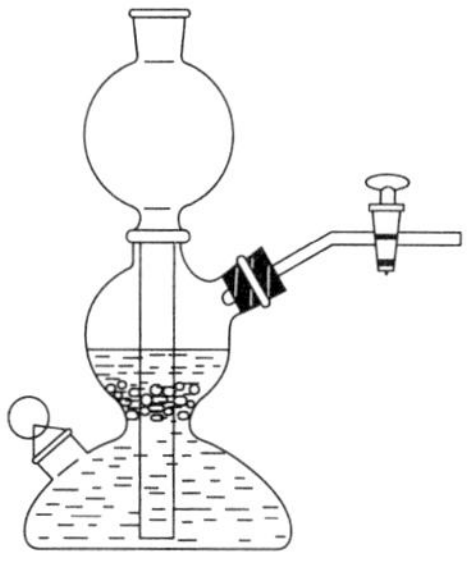

图 1-47　启普发生器

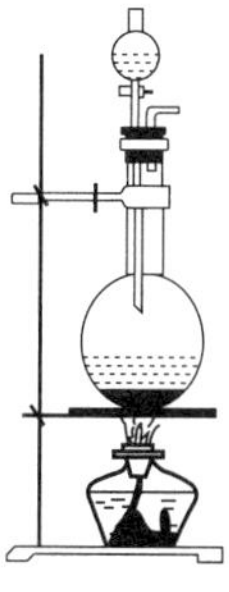

图 1-48　气体发生装置

（3）分解固体物质制备气体　在洁净干燥的大试管内加入固体试剂，然后将试管固定在铁架台高度合适的位置上，试管口稍向下倾斜，在试管口塞紧橡皮塞（如图 1-49）。点燃酒精灯，先用小火均匀加热试管，再固定加热有试剂的部位，制备气体。

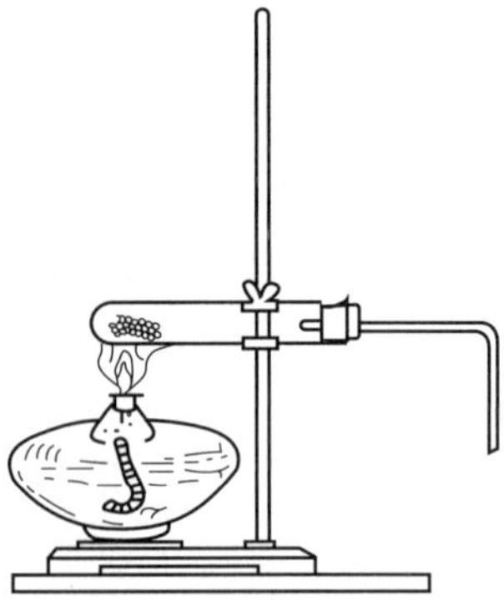

图 1-49　加热固体制备气体

（4）气体的净化和干燥　由于实验室制备的气体常常带有酸雾和水汽，在要求高的实验中就需要净化和干燥。通常酸雾可用水洗或玻璃棉吸附除去，水蒸气用浓硫酸、无水氯化钙、固体氢氧化钠或硅胶等干燥剂吸附，液体（如碳酸氢钠溶液、浓硫酸等）一般装在洗气瓶内（图 1-50），固体如玻璃棉、硅胶等则装在干燥塔（图 1-51）或干燥管中。气体中如还含有其他杂质，则应根据具体情况分别用不同试剂吸收。前提是气体不能与所选用的试剂反应。

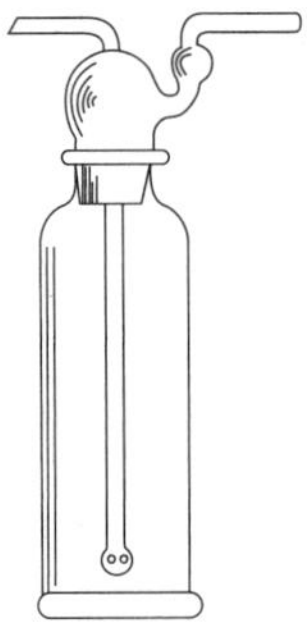

图 1-50　洗气瓶

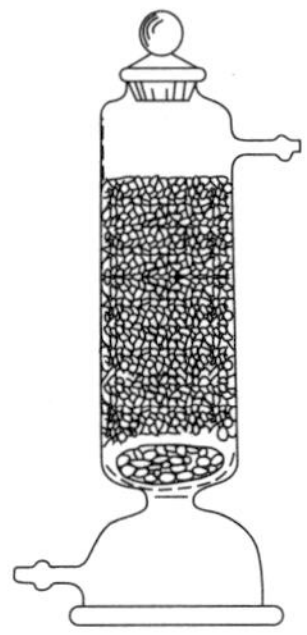

图 1-51　干燥塔

（5）气体的收集　根据气体在水中的溶解情况，一般采取以下方法收集。

① 难溶于水且不与水发生化学反应的气体（如氮气、氧气），可用排水集气法收集（图 1-52）。

② 能溶于水而比空气轻的气体（如氨气），可用瓶口向下的排气集气法收集（图 1-53）。

③ 能溶于水而比空气重的气体（如氯、二氧化碳等）可用瓶口向上的排气集气法收集（图 1-54）。

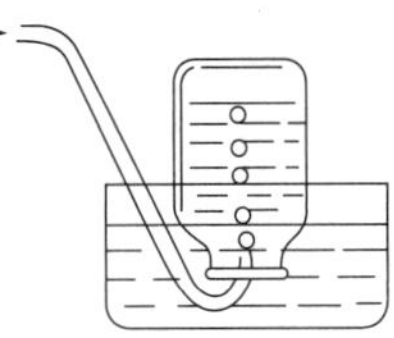

图 1-52　排水集气法

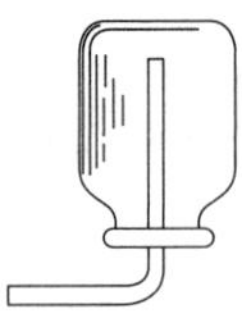

图 1-53　排气集气（比空气轻）法

图 1-54　排气集气（比空气重）法

1.1.4.8　普通温度计和试纸的使用

（1）普通温度计的使用　普通温度计用玻璃制成，下端的水银球与上面一根内径均匀的厚壁毛细管相连。管外刻有表示温度的刻度。分度为 1℃ 或 2℃ 的温度计一般可估计到 0.1℃（或 0.2℃）的读数。分度为 0.1℃ 的温度计可估计到 0.01℃ 的读数。

每支温度计都有一定的测温范围，通常以最高刻度来表示。如 100℃、200℃、300℃等。温度计不能测量超过它的最高刻度的温度。

温度计的水银球玻璃壁很薄，容易破碎。不能把温度计当作玻璃棒使用。测量液体温度时，要使水银球完全浸在液体中，不能使水银球接触容器的底部或器壁，温度计不能骤冷。如果不小心把温度计的水银球打碎，应先用滴管尽可能将水银收集起来，然后用硫黄粉覆盖。

（2）试纸的使用　试纸的作用是通过颜色变化来检测溶液的性质或定性检验某些物质是否存在。其特点是简单、方便、快速和精确。

① 碘化钾-淀粉试纸　定性检验氧化性气体（如 Cl_2、Br_2 等）。氧化性气体遇湿润的碘化钾-淀粉试纸可将试纸上的 I^- 氧化为 I_2，I_2 即与试纸上的淀粉作用而使试纸变蓝。如果气体氧化性太强而使 I_2 进一步氧化为 IO_3^-，而使试纸上的蓝色褪去。

② 醋酸铅试纸　定性检验反应是否有 H_2S 气体产生。湿润的醋酸铅试纸遇 H_2S 气体变黑。

③ 石蕊试纸和 pH 试纸　石蕊试纸和 pH 试纸都是用来检测溶液的酸碱性的。使用石蕊试纸时，可先将石蕊试纸剪成小块，放在洁净干燥的容器内，用玻璃棒蘸取待测的溶液，滴在试纸上，于半分钟以内观察试纸的颜色。蓝色石蕊试纸遇酸性溶液显红色，红色石蕊试纸遇碱性溶液显蓝色。不能将试纸投入溶液中进行检验。检查挥发性物质的酸碱性时，可先将石蕊试纸用纯净水润湿，然后悬空放在气体出口处，观察试纸颜色变化。

pH 试纸的使用方法与石蕊试纸的使用方法基本相同，差别在于：试纸显色后半分钟以内，需将所显示的颜色与比色卡对比，读出其 pH 数值。广泛 pH 试纸的色阶变化为一个 pH 单位；精密 pH 试纸的色阶变化小于一个 pH 单位。试纸应密闭保存，不要用沾有酸性或碱性的湿手去取试纸，以免试纸变色。

1.2　实验部分

实验 1　仪器认领、洗涤和干燥

【实验目的】

熟悉无机化学实验室的规则要求。领取无机化学实验常用仪器并熟悉其名称、规格，了解使用注意事项，落实责任制，学习常用仪器的洗涤和干燥方法。

【实验内容】

1. 认识无机化学常用仪器和使用方法

常见玻璃仪器及辅助仪器，见表 1-2。

表 1-2　常用玻璃仪器及辅助仪器

仪器名称	规格	主要用途	注意事项
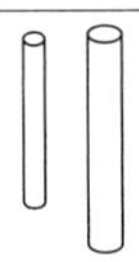 普通试管  离心试管	玻璃质。普通试管分硬质试管、软质试管；离心试管。 普通试管以外径（mm）×管长（mm）表示。离心试管以容积（cm^3）表示	用作少量试剂的反应容器，也可用于收集少量气体。 离心试管主要用于离心机的沉淀分离	普通试管可直接用火加热。加热时用试管夹夹持。加热后不能骤冷。离心式管只能用水浴加热

续表

仪器名称	规格	主要用途	注意事项
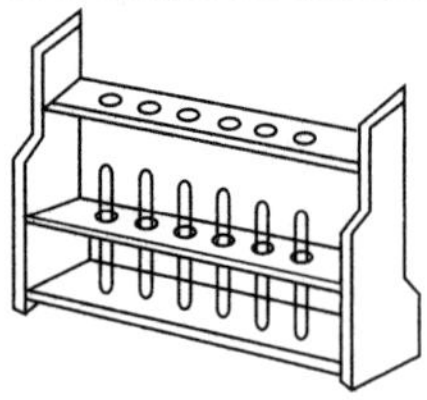 试管架	有木质、铝质和塑料质等不同材质	放试管用	加热后的试管应用试管夹夹好悬放架上
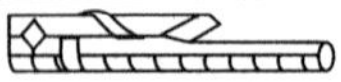 试管夹	有木质、金属质和塑料质等不同材质	夹持试管	防止损坏和锈蚀
 毛刷	不同用途，规格不一	洗刷玻璃器皿	使用前应检查是否秃顶，以避免顶部铁丝损坏玻璃仪器
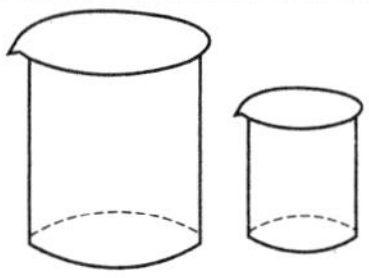 烧杯	玻璃质。大多数有刻度，规格以容积（cm^3 或 dm^3）表示	反应容器、配制溶液的容器、简易水浴加热的盛水容器	使用明火加热时应置于石棉网上，加热后不可直接置于桌面，应垫石棉网
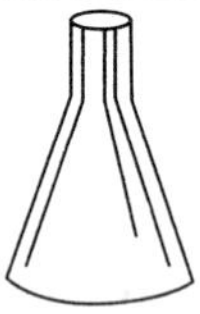 锥形瓶	玻璃质。规格以容积（cm^3 或 dm^3）表示	反应容器，振荡方便，特别适用于滴定操作	同上
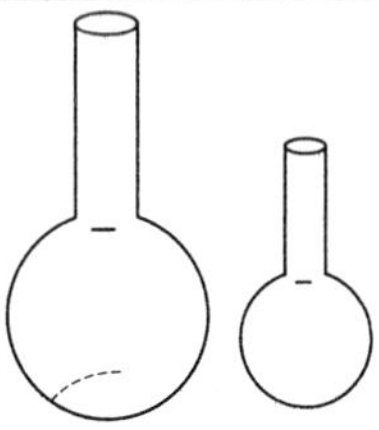 圆底烧瓶	玻璃质。有圆口和标准磨口之分。规格以容积（cm^3 或 dm^3）表示。 磨口烧瓶以固定标号表示口径大小，如 14 号、19 号、24 号等	反应容器	同上
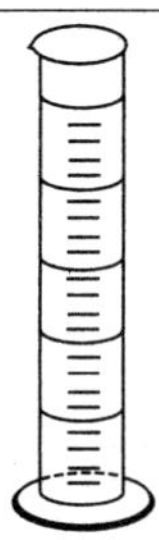 量筒	玻璃质。规格以刻度所能量取的最大容积（cm^3 或 dm^3）表示	用于量取一定体积的室温液体	不能加热；不能量热的液体；不能用作反应容器
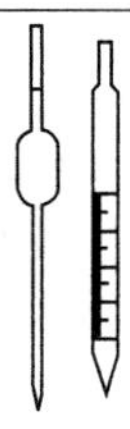 移液管	玻璃质。有单刻度和分刻度之分。分刻度移液管又称吸量管。规格以所能量取的最大容积（cm^3 或 dm^3）表示	用于精确量取一定体积室温液体	不能加热

续表

仪器名称	规格	主要用途	注意事项
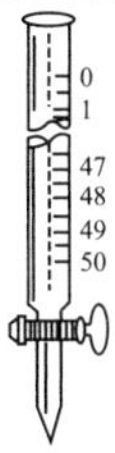 酸式滴定管  碱式滴定管	玻璃质。分酸式和碱式两种	主要用于滴定和量取精准体积的液体	不能加热；不能量热的液体；不能用毛刷洗刷内壁；两种滴定管不能互换使用；酸管的玻璃塞与滴定管配套使用，不能互换
 容量瓶	玻璃质，规格以刻度所示容积（cm^3 或 dm^3）表示	配制标准浓度的溶液使用	不能加热，不能用毛刷洗刷。瓶口的磨口塞配套使用，不能互换
 称量瓶	玻璃质。分高型和矮型。规格以内径（mm）×瓶高（mm）表示	准确称取固体样品时使用	瓶与盖配套，不能互换
 干燥器	玻璃质。有普通干燥器和真空干燥器之分。规格以上口径（mm）表示	内存放干燥剂，用于样品的干燥与存放	盖子打开时口朝上，应防止滑动而损坏。灼烧后的样品应稍冷后才能放入，并在冷却过程中需要每隔一段时间打开盖子，以调节器内压力
 坩埚钳	金属制品。规格以长度（cm）表示	夹持坩埚时使用	使用后钳尖朝上放在桌面上或者石棉网上
 坩埚	规格以容积（cm^3）表示	灼烧固体样品时使用。根据固体性质选用不同材质	灼热的坩埚应置于石棉网上
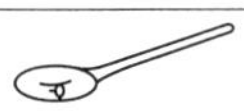 药勺	由金属、牛角或塑料制成，有长短各种规格	取固体样品时使用	用后洗涤干净
 滴瓶  细口瓶  广口瓶	玻璃质。带磨口塞或滴管，有无色和棕色。 规格以容积（cm^3）表示	滴瓶和细口瓶用于盛放液体药品。广口瓶用于盛放固体药品	瓶塞不能互换。盛放碱性液体要用橡皮塞

续表

仪器名称	规格	主要用途	注意事项
 集气瓶	玻璃质。无塞、瓶口面磨砂，并配毛玻璃盖片。规格以容积(cm^3)表示	用于气体的收集或气体燃烧实验	做燃烧实验时，应在瓶底放少许沙子或水
 表面皿	玻璃质。以口径(mm)表示	用途广泛。如固体样品的自然风干，盖在烧杯上防止液体迸溅	不能用明火直接加热
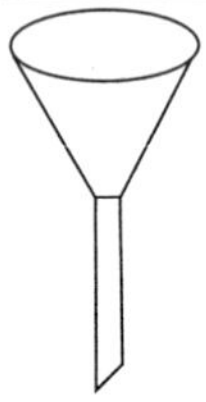 漏斗	玻璃质。以斗颈(mm)表示	用于过滤操作以及倾注液体	同上
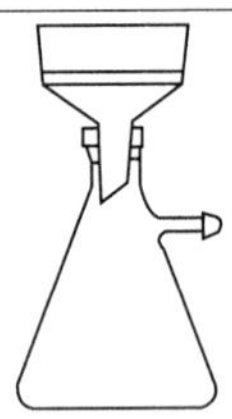 吸滤瓶和布氏漏斗	布氏漏斗为瓷质，规格以容量(cm^3)或斗颈(cm)表示。 吸滤瓶为玻璃质，规格以容量(cm^3)表示	两者配套，用于较大颗粒沉淀的减压过滤	同上
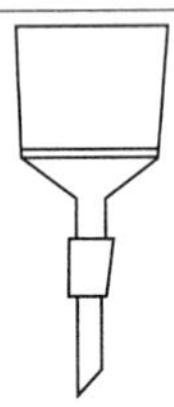 砂芯漏斗(烧结漏斗、细菌漏斗)	玻璃质。砂芯滤板为烧结陶瓷。规格以平均孔径(μm)和漏斗的容积(cm^3)表示	用作细粒沉淀以至细菌的分离。也可用于气体洗涤和扩散实验	不能用于对玻璃有腐蚀的溶液及活性炭等物质体系的分离。不能用明火加热。用后及时清洗
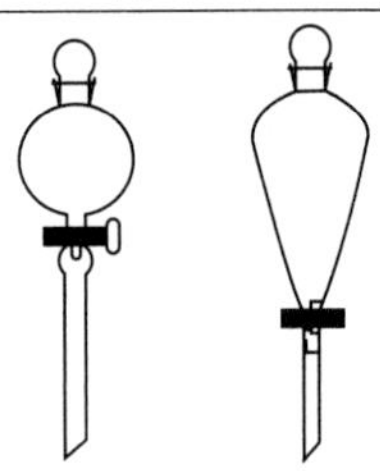 分液漏斗	玻璃质。规格以容量(cm^3)和形状(球形、梨形、筒形、锥形)表示	萃取用装置。也可用于少量气体发生装置中加液	不能用明火加热。玻璃塞、磨口漏斗塞子与漏斗配套使用不能互换
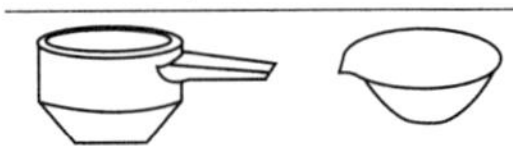 蒸发皿	玻璃质、瓷质、石英质或金属质。规格以口径(nm)或容量(cm^3)表示	蒸发浓缩液体用。根据液体性质不同，选择不同材质的蒸发皿	不宜骤冷
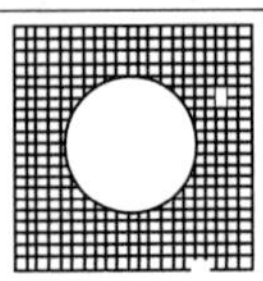 石棉网	由铁丝编成，中间涂有石棉。规格以边长(cm)×边长(cm)表示，如 16 cm×16 cm、23 cm×23 cm 等	加热时隔在热源与加热物之间，使受热均匀	使用前检查石棉是否完整，石棉脱落的不能使用。不能与水接触或卷曲

续表

仪器名称	规格	主要用途	注意事项
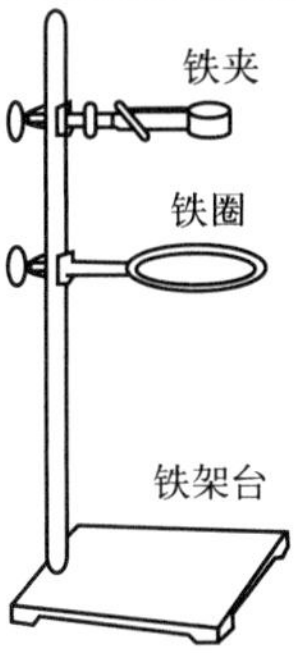	金属制品	用于固定和放置反应容器	使用时仪器的重心应处于铁架台底盘中心
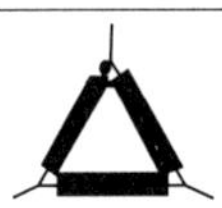 泥三角	由铁丝弯成，套以瓷管	灼烧坩埚时放置坩埚用	使用前应检查是否损坏。灼热的泥三角应放在石棉网上
 三脚架	铁制品	上端放置较大的加热容器，底部放置热源	
 研钵	瓷质、玻璃质、玛瑙质或金属材质。规格以口径(mm)表示	用于研磨固体样品及固体样品的混合。材质根据所研磨物的性质、硬度及研磨所要达到的效果选用	不能用明火直接加热。研磨时不能捣碎，只能碾压。不能研磨易爆物质
 燃烧匙	金属制品	检验物质的可燃性，进行气固燃烧实验	用完后立即清洗并擦干
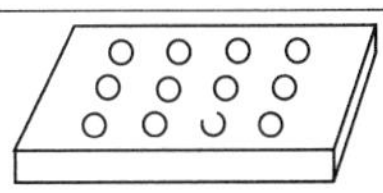 点滴板	玻璃质或瓷质。规格按凹穴的个数分为四穴、六穴、十二穴等	同时进行多个少量的无须分离的沉淀反应的容器。根据产物的颜色选用合适的点滴板	不能加热
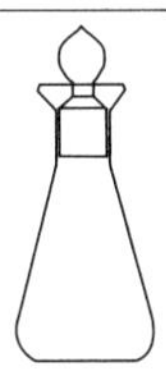 碘量瓶	玻璃质。瓶塞、瓶颈部均为磨砂玻璃。规格以容积(cm^3)表示	主要用于碘的定量反应的容器	瓶塞与瓶配套使用，不能互换
 洗瓶	塑料材质居多，规格以容积(cm^3)表示	盛放去离子水，用于配制溶液，洗涤玻璃仪器等	不能加热

2. 玻璃仪器的洗涤方法

化学实验所用的玻璃仪器必须是洁净的，否则会影响实验效果，甚至导致实验失败。洗涤时应根据污物性质和实验要求选择不同方法。洁净的玻璃仪器的内壁应能被水均匀地湿润而不挂水珠，并且无水的条纹。一般而言，附着在仪器上的污物既有可溶性物质，也有尘土、不溶物及无机物等。常用的洗涤方法有：

（1）刷洗法：用水和毛刷刷洗仪器，可去掉附着的尘土、可溶性物质及易脱落的不溶物，注意使用毛刷刷洗时，不可用力过猛，以免戳破容器。

（2）合成洗涤剂的方法：去污粉是由碳酸钠、白土、细砂等混合而成的。碳酸钠的碱性具有很强的去污能力，细砂的摩擦作用，白土的吸附作用，增强对仪器的清洗效果。先将待洗仪器用少量水润湿后，再加入少量去污粉，再用毛刷刷洗，最后用自来水冲洗颗粒，并用少量去离子水（并多次）冲洗自来水中带来的污垢。也可用其他洗涤剂，如洗衣粉、洗洁精，使用方法类似。

（3）铬酸洗液法：铬酸洗液是由浓硫酸和重铬酸钾溶液配制而成（将 5 g 工业重铬酸钾置于烧杯中，加入 10 cm^3 水，不断搅拌下加入 100 cm^3 浓硫酸）。其具有很强的氧化能力，对有机物和油污的清洗能力较强。一些口径小而长的仪器，如滴定管、移液管、容量瓶等沾有油污或有机物时，不宜用刷子刷洗，可选用铬酸洗液来洗。具体的洗涤方法是：先用水洗去尘土和水溶性污物，然后尽可能倾掉残留液，再在仪器中加入少量的铬酸洗液，慢慢地转动仪器，使仪器内壁全部浸润（注意不能让洗液流出来），旋转几周后，把洗液倒回原瓶，最后依次用自来水、去离子水冲洗干净。

使用铬酸洗液时应注意以下事项：

① 被洗涤的仪器不宜有水，以免使洗液稀释失效。

② 洗液在正常情况下是呈红褐色，若洗液颜色变为绿色证明失效，可加高锰酸钾使其再生。

③ 洗液应密封保存，以防止吸水失效。

④ 洗液具有很强的腐蚀性，使用时应注意安全！会灼伤皮肤或衣服，若不慎洒在皮肤、衣服或实验台上，应立即用干抹布擦去，并用大量水冲洗。

⑤ 六价的铬有毒，不可直接倒入下水道。且在自来水冲洗时，第一、二遍的水不要倒掉，应回收处理。

（4）“对症”洗涤法：根据附着在仪器上的不同物质的不同性质来选择不同的方法来除去。如除碘用硫代硫酸钠；难溶的硫化物用 HNO_3；AgCl 用氨水；焦油用浓碱；MnO_2 用盐酸溶液。有些玻璃仪器不能用毛刷清洗，如比色皿，可用 HCl-乙醇溶液浸泡、润洗。

3. 仪器干燥的方法

（1）空气晾干：又称“风干”，是最简单的干燥方法，放置在空气中一段时间即可，特别适用于带刻度的仪器（如量筒、容量瓶、移液管、温度计等）和不宜加热和冷却的仪器。

（2）烘干：将洗净的仪器放在干净的托盘里，再放入电烘箱（如图 1-55）内，温度设置在 100～120℃。

（3）烤干：此法可用于加热的仪器，如试管、烧瓶、蒸发皿等。加热时应注意把仪器外壁的水擦干，对于烧杯、蒸发皿等仪器可置于石棉网上小火烤干，而试管用小火烤干时应注意，管口向下倾斜，以免水珠倒流，炸裂试管（如图 1-56）。同时火焰不能集中加热一个部位，应从底部开始缓慢移至试管顶部，如此反复，直至水珠消失，再将管口向上，赶走水汽。

（4）有机溶剂干燥：先用少量易挥发的溶剂（如工业乙醇或丙酮）润湿玻璃仪器内壁并倒出，再用吹风筒向仪器内部吹风，使溶剂快速挥发。

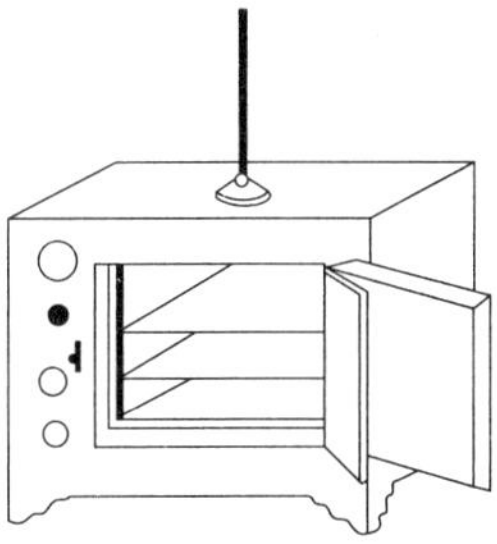

图 1-55　电烘箱

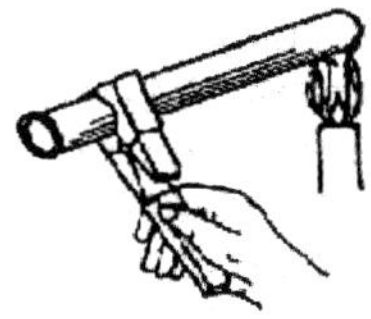

图 1-56　烤干试管

4. 领取个人实验柜内的仪器

按照实验柜内仪器清单领取仪器。

5. 洗涤实验柜内玻璃仪器

根据实验柜内的玻璃仪器的类型，用合适的方法洗涤干净，经指导教师检查合格后，放回柜内。

实验 2　天平的使用

【实验目的】

1. 了解托盘天平和电子分析天平的构造和性能。
2. 学会正确使用天平。
3. 学会正确使用干燥器。

【预习与思考】

1. 预习本书中关于托盘天平、电子分析天平、电子台秤和干燥器的构造和使用方法，以及有效数字的概念等内容。

2. 思考下列问题：

（1）在减量法称量过程中，可否用药勺加取药品？

（2）用万分之一电子分析天平称样时，实验数据记录到小数点后几位？用托盘天平和电子台秤称样时，实验数据分别记录到小数点后几位？

【仪器和药品】

电子分析天平，电子台秤，干燥器，称量瓶，称量纸（于干燥器内干燥），滤纸条（长、短）。铜片，五水硫酸铜（于干燥器内干燥）（s），氯化钠（s）。

【实验内容】

1. 称量一张纸

用电子分析天平准确称出一张干燥过的称量纸的质量，记录数据。

2. 称量金属铜片

用电子分析天平将一块洁净干燥的金属铜片（教师事先称量并编上号）放在上述称量纸上，准确称出其质量。记录称量数据，并将结果报告教师。

3. 称量氯化钠

取称量纸放于电子台秤上，按去皮键，称量 0.10～0.15 g 氯化钠，记录称量数据，并将准确结果报告老师。

4. 减量法称量五水硫酸铜

从干燥器中取出盛有五水硫酸铜固体的称量瓶，准确称量五水硫酸铜和称量瓶的总质量 m_1。取一个干净的小烧杯，从称量瓶中敲出 0.200～0.300 g 五水硫酸铜于烧杯中，再准确称出余下五水硫酸铜和称量瓶的总质量 m_2，记录称量数据，求出烧杯中五水硫酸铜的质量 m_3。

【注意事项】

1. 使用天平时一定要严格按照要求操作，爱护仪器，保持天平的整洁。

2. 搬动干燥器时，应用两手的拇指同时按住盖子，防止盖子因滑落而打破，且盖子放置时应尽量置于桌子内部，防止盖子旋转而打破。

【实验记录及结果】

称量结果，见表 1-3。

表 1-3 称量结果

称量项目	质量/g
称量纸的质量	
铜片＋称量纸的质量	
铜片的质量	
氯化钠的质量	
五水硫酸铜＋称量瓶的质量 m_1	
五水硫酸铜＋称量瓶的质量 m_2	
五水硫酸铜的质量 $m_3=m_1-m_2$	

实验 3 溶液的配制

【实验目的】

1. 掌握实验室常用溶液的配制方法。

2. 学习正确使用容量瓶和移液管的方法。

【预习与思考】

1. 预习教材中关于容量瓶和移液管的使用方法。

2. 思考下列问题：

（1）用容量瓶稀释标准溶液时，容量瓶是否需要用待稀释溶液润洗？

（2）配制标准溶液时，应使用哪些仪器？

【实验原理】

1. 一般溶液的配制

配制一般溶液常用以下三种方法：

(1) 直接水溶法　固体试剂（如 KOH、NH_4NO_3 等）易溶于水而不发生水解，在配制溶液时，用托盘天平或电子台秤称取一定量的固体试剂于烧杯中，加入少量去离子水，搅拌溶解后稀释至所需体积，再转入试剂瓶中。

(2) 介质水溶法　对易水解的固体（如 $SnCl_2$、$BiCl_3$ 等），在配制溶液时，称取一定量的固体，加入适量的酸使其溶解，再用去离子水稀释，摇匀后转入试剂瓶。$SnCl_2$ 因具有强还原性，还需在盛有其溶液的试剂瓶中加入锡粒，防止其被氧化。

在水中溶解度较小的固体试剂，可选用合适的溶剂溶解后，稀释，摇匀转入试剂瓶。例如固体 I_2，可先用 KI 水溶液溶解。

(3) 稀释法　配制液态试剂的稀溶液时，如 H_3PO_4、H_2SO_4、$NH_3 \cdot H_2O$、HAc 等，先用量筒量取所需用量的浓溶液，然后用适量去离子水稀释。配制 H_2SO_4 溶液时，需特别注意，应在不断搅拌下，将浓硫酸缓慢地倒入盛水的容器中，切不可将顺序颠倒。

2. 标准溶液的配制

已知准确浓度的溶液称为标准溶液。配制的方法也有三种：

(1) 直接法　用分析天平准确称取一定量的基准试剂于烧杯中，加入适量的去离子水溶解后，转入容量瓶，再用去离子水稀释至刻度，摇匀。其准确浓度可由称量数据及稀释体积求得。

(2) 标定法　不是基准试剂的物质，如氢氧化钠，可先配成近似于所需要浓度的溶液，然后用基准试剂或已知准确浓度的标准溶液标定它的浓度。

(3) 稀释法　当需要用较浓的标准溶液配制较稀的标准溶液时，可用移液管准确吸取其浓溶液至适当的容量瓶中稀释。

【仪器和药品】

电子台秤，电子分析天平，容量瓶（100 cm^3），滴管，吸量管（10 cm^3），量筒（100 cm^3、10 cm^3），烧杯，洗耳球。

NaOH(s)，$NaNO_3$(s)，$FeSO_4 \cdot 7H_2O$(s)，$KHC_8H_4O_4$(s)，$Na_2B_4O_7 \cdot 10H_2O$(s)，HAc (1.000 $mol \cdot dm^{-3}$)，H_2SO_4(6 $mol \cdot dm^{-3}$)，HCl(3 $mol \cdot dm^{-3}$)，HNO_3(2 $mol \cdot dm^{-3}$)。

【实验内容】

1. 酸、碱溶液的配制

① 配制 50 cm^3 0.1 $mol \cdot dm^{-3}$ NaOH 溶液，贮存于试剂瓶中。

② 用浓 H_2SO_4、浓 HCl、浓 HNO_3 分别配制 0.1 $mol \cdot dm^{-3}$ H_2SO_4、0.1 $mol \cdot dm^{-3}$ HCl、0.1 $mol \cdot dm^{-3}$ HNO_3 溶液各 100 cm^3 贮存于试剂瓶中。

2. 盐溶液的配制

配制 0.1 $mol \cdot dm^{-3}$ 的 $NaNO_3$、0.1 $mol \cdot dm^{-3}$ $FeSO_4$ 溶液各 50 cm^3，贮存于试剂瓶中。

3. 标准溶液的配制

(1) $KHC_8H_4O_4$ 溶液的配制　准确称取 0.1021～0.1022 g $KHC_8H_4O_4$ 晶体于 50 cm^3 烧杯中，加入少量去离子水使其完全溶解后，移至 100 cm^3 容量瓶中，再用少量去离子水淋洗烧杯及玻璃棒数次，并将每次淋洗的水全部转入容量瓶，最后以水稀释至刻度，摇匀。计算其准确浓度。

(2) $Na_2B_4O_7$ 溶液的配制　准确称取 0.1905～0.1906 g $Na_2B_4O_7 \cdot 10H_2O$ 晶体，按上

述方法配制成 100 cm^3 溶液，计算其准确浓度。上述溶液保留待实验 6 酸碱滴定实验使用。

（3）HAc 标准溶液的稀释　用已知浓度为 1.000 $mol \cdot dm^{-3}$ 的 HAc 溶液配制 0.1000 $mol \cdot dm^{-3}$ 的 HAc 溶液 100 cm^3。

【注意事项】

1. 邻苯二甲酸氢钾可作为基准物用于标定碱的浓度（1 mol 邻苯二甲酸氢钾可被 1 mol 碱中和），摩尔质量为 204.21 $g \cdot mol^{-1}$，实验前应于 110℃干燥。

2. 硼砂（十水四硼酸钠）可作为基准物质标定酸（1 mol 硼砂可被 2 mol 酸中和），摩尔质量为 381.37 $g \cdot mol^{-1}$，室温下贮存于装有 NaCl 和蔗糖饱和溶液的干燥器中。

3. 配制 NaOH 溶液时一定要除去 CO_3^{2-}，具体方法如下：

（1）以少量去离子水洗涤 NaOH 固体，除去表面生成的碳酸盐后，将 NaOH 固体溶解于加热至沸并冷却至室温的去离子水中。

（2）利用 Na_2CO_3 在浓的 NaOH 溶液中溶解度低的性质，配制饱和的 NaOH 溶液，静置，让 Na_2CO_3 充分析出，取上层清液，即纯净的 NaOH 溶液。

4. 浓 H_2SO_4 配制溶液时要注意，将浓 H_2SO_4 慢慢加入水中，并边加边搅拌。

5. 使用电子分析天平时不要挪动仪器，不要把药品洒到天平上，并保证天平的整洁。

【实验记录及结果】

一般溶液配制，见表 1-4。标准溶液的配制，见表 1-5。

表 1-4　一般溶液的配制

	0.1 $mol \cdot dm^{-3}$ NaOH	0.1 $mol \cdot dm^{-3}$ $NaNO_3$	0.1 $mol \cdot dm^{-3}$ $FeSO_4$	0.1 $mol \cdot dm^{-3}$ H_2SO_4	0.1 $mol \cdot dm^{-3}$ HCl	0.1 $mol \cdot dm^{-3}$ HNO_3
试剂质量/g				—	—	—
试剂体积/cm^3	—	—	（H_2SO_4）			

表 1-5　标准溶液的配制

	$KHC_8H_4O_4$	$Na_2B_4O_7 \cdot 10H_2O$	1.000 $mol \cdot dm^{-3}$ HAc
试剂质量/g			—
试剂体积/dm^3	—	—	
浓度/$mol \cdot dm^{-3}$			0.1000 $mol \cdot dm^{-3}$

实验 4　由胆矾制备五水硫酸铜（综合）

【实验目的】

1. 学习并掌握下列基本操作：固体的加热溶解、水浴蒸发浓缩、减压过滤、结晶与重结晶。

2. 了解重结晶法提纯固体物质的原理。

【预习与思考】

1. 预习水浴加热、蒸发浓缩、固液分离和重结晶等基本操作。

2. 思考下列问题：

（1）减压过滤适用于什么样的沉淀过滤？

（2）若硫酸铜溶液的浓度是 0.8mol·dm^{-3}，计算开始生成氢氧化铜时的 pH 值是多少？在 pH=4 时，溶液中 Fe^{3+} 的浓度是多少？

【实验原理】

本实验用过氧化氢将胆矾（工业硫酸铜）溶液中的硫酸亚铁氧化为硫酸铁：

$$2FeSO_4 + H_2O_2 + H_2SO_4 = Fe_2(SO_4)_3 + 2H_2O$$

在 pH≈4.0 时，Fe^{3+} 水解为 $Fe(OH)_3$ 沉淀：

$$Fe_2(SO_4)_3 + 6NaOH = 2Fe(OH)_3 \downarrow + 3Na_2SO_4$$

过滤除去氢氧化铁。溶液中的其他可溶性杂质可通过利用五水硫酸铜的溶解度随温度升高而增大的性质，用重结晶的办法将它们保留在母液中，进而得到较纯的硫酸铜晶体。

【仪器和药品】

电子台秤，减压过滤装置，烧杯，电陶炉，蒸发皿，玻璃棒，pH 试纸，滤纸。

工业硫酸铜（s），NaOH(2 mol·dm^{-3})，KSCN(0.1 mol·dm^{-3})，H_2O_2[3%(质量分数)]，H_2SO_4(3 mol·dm^{-3})，无水乙醇（l）。

【实验步骤】

1. 称取 5.0 g 工业硫酸铜于烧杯中，加入 25 cm^3 蒸馏水，放在电陶炉上加热并搅拌至固体溶解，减压过滤除去不溶物。

2. 在滤液中加入 1～2 cm^3 3%(质量分数) 的 H_2O_2，然后用 2 mol·dm^{-3} 的 NaOH 溶液调节至 pH ≈ 4.0，取清液 2 滴，检验 Fe^{3+} 除尽后，加热溶液至沸腾，10 分钟后趁热减压过滤。

3. 将滤液转入蒸发皿中，滴加 1～2 滴 3 mol·dm^{-3} H_2SO_4 使溶液酸化。水浴加热溶液至溶液刚好形成一层完整的晶膜（如图 1-57 所示）。冷却至室温，减压过滤，抽干，称重。

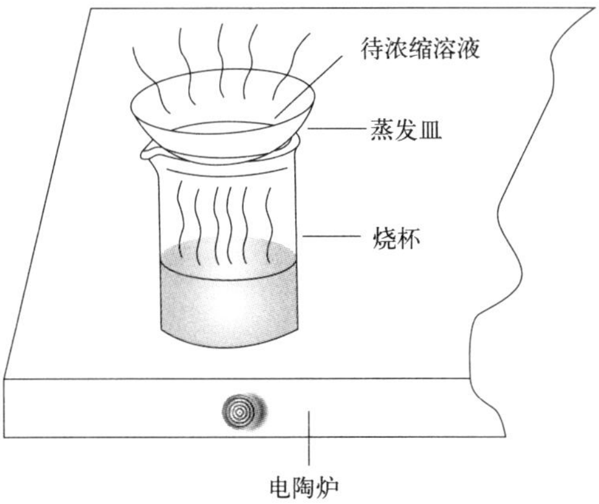

图 1-57　水浴蒸发浓缩

4. 将上述产品放于烧杯中，按每克产品加 1.2 cm^3 蒸馏水的比例加入去离子水。加热，使固体全部溶解，趁热过滤（如没有不溶性杂质，不用过滤）。滤液冷却至室温后，减压过滤。用少量乙醇洗涤晶体 1～2 次，晾干，称重。然后放入干燥器内，待实验硫酸铜结晶水的测定和硫酸铜晶体的生成使用。

5. 取绿豆粒大小的产品溶于 1 cm^3 去离子水中，用 KSCN、H_2O_2 检验溶液中 Fe^{2+} 是否除尽。说明产品质量。

【注意事项】

1. 使用台秤时不要把药品撒到台秤上，并保证台秤的整洁。
2. 减压过滤时一定要拿住吸滤瓶和布氏漏斗，防止滑落摔碎。
3. 使用电陶炉时不要把液体洒在电陶炉上，以防电陶炉烧坏。
4. 产品回收。

【实验记录及结果】

称量 $CuSO_4 \cdot 5H_2O$ 的质量，见表 1-6。产品质量检验，见表 1-7。

表 1-6 称量 $CuSO_4 \cdot 5H_2O$ 的质量

$CuSO_4 \cdot 5H_2O$ 粗产品质量/g	质量/g	
	加水体积/cm^3	
$CuSO_4 \cdot 5H_2O$ 重结晶后产品质量/g		

表 1-7 产品质量检验

检验项目	检验方法	被检溶液	实验现象	结论
Fe^{3+}	H_2O_2(3%)、 3 $mol \cdot dm^{-3}$ H_2SO_4、 0.1 $mol \cdot dm^{-3}$ KSCN	绿豆粒大小产品 溶于 1 cm^3 去离子水中		

实验 5 硫酸亚铁铵的制备（综合）

【实验目的】

1. 巩固水浴加热和减压过滤等基本操作。
2. 制备硫酸亚铁铵，了解复盐的一般特征。

【预习与思考】

1. 继续预习目视比色法、水浴加热、蒸发浓缩、结晶和固液分离等基本操作。
2. 思考下列问题：

(1) 本实验中为什么用乙醇洗涤晶体？

(2) 硫酸亚铁铵的理论产量是多少？

【实验原理】

硫酸亚铁铵又称摩尔盐，易溶于水但不溶于乙醇，是浅绿色单斜晶体。它在空气中比一般的亚铁铵盐稳定，不易被氧化。在定量分析中常用来配制亚铁离子的标准溶液。

在 0～50℃的温度范围内，硫酸亚铁铵在水中的溶解度比组成它的每一组分的溶解度都小。因此，将等物质的量的 $FeSO_4$ 与 $(NH_4)_2SO_4$ 溶液混合，加热浓缩，冷却结晶，便可得到硫酸亚铁铵复盐：

$$FeSO_4 + (NH_4)_2SO_4 + 6H_2O = (NH_4)_2SO_4 \cdot FeSO_4 \cdot 6H_2O$$

【仪器和药品】

电子台秤，减压过滤装置，50 cm^3 容量瓶，烧杯，电陶炉，蒸发皿，玻璃棒，滤纸。

$(NH_4)_2SO_4(s)$，$FeSO_4 \cdot 7H_2O(s)$，H_2SO_4 (3 $mol \cdot dm^{-3}$)，KSCN [25%(质量分

数)]，Fe^{3+} 标准溶液（20 $mg \cdot dm^{-3}$），无水乙醇（l）。

标准溶液：含 Fe^{3+} 2 $mg \cdot dm^{-3}$、4 $mg \cdot dm^{-3}$、8 $mg \cdot dm^{-3}$、16 $mg \cdot dm^{-3}$。

【实验步骤】

1. 称取 8.5～8.8 g $FeSO_4 \cdot 7H_2O$ 固体放入烧杯中，再加入 3 $mol \cdot dm^{-3}$ H_2SO_4 5 cm^3 于烧杯中搅拌；再加入 4.0 g $(NH_4)_2SO_4$ 和 20 cm^3 去离子水，水浴加热搅拌使其溶解。

2. 将溶液转移至蒸发皿中，水浴加热，蒸发浓缩至溶液表面出现晶膜为止。冷却至室温，减压过滤。用少量乙醇洗涤晶体两次。把晶体取出放在表面皿上晾干，称重，计算产率。

3. 产品质量检验

称取 2 g 产品，加入 1 cm^3 3 $mol \cdot dm^{-3}$ H_2SO_4 溶液及 5 cm^3 不含氧的去离子水中溶解，转移至 100 cm^3 容量瓶中，再加入 2 cm^3 25%的 KSCN 溶液，最后用不含氧的去离子水定容，摇匀。与标准溶液对比，确定产品质量。

【注意事项】

1. 使用台秤时不要把药品撒到台秤上，并保持台秤的整洁。
2. 减压过滤时一定要拿住吸滤瓶和布氏漏斗，防止滑落摔碎。
3. 溶样时先加酸后加水。
4. 产品回收。

【实验记录及结果】

硫酸亚铁铵的制备，见表 1-8。产品质量检验，见表 1-9。

表 1-8　硫酸亚铁铵的制备

硫酸亚铁铵的理论产量/g	
硫酸亚铁铵的实际产量/g	
产率/%	

表 1-9　产品质量检验

Fe^{3+} 含量的测定	Fe^{3+}(2 $mg \cdot dm^{-3}$)	Fe^{3+}(4 $mg \cdot dm^{-3}$)	Fe^{3+}(8 $mg \cdot dm^{-3}$)	Fe^{3+}(16 $mg \cdot dm^{-3}$)
产品				

实验 6　酸碱滴定

【实验目的】

练习滴定操作，学会正确判断滴定终点。

【预习与思考】

1. 预习滴定等操作。
2. 思考下列问题：

(1) 滴定管在滴定前为什么要用被量取的溶液洗涤？锥形瓶也要用同样的方法洗涤吗？

(2) 用酚酞做指示剂，碱滴定酸时，到达终点时，如果过了半分钟，溶液褪色了还需要继续用碱滴定吗？为什么？

【实验原理】

酸碱滴定是利用酸碱中和反应测定酸或碱浓度的定量分析方法。

在到达滴定终点时，体系中的酸和碱刚好完全中和，此时，

$$c_{酸}V_{酸}=c_{碱}V_{碱}$$

因此，可以根据所用的酸或碱溶液的体积及标准碱或酸溶液的浓度，计算出待测酸或碱溶液的浓度。即

$$c_{酸}=c_{碱}V_{碱}V_{酸}^{-1}$$

$$c_{碱}=c_{酸}V_{酸}V_{碱}^{-1}$$

滴定终点可借助于酸碱指示剂的变色来确定。碱滴定酸时，用酚酞做指示剂；酸滴定碱时，用甲基橙或甲基红做指示剂。

【仪器和药品】

电子分析天平，酸式滴定管（50 cm^3），碱式滴定管（50 cm^3），铁架台，滴定管夹，锥形瓶（250 cm^3），洗耳球，洗瓶，称量瓶。

NaOH 溶液（待测），盐酸溶液（待测），酚酞溶液，甲基红溶液，$KHC_8H_4O_4$（s），$Na_2B_4O_7 \cdot 10H_2O$（s）。

【实验步骤】

1. NaOH 溶液浓度的标定

用待测的 NaOH 溶液润洗碱式滴定管 3 次，然后在碱式滴定管内装满溶液，赶走气泡，调整液面接近 0 刻度，固定在滴定管架上。

在三个锥形瓶中，分别用差减法准确称取三份质量为 0.6000～0.7000 g $KHC_8H_4O_4$ 晶体，并在锥形瓶中加入 50 cm^3 去离子水，待固体完全溶解后，加入 2 滴酚酞指示剂，用待测 NaOH 溶液分别滴定至溶液呈粉红色且半分钟内不褪色为止。记录滴定前后滴定管的读数。

2. HCl 溶液浓度的标定

用待测 HCl 溶液润洗酸式滴定管 3 次，然后在酸式滴定管内装满溶液，赶走气泡，调整液面接近 0 刻度，固定在滴定管架上。

在三个锥形瓶中，分别用差减法准确称取三份质量为 0.6000～0.7000 g $Na_2B_4O_7 \cdot 10H_2O$ 晶体，并在锥形瓶中加入 50 cm^3 去离子水，待固体完全溶解后，加入 2 滴甲基红指示剂，用待标定的 HCl 溶液分别滴定至溶液呈橙红色为止。记录滴定前后滴定管的读数。

【注意事项】

1. 滴定管使用前一定要用待测溶液润洗，否则测量结果不准确。

2. 摇瓶时，应微动腕关节，使溶液向一个方向做圆周运动，但是勿使瓶口接触滴定管，溶液也不得溅出。

【实验记录及结果】

NaOH 溶液浓度的标定，见表 1-10。

表 1-10　NaOH 溶液浓度的标定

NaOH 溶液浓度的标定	1	2	3
$KHC_8H_4O_4$ 质量/g			
NaOH 体积/cm^3			
NaOH 浓度/$mol \cdot dm^{-3}$			
NaOH 浓度平均值/$mol \cdot dm^{-3}$			

HCl 溶液浓度的标定，见表 1-11。

表 1-11　HCl 溶液浓度的标定

HCl 溶液浓度的标定	1	2	3
$Na_2B_4O_7 \cdot 10H_2O$ 质量/g			
HCl 体积/cm^3			
HCl 浓度/$mol \cdot dm^{-3}$			
HCl 浓度平均值/$mol \cdot dm^{-3}$			

实验 7　粗食盐的提纯（综合）

【实验目的】

1. 掌握化学方法提纯氯化钠的过程。
2. 掌握 Ca^{2+}、Mg^{2+}、Ba^{2+}、SO_4^{2-} 等离子的定性鉴定和去除方法。

【预习与思考】

1. 预习沉淀溶解平衡原理及碱土金属 Ca^{2+}、Mg^{2+}、Ba^{2+} 化合物的性质。
2. 思考下列问题：

(1) 为什么不能用重结晶的方法提纯氯化钠？为什么氯化钠溶液不能蒸干？

(2) 除去可溶性杂质的顺序是否可以任意调换，为什么？

(3) 可否用其他酸代替盐酸来除去多余的 CO_3^{2-}？

【实验原理】

粗食盐中含有 K^+、Ca^{2+}、Mg^{2+}、SO_4^{2-} 等相应盐类的可溶性杂质，还含有泥沙等不溶性杂质。不溶性杂质可用过滤的办法除去，可溶性杂质则要用化学方法处理才能除去。因为 NaCl 的溶解度随温度变化不大。可溶性杂质中的 Ca^{2+}、Mg^{2+}、SO_4^{2-} 可以用两种方法除去。一种是加入 $BaCl_2$、NaOH 和 Na_2CO_3 溶液进行如下反应除去：

$$SO_4^{2-} + Ba^{2+} = BaSO_4$$

$$Ca^{2+} + CO_3^{2-} = CaCO_3$$

$$Ba^{2+} + CO_3^{2-} = BaCO_3$$

$$2Mg^{2+} + 2OH^- + CO_3^{2-} = Mg_2(OH)_2CO_3$$

$$CO_3^{2-} + 2H^+ = CO_2 + H_2O$$

也可通过加入 $BaCO_3$ 固体和 NaOH 溶液除去：

$$BaCO_3 \rightleftharpoons Ba^{2+} + CO_3^{2-}$$

$$Ba^{2+} + SO_4^{2-} = BaSO_4 \downarrow$$

$$Ca^{2+} + CO_3^{2-} \xlongequal{} CaCO_3 \downarrow$$

$$Mg^{2+} + 2OH^- \xlongequal{} Mg(OH)_2 \downarrow$$

少量的 KCl 等可溶性的杂质，由于它们的含量少而溶解度较大，在最后的浓缩结晶过程中仍留在母液内而与氯化钠分开。

【仪器和药品】

电子台秤，电陶炉，温度计，烧杯，普通漏斗，减压过滤装置，蒸发皿，坩埚钳，玻璃棒，小试管，pH 试纸，滤纸。

HCl(6 mol·dm^{-3})，NaOH(2 mol·dm^{-3}、6 mol·dm^{-3})，$BaCl_2$(1 mol·dm^{-3})，$(NH_4)_2C_2O_4$(饱和)，食盐(s)，H_2SO_4(3 mol·dm^{-3})$BaCO_3$(s)，NaOH(2 mol·dm^{-3})-Na_2CO_3(饱和)混合溶液[50%(体积分数)]，镁试剂。

【实验步骤】

1. 粗盐的溶解

称取 8.0 g 粗盐，放入烧杯内，加入约 30 cm^3 水，加热搅拌使之溶解。

2. 除去 Ca^{2+}、Mg^{2+} 和 SO_4^{2-}

(1) $BaCl_2$-NaOH、Na_2CO_3 法

① 去除 SO_4^{2-}　加热溶液至沸腾，边搅拌边滴加 1 mol·dm^{-3}的 $BaCl_2$ 溶液直至 SO_4^{2-} 除尽为止。继续加热煮沸数分钟，过滤。

② 检查 SO_4^{2-} 是否除尽　将烧杯从电陶炉上移开，待沉降后取 2 滴上清液于小试管内加几滴 6 mol·dm^{-3} HCl，再加几滴 1 mol·dm^{-3} $BaCl_2$ 溶液，如有浑浊，表示 SO_4^{2-} 尚未除尽，需再加 $BaCl_2$ 溶液直至完全除尽 SO_4^{2-}。

③ 除 Ca^{2+}、Mg^{2+} 和过量的 Ba^{2+}　将滤液加热至沸，边搅拌边滴加 NaOH-Na_2CO_3 混合溶液至不生成沉淀为止，继续加热煮沸数分钟，过滤。

④ 检查 Ba^{2+} 是否除尽　用滴管取 2 滴上清液放在试管中，再加几滴 3 mol·dm^{-3} H_2SO_4，如有混浊现象，则表示 Ba^{2+} 未除尽，继续加 NaOH-Na_2CO_3 混合溶液，直至除尽为止。

⑤ 用 HCl 调整酸度除去 CO_3^{2-}　剩余的 CO_3^{2-} 加热搅拌溶液，滴加入 6 mol·dm^{-3} HCl 至溶液 pH3～4。

(2) $BaCO_3$-NaOH 法

① 除去 Ca^{2+} 和 SO_4^{2-}　在粗食盐水溶液中，加入约 0.5 g $BaCO_3$，搅拌煮沸溶液 30 min，取 2 滴清液，用饱和$(NH_4)_2C_2O_4$ 检验 Ca^{2+}，如有混浊则尚未除尽，需继续加热搅拌溶液，至除尽为止。

② 除 Mg^{2+}　用 6 mol·dm^{-3} NaOH 调节上述溶液至 pH 值约等于 11，取 2 滴清液分别加入 2～3 滴 6 mol·dm^{-3} NaOH 和镁试剂，若没有天蓝色沉淀生成，证实 Mg^{2+} 除尽后，再加热数分钟，过滤。

③ 溶液的中和　用 6 mol·dm^{-3} HCl 调节溶液的 pH 3～4。

3. 蒸发、结晶

加热蒸发浓缩上述溶液，并不断搅拌至浓稠状。趁热抽干后转入蒸发皿内用小火烘干。冷至室温，称重，计算产率。

4. 产品质量检验

称取各 0.5 g 粗食盐和提纯后的产品分别溶于 5 cm^3 去离子水中，定性检验溶液中是否有 SO_4^{2-}、Ca^{2+}、和 Mg^{2+} 的存在，比较实验结果。

【注意事项】

1. 在提纯过程中，检验杂质是否除尽，应取清液在反应体系外检验。
2. 减压过滤时一定要拿住吸滤瓶和布氏漏斗，防止滑落摔碎。
3. 测定溶液 pH 值时，将 pH 试纸放在洁净干燥的容器内，用玻璃棒蘸取待测的溶液，滴在试纸上，于半分钟以内读数。不能将试纸放在溶液中。

【实验记录及结果】

产品质量检验的记录及结果，见表 1-12。

表 1-12 产品质量检验

检验项目	检验方法	被检溶液	实验现象	结论
SO_4^{2-}	6 $mol \cdot dm^{-3}$ HCl 和 0.2 $mol \cdot dm^{-3}$ $BaCl_2$	1 cm^3 粗 NaCl 溶液		
		1 cm^3 纯 NaCl 溶液		
Ca^{2+}	饱和溶液 $(NH_4)_2C_2O_4$	1 cm^3 粗 NaCl 溶液		
		1 cm^3 纯 NaCl 溶液		
Mg^{2+}	6 $mol \cdot dm^{-3}$ NaOH 和镁试剂	1 cm^3 粗 NaCl 溶液		
		1 cm^3 纯 NaCl 溶液		

产品产率的记录及结果，见表 1-13。

表 1-13 产率

粗氯化钠/g	
产品/g	
产率/%	

实验 8 碘盐的制备与质量检验

【实验目的】

1. 预习 KIO_3 的性质。
2. 了解食盐加碘的方法。

【预习与思考】

1. 了解 KIO_3 的一些性质。
2. 思考下列问题：

(1) 炒菜时，应先放盐、中间放盐、还是最后放入碘盐？为什么？

(2) 反应体系中的 KSCN 可否用亚硫酸钠代替？为什么？

【实验原理】

碘是人体不可缺少的微量元素，当人体缺碘时，可导致甲状腺肿大（粗脖子病），引起严重后果，重病患者的后代可能出现聋、哑、呆、傻、矮，还可能转变为甲状腺癌。人体缺碘引起的诸多疾病，统称为碘缺乏病（iodine-deficiency disorder，IDD）。

过量摄入碘也会引起甲状腺肿，人体日摄入碘量超过 1000 μg/日则是有害的。成年人体内含碘量为 20～50 mg，正常人每天摄入碘量为 120～150 μg。

国际上制备碘盐的材料有 KI 和 KIO_3 两种碘剂。我国使用碘酸钾作为碘剂，加工成食用碘盐。KIO_3 为无色晶体，含碘量为 59.3%，无臭无味，可溶于水，不溶于乙醇和氨水。在常温下化学性质稳定，加热至 560℃开始分解。在酸性介质中，KIO_3 是较强的氧化剂，遇到还原剂，如食品中常含有的 Fe^{2+} 等，很容易发生反应而析出单质碘。

纯 KIO_3 是有毒的，但是在治疗范围内（≤60 mg/kg）对人体无害。

本实验是在精盐中加入碘酸钾，制备碘盐。并对制得的碘盐进行检验。

碘酸钾加碘盐的检测试剂是由酸性介质中加还原剂 KSCN 或 NH_4SCN 组成的，其反应如下：

$$6IO_3^- + 5SCN^- + 6H^+ + 2H_2O \longrightarrow 5HCN + 5HSO_4^- + 3I_2$$

用 1%淀粉溶液显色，可半定量检测碘酸钾含量。

【仪器和药品】

电子分析天平，电子台秤，量筒（10 cm^3），酒精灯，石棉网，蒸发皿，试管，点滴板，吸量管（2.5 cm^3），容量瓶（100 cm^3）。

NaCl(s)，KIO_3(s)，KSCN(s)，H_3PO_4(85%)，HAc(2 mol·dm^{-3})，$H_2C_2O_4$(1 mol·dm^{-3})，无水乙醇（l），淀粉溶液[1%(质量分数)]。

标准碘溶液（含碘量 1000 mg·dm^{-3}）：称取 KIO_3 0.169 g，配成 100 cm^3 标准溶液。

检测试剂：1%淀粉指示剂 400 cm^3、85% H_3PO_4 4 cm^3、7 g KSCN(s)，混合溶解。

【实验步骤】

1. 食盐加碘

取一个干净蒸发皿烘干，称取 5.00 g NaCl 放入其中，逐滴加入 1 cm^3 含碘量 1000 mg·dm^{-3}的标准 KIO_3 溶液搅拌均匀，加入 2 cm^3 乙醇搅匀后将蒸发皿放在石棉网上，点燃乙醇，燃尽后冷却，即得加碘盐。计算此加碘盐的碘浓度。

2. 半定量分析方法测定碘盐的含碘浓度

（1）系列标准碘盐的制备　取 5 个 100 cm^3 烧杯分别加入 5.0 g NaCl，再分别加入标准碘溶液（含碘量 1000 mg·dm^{-3}）0.5 cm^3、1.0 cm^3、1.5 cm^3、2.0 cm^3、2.5 cm^3，搅匀后，放入干燥箱内 120℃烘干 1.5 h，则该系列标准碘盐含量分别为 50 mg·kg^{-1}、100 mg·kg^{-1}、150 mg·kg^{-1}、200 mg·kg^{-1}、250 mg·kg^{-1}。

（2）标准含碘色板的制备　从 KIO_3 浓度（按碘量计）分别为 50 mg·kg^{-1}、100 mg·kg^{-1}、150mg·kg^{-1}、200 mg·kg^{-1}、250 mg·kg^{-1}的系列标准碘盐中各取 1.00 g，分别放入多孔点滴板的孔中，压实后加入 2 滴检测试剂，制成标准色板。

（3）测定碘盐的含碘浓度　取 1.00 g 自制碘盐放入多孔点滴板的孔中，压实后，加入 2 滴检测试剂，显色约 30 s，用目视比色法确定自制碘盐的含碘浓度。

3. 影响碘盐稳定性的因素

取三支干燥试管，各加入 1.00 g 自制碘盐，在第一支试管中加入 2 滴 2 mol·dm^{-3} HAc 溶液和 2 滴去离子水，在第二支试管中加入 2 滴 2 mol·dm^{-3} HAc 溶液和 2 滴 1 mol·dm^{-3} $H_2C_2O_4$ 溶液，在第三支试管中加入 4 滴去离子水。三支试管都用酒精灯加热至干，取出样品，按实验内容 2 中（3）方法测定碘盐的含碘量。根据实验结果说明影响碘盐稳定性的因素。

【注意事项】

在制备碘盐时，碘酸钾溶液与氯化钠固体一定要混合均匀，否则将影响测试结果。

【实验记录及结果】

碘盐的含碘浓度，见表 1-14。

表 1-14　碘盐的含碘浓度

通过计算得到的自制碘盐的含碘浓度/$mg \cdot kg^{-1}$	
用目视比色法确定自制碘盐的含碘浓度/$mg \cdot kg^{-1}$	
加入 HAc 溶液后自制碘盐的含碘浓度/$mg \cdot kg^{-1}$	
加入 HAc 和 $H_2C_2O_4$ 溶液后自制碘盐的含碘浓度/$mg \cdot kg^{-1}$	
加入纯净水后自制碘盐的含碘浓度/$mg \cdot kg^{-1}$	

实验 9　由粗氧化锌制备硫酸锌（综合）

【实验目的】

1. 掌握从粗硫酸锌溶液中，除去铁、锰、铜、镍和镉等杂质离子的原理和方法。
2. 掌握氧化还原和沉淀溶解平衡的原理及应用。
3. 掌握定性检验某种离子是否已经除去的方法。

【预习与思考】

1. 预习沉淀溶解平衡和氧化还原等基本理论。

2. 计算反应开始时溶液中 Zn^{2+} 的浓度，并计算在此浓度下，Zn^{2+} 开始沉淀时的 pH？并确定本实验除 Fe^{3+} 时最适宜的 pH 值。

3. 思考下列问题

(1) 如何除去杂质离子 Fe^{2+}、Mn^{2+}、Cu^{2+}、Cd^{2+} 和 Ni^{2+}？

(2) 用 $KMnO_4$ 氧化 Fe^{2+} 为 Fe^{3+} 时，用什么试剂除去多余的 $KMnO_4$？该试剂可否过量？为什么？

(3) 用电极电势说明用锌粉置换硫酸锌溶液中的 Cu^{2+}、Cd^{2+} 和 Ni^{2+} 时，如果 Ni^{2+} 除尽，则可认为 Cu^{2+}、Cd^{2+} 也已除尽。

【实验原理】

本实验是用含有少量铁、铜、镉、锑和镍等杂质的 ZnO 为原料，与稀硫酸反应制备硫酸锌。其中，ZnO 含量 98%，杂质离子随着 ZnO 与稀硫酸反应过程中进入溶液。在弱酸性条件下，用 $KMnO_4$ 将 Fe^{2+} 氧化成 Fe^{3+}，Sb^{3+} 随同 Fe^{3+} 的水解而被除去。Cu^{2+}、Ni^{2+} 和 Cd^{2+} 等杂质用锌粉置换法除去。将净化后的溶液蒸发浓缩，制得硫酸锌晶体。

【仪器和药品】

电子台秤，减压过滤装置，烧杯，量筒，电陶炉，蒸发皿，玻璃棒，坩埚钳，温度计，试管，pH 试纸，滤纸。

KSCN[20%(质量分数)]，H_2O_2[3%(质量分数)]，HNO_3(2 $mol \cdot dm^{-3}$)，H_2SO_4(3 $mol \cdot dm^{-3}$)，ZnO(s)，杂质(Fe^{2+}、Mn^{2+}、Cd^{2+}、Ni^{2}、Cu^{2+})(s)，$NaBiO_3$(s)，丁二酮肟

[1%(质量分数)]，$NH_3 \cdot H_2O$(2 mol·dm^{-3})，HCl(0.3 mol·dm^{-3})，Na_2S(1 mol·dm^{-3})，锌粉，$KMnO_4$(0.1 mol·dm^{-3})。

【实验步骤】

1. 净化

称取 4.8 g 含杂质 ZnO 于烧杯中，加 30 cm^3 去离子水，再加入 20 cm^3 3 mol·dm^{-3} H_2SO_4，加热至近沸，用少量 ZnO 调节溶液的酸度到应控制的 pH 值，滴加 0.1 mol·dm^{-3} $KMnO_4$ 使溶液呈现浅红色，取 2 滴清液检验 Fe^{3+} 除尽后，再加热溶液至沸数分钟。如果溶液仍为红色，则滴加 3%(质量分数) 的 H_2O_2 至溶液褪色。取 2 滴清液检验 Mn^{2+} 除尽后，过滤。将滤液加热至 60～70℃，加入少量锌粉，搅拌 10 min，取 2 滴清液检验 Ni^{2+} 除尽后，再取 2 滴清液检验 Cd^{2+} 也除尽后，过滤。

2. $ZnSO_4 \cdot 7H_2O$ 的制备

取上述滤液加热蒸发，浓缩至表面有晶膜，冷却到室温，抽滤，称重。计算产率。

3. 产品质量检验

称取约 0.5 g 产品溶于 5 cm^3 水中，分别检验 Fe^{2+}、Mn^{2+}、Cd^{2+} 和 Ni^{2+} 是否存在，说明产品的质量。

【注意事项】

1. 用 ZnO 调节溶液的 pH 时，要边加边搅拌，使进入溶液的 ZnO 溶解。
2. 减压过滤时一定要拿住吸滤瓶和布氏漏斗，防止滑落摔碎。
3. 在除杂过程中，过氧化氢和锌粉可稍微过量。

【实验记录及结果】

$ZnSO_4 \cdot 7H_2O$ 的质量检验，见表 1-15。

表 1-15 $ZnSO_4 \cdot 7H_2O$ 的质量检验

被检试剂	检验项目	检验方法	实验现象	结论
自制 $ZnSO_4 \cdot 7H_2O$ 0.5 g 产品溶于 2 cm^3 水中	Fe^{2+}			
	Mn^{2+}			
	Cd^{2+}			
	Ni^{2+}			

$ZnSO_4 \cdot 7H_2O$ 的产率，见表 1-16。

表 1-16 $ZnSO_4 \cdot 7H_2O$ 的产率

$ZnSO_4 \cdot 7H_2O$ 质量/g	
$ZnSO_4 \cdot 7H_2O$ 理论产量/g	
$ZnSO_4 \cdot 7H_2O$ 产率/%	

实验 10 氯化铵的制备（设计）

【实验目的】

应用已学过的溶解和结晶等理论知识，以氯化钠和硫酸铵为原料，设计制备氯化铵的实验方案并制备氯化铵。

【实验原理】

本实验用氯化钠与硫酸铵作用来制备氯化铵，其反应是一个复分解反应：

$$2\,NaCl + (NH_4)_2SO_4 = Na_2SO_4 + 2NH_4Cl$$

在溶液中氯化钠、硫酸铵、硫酸钠及氯化铵同时存在。以上四种盐在不同温度下的溶解度（g/100 g 水）如表 1-17 所示：

表 1-17　氯化钠、硫酸铵、硫酸钠、氯化铵和十水硫酸钠不同温度下的溶解度

单位：g/100 g 水

温度/℃	0	10	20	30	40	50	60	70	80	90	100
氯化钠	35.7	35.8	36.0	36.2	36.5	36.8	37.3	37.6	38.1	38.6	39.2
十水硫酸钠	4.7	9.1	20.4	41.0(32.4℃)							
硫酸钠				49.7	48.2	46.7	45.2	44.1	43.3	42.7	42.3
氯化铵	29.7	33.3	37.2	41.4	45.8	50.4	55.2	60.2	65.6	71.3	77.3
硫酸铵	70.6	73.0	75.4	78.0	81.0	84.8	88.0	91.6	95.3	99.2	103.3

【预习与思考】

1. 根据四种盐溶解度数据可以看到哪一种盐比较特殊，由此可以衍生出几种制备方法？并比较不同方法的优缺点。

2. 要获得较纯的氯化铵产品，氯化铵和硫酸钠的分离条件是关键。由此需要根据溶解度表进行各种计算，来找到最佳条件。

3. 在蒸发浓缩时，会有很多硫酸钠析出，应采取哪些措施防止发生迸溅？

4. 在保证氯化铵纯度的前提下，应如何提高产率？

【实验要求】

1. 设计用氯化钠和硫酸铵制备 5.00 g 氯化铵的实验方案及检验产品纯度的实验方案，实验方案应包括实验原理、仪器药品、实验试剂的用量、实验步骤等。实验方案经指导教师同意后方可实施。

2. 进行实验，并写出完整的实验报告。实验报告包括实验目的、实验原理、实验步骤、产品质量检验、实验现象、产率及实验结果讨论。

实验 11　太阳能电池的制作及性能研究（综合）

【实验目的】

1. 了解二氧化钛电池的原理。

2. 制作二氧化钛太阳能电池。

3. 测定二氧化钛太阳能电池的性能。

【预习与思考】

1. 预习二氧化钛的相关性质。

2. 思考下列问题：

（1）二氧化钛电池有何优缺点？

（2）在制作二氧化钛电池时需要注意什么？

（3）二氧化钛电池的正、负极各是什么？

【实验原理】

二氧化钛是价带与导带之间的能隙达 3.2 eV *n* 型半导体材料，其外层电子可分为两个电子能带，分别为 Ti^{4+}-3d 轨道的导电带和 O^{2-}-2p 轨道的共价带。二氧化钛常见的晶型结构有：锐钛矿、金红石型、板钛矿。由于前两种结构有较佳的光学活性，故较常被运用在光催化反应中。二氧化钛随着温度的增加产生晶相的变化，在 500℃左右由锐钛矿转变为金红石型。锐钛矿的活性要高于金红石型。二氧化钛太阳能电池的原理如图 1-58。其中，CB 为导带，VB 为价带。

二氧化钛太阳能电池制造成本低、污染小、效率高、寿命长、性能稳定，光电效率稳定在 10%以上，寿命能达到 20 年以上。但由于二氧化钛禁带（$Eg=3.2$ eV）较宽，需要紫外线（$\lambda=387$ nm）激发。而在太阳光中，紫外线只占 4.0%～5.0%左右，大部分为红外光（45%）和可见光（50%），导致二氧化钛太阳能电池利用太阳能效率不高。为解决上述问题，科学家已经开始用上转换发光材料、染料等与二氧化钛结合制备新型的二氧化钛电池。

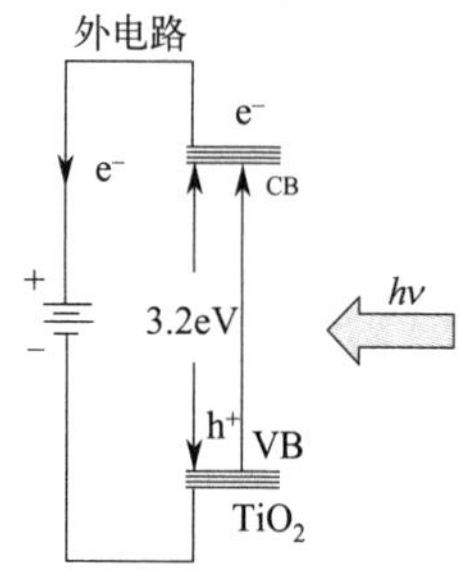

图 1-58 二氧化钛太阳能电池的原理图

【仪器和药品】

超声分散仪，万用表，烘箱，光强计，研钵，蝴蝶夹，透明胶，石墨棒，模拟光源，导电玻璃，铜电极，烧杯。

无水乙醇（l），石墨（s），纳米锐钛矿（s），聚乙二醇（l），单质碘（s），碘化钾（s）。

【实验内容】

1. 制作二氧化钛电极

（1）在超声水槽内用去离子水清洗透明导电玻璃 10 min，再把导电玻璃放在装有乙醇的烧杯中清洗，然后把导电玻璃放在干净的表面皿上自然晾干。

（2）用万用表检测导电玻璃哪一面为导电面，将导电玻璃放于纸上，导电面朝上，在导电玻璃边缘粘上透明胶带如图 1-59。

（3）取 2 g 左右研磨后的二氧化钛粉末，向其中加入约 3.5 cm^3 聚乙二醇，搅拌均匀后，用玻璃棒在导电面涂上此二氧化钛浆糊，要求表面均匀平整。

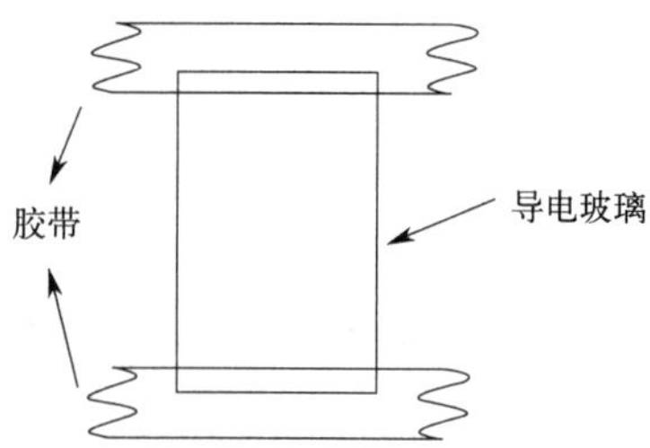

图 1-59 胶带粘贴方法

（4）将胶带撕下，把具有二氧化钛膜的导电玻璃放入烘箱中，于 200°C 下加热 2 h，降温至室温即完成。在降温过程为保证其缓慢降温，避免由于温度剧烈变化造成二氧化钛薄膜脱落，请在关闭烘箱开关 30 min 后打开烘箱门。

2. 制作石墨电极

（1）在超声水槽内用纯净水清洗透明导电玻璃 10 min，再把导电玻璃放在装有乙醇的烧杯中清洗，然后把导电玻璃放在干净的表面皿上自然晾干。

（2）清洗完毕取出导电玻璃，用万用表检测哪一面为导电面，将导电玻璃放于纸上，导电面朝上，在导电玻璃边缘粘上透明胶带。

（3）用石墨棒在导电面均匀涂抹。

（4）将胶带撕下。

3. 配制电解质溶液

取 0.998 g KI 和 0.158 g I_2 溶于 50 cm^3 去离子水中。（注：此电解质应避免光照。）

4. 组装太阳能电池

（1）剪下两片金属片用两面胶贴在露出的导电玻璃端，作为电池的输出端。

（2）将石墨电极和二氧化钛电极错开放在一起，两边用夹子固定，如图 1-60。

（3）用滴管吸取少许电解质溶液，滴 1～2 滴电解质溶液于两极板间，让其借由毛细作用吸入整个太阳能电池中。

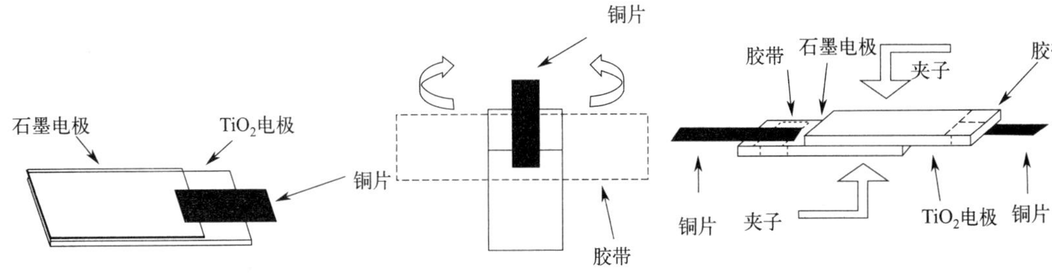

图 1-60　太阳能电池组装过程

（4）待电解质完全充满整个太阳能电池后，TiO_2 端为负极，石墨端为正极。

5. 用万用表测量电流和电压

将黑表笔插入 COM 插孔，红表笔插入 V/Ω 插孔。将万用表的挡位置于要测量（电压、电流）的位置，红色测试笔连接石墨正极一端，黑色测试笔连接二氧化钛负极一端，读数。

6. 用光强计测定光强。

【注意事项】

1. 石墨和二氧化钛浆糊应涂在导电玻璃的导电面上，不要弄错了。
2. 铜片只能连接单一电极，不能同时接触石墨和二氧化钛电极。

【实验记录及结果】

二氧化钛太阳能电池的电流和电压，见表 1-18。

表 1-18　二氧化钛太阳能电池的电流和电压

光的类型	光强/$\mu w \cdot cm^{-2}$	电流/A	电压/V
模拟自然光			
自然光			

实验 12　氧化还原反应

【实验目的】

1. 掌握电极电势对氧化还原反应方向的影响。

2. 掌握酸度对氧化还原反应的影响。

3. 掌握浓度对氧化还原反应的影响。

4. 掌握催化剂对氧化还原反应的影响。

【预习与思考】

1. 预习教材中氧化还原反应部分的内容，写出相应的反应方程式。

2. 思考下列问题：

(1) 酸度对 $KMnO_4$ 还原的产物有何影响？为什么？

(2) $NaNO_2$ 什么条件下可作氧化剂？在什么条件下可作还原剂？具有什么价态的物质既可作氧化剂又可作还原剂？

【实验原理】

氧化还原反应就是还原剂失电子、氧化剂得电子的电子转移过程。电极电势高，表明氧化还原电对中氧化态物质的氧化能力强，还原态物质的还原能力弱。反之亦然。当氧化剂和还原剂所对应电对的电极电势相差较大时，可以根据标准电极电势判断氧化还原反应的方向。

$$即\ E^{\ominus}(氧化剂) > E^{\ominus}(还原剂)$$

若两者的标准电极电势相差较小时，又有可能生成沉淀或者形成配离子而显著地影响相关离子的浓度，则必须考虑离子浓度对电极电势的影响，需用非标准态的电极电势 E（氧/还）判断氧化还原反应方向。浓度与电极电势的关系可用 Nernst 方程来表示：

$$E(氧/还) = E^{\ominus}(氧/化) + \frac{0.05917\text{V}}{z}\lg\frac{[氧化型]}{[还原型]}$$

当离子浓度发生改变时，E(氧/还)随之变化，E 电动势值也发生变化。

对有 H^+ 或 OH^- 参加电极反应时，不但氧化态或还原态的浓度对电极电势有影响，同时 H^+ 或 OH^- 对电极电势也有很大的影响。

中间价态物质既有获得电子又有失去电子的能力，因而表现出氧化还原的相对性。

【仪器和药品】

试管，试管架。

溴水(l)，碘水(l)，氯水(l)，锌片(s)，HNO_3(浓、1 $mol \cdot dm^{-3}$)，H_2SO_4(3 $mol \cdot dm^{-3}$)，NaOH(40%)，KI(0.01 $mol \cdot dm^{-3}$、0.1 $mol \cdot dm^{-3}$)，$FeCl_3$(0.1 $mol \cdot dm^{-3}$)，$FeCl_2$(0.1 $mol \cdot dm^{-3}$)，KBr(0.1 $mol \cdot dm^{-3}$)，$KMnO_4$(0.1 $mol \cdot dm^{-3}$)，KIO_3(0.1 $mol \cdot dm^{-3}$)，Na_2SO_3(0.1 $mol \cdot dm^{-3}$)，饱和 $KClO_3$(l)，$(NH_4)_2S_2O_8$(0.2 $mol \cdot dm^{-3}$)，$NaNO_2$(0.1 $mol \cdot dm^{-3}$)，$MnSO_4$(0.002 $mol \cdot dm^{-3}$)，$AgNO_3$(0.1 $mol \cdot dm^{-3}$)，淀粉[1%(质量分数)]，H_2O_2[3%(质量分数)]，CCl_4(l)。

【实验内容及现象】

1. 电极电势与氧化还原反应的关系

(1) 用 0.1 $mol \cdot dm^{-3}$ KI、0.1 $mol \cdot dm^{-3}$ KBr、溴水、碘水、0.1 $mol \cdot dm^{-3}$ $FeCl_3$、0.1 $mol \cdot dm^{-3}$ $FeCl_2$ 溶液和 CCl_4，按表 1-19 进行实验，把实验现象填入表中，写出反应方程式。根据实验结果，比较 Br_2/Br^-、I_2/I^-、Fe^{3+}/Fe^{2+} 三个电对电极电势的相对大小。

表 1-19　电极电势与氧化还原反应的关系

试剂	KI/CCl_4	KBr/CCl_4	I_2/CCl_4	Br_2/CCl_4
$FeCl_3$			—	—
$FeCl_2$	—	—		
结论				

(2) 在试管中加入 5 滴 0.1 $mol \cdot dm^{-3}$ KBr 溶液，取 1 滴 0.01 $mol \cdot dm^{-3}$ KI 溶液，5 滴 CCl_4 溶液，逐滴加入氯水，边加边振荡试管，观察 CCl_4 层颜色变化，写出反应方程式。

根据以上实验，说明电极电势与氧化还原反应的关系。

2. 浓度对氧化还原反应的影响

(1) 取 5 滴 0.1 $mol \cdot dm^{-3}$ KIO_3 溶液加入 5 滴淀粉溶液、5 滴 3 $mol \cdot dm^{-3}$ H_2SO_4 溶液、3 滴 0.1 $mol \cdot dm^{-3}$ Na_2SO_3 溶液，振荡试管。观察现象。再加入 7 滴 0.1 $mol \cdot dm^{-3}$ Na_2SO_3 溶液。又有何变化？写出反应方程式。

(2) 在 2 支试管中各加入一小块锌片，分别加入 1 cm^3 1 $mol \cdot dm^{-3}$ HNO_3 和浓 HNO_3，观察现象，并检验溶液中的 NH_4^+，写出反应方程式。

根据以上实验说明浓度对氧化还原反应的影响。

3. 酸度对氧化还原反应的影响

(1) 在 5 滴 CCl_4、5 滴 0.1 $mol \cdot dm^{-3}$ KI 混合溶液中滴加饱和 $KClO_3$ 溶液，并不断振荡试管，观察现象。再加入 5 滴 3 $mol \cdot dm^{-3}$ H_2SO_4，并振荡试管，观察 CCl_4 层的变化，写出反应方程式。

(2) 用 0.1 $mol \cdot dm^{-3}$ $KMnO_4$、0.1 $mol \cdot dm^{-3}$ Na_2SO_3、3 $mol \cdot dm^{-3}$ H_2SO_4 和 40% NaOH，按表 1-20 进行实验，把实验现象填入表中，写出反应方程式，总结酸度对高锰酸钾还原产物的影响。

表 1-20　酸度对高锰酸钾还原产物的影响

试剂	$KMnO_4/H_2SO_4$	$KMnO_4/H_2O$	$KMnO_4/NaOH$
Na_2SO_3			

4. 催化剂对氧化还原反应的影响

取 5 滴 0.002 $mol \cdot dm^{-3}$ $MnSO_4$ 溶液，加入 5 滴 3 $mol \cdot dm^{-3}$ H_2SO_4 酸化，滴加 2 滴 0.1 $mol \cdot dm^{-3}$ $AgNO_3$ 溶液，再滴加 5 滴 0.2 $mol \cdot dm^{-3}$ $(NH_4)_2S_2O_8$ 溶液，水浴加热试管。观察现象，写出反应方程式。另取一支试管，不加 $AgNO_3$ 溶液，进行上述实验。比较两个实验结果，有何不同，为什么？

5. 氧化还原反应的相对性

用 0.1 $mol \cdot dm^{-3}$ $KMnO_4$、0.1 $mol \cdot dm^{-3}$ $NaNO_2$、0.1 $mol \cdot dm^{-3}$ KI、3% H_2O_2、3 $mol \cdot dm^{-3}$ H_2SO_4 和 CCl_4，按表 1-21 进行反应，把实验现象填入表中，写出反应方程式。总结 $NaNO_2$、H_2O_2 的性质。

表 1-21　氧化还原反应的相对性

试剂	H_2O_2/H_2SO_4	$NaNO_2/H_2SO_4$
$KMnO_4$		
KI/CCl_4		
结论		

实验 13 沉淀溶解平衡

【实验目的】

1. 掌握溶度积原理。
2. 学会利用沉淀反应分离混合离子。

【预习与思考】

1. 预习教材中有关溶度积部分的内容，查找实验相应沉淀的 K_{sp} 值。
2. 思考下列问题：

（1）如何分离并检出 $BaCrO_4$、$PbCrO_4$？

（2）如何把 Ag_2CrO_4 转化为 AgBr？

3. 如何比较 $Ca(OH)_2$、$Mg(OH)_2$、$Fe(OH)_3$ 的溶解度大小？

【实验原理】

难溶电解质在一定温度下，其饱和溶液中未溶解固体和已溶解离子之间的多相离子平衡，称为沉淀平衡。若以 A_mB_n 代表难溶电解质，A^{n+}、B^{m-} 代表溶解的离子，其平衡可用下列方程式表示：

$$A_mB_n(S) \rightleftharpoons mA^{n+}(aq) + nB^{m-}(aq)$$

溶度积的通式为：

$$K_{sp}(A_mB_n) = [A^{n+}]^m[B^{m-}]^n \tag{1}$$

在实际溶液中，难溶电解质的离子积可用 J 表示：

$$J = [A^{n+}]^m[B^{m-}]^n \tag{2}$$

若 $J > K_{sp}$，溶液中析出沉淀；若 $J = K_{sp}$，溶液处于沉淀溶解平衡；若 $J < K_{sp}$，沉淀溶解。

若溶液中含有多种离子，都能与所加沉淀剂生成沉淀，且形成的沉淀的溶解度相差较大。此时，在溶液中滴入沉淀剂，不同离子沉淀的先后顺序不同，J 值先到达 K_{sp} 的离子先沉淀出来，这种现象称为分步沉淀。

借助于某种试剂将一种沉淀转化为另一种沉淀的方法称为沉淀的转化。

【仪器和试剂】

离心机，试管，试管架。

HCl(2 $mol \cdot dm^{-3}$、6 $mol \cdot dm^{-3}$)，HAc(2 $mol \cdot dm^{-3}$)，$NH_3 \cdot H_2O$(2 $mol \cdot dm^{-3}$)，NH_4Cl(2 $mol \cdot dm^{-3}$)，K_2CrO_4(0.1 $mol \cdot dm^{-3}$)，$MgCl_2$(0.1 $mol \cdot dm^{-3}$)，$AgNO_3$(0.1 $mol \cdot dm^{-3}$)，Na_2S(0.1 $mol \cdot dm^{-3}$)，$BaCl_2$(0.1 $mol \cdot dm^{-3}$)，$SrCl_2$(0.1 $mol \cdot dm^{-3}$)，KCl(0.1 $mol \cdot dm^{-3}$)，KI(0.1 $mol \cdot dm^{-3}$)，$Pb(NO_3)_2$ (0.1 $mol \cdot dm^{-3}$)，Na_2CO_3(0.1 $mol \cdot dm^{-3}$)，Na_2SO_4(0.1 $mol \cdot dm^{-3}$)，Ag^+、Cu^{2+}、Ba^{2+}、Mg^{2+} 混合溶液。

【实验内容】

1. 沉淀的生成和溶解

（1）分别向 0.1 $mol \cdot dm^{-3}$ K_2CrO_4、0.1 $mol \cdot dm^{-3}$ KCl、0.1 $mol \cdot dm^{-3}$ KI、0.1 $mol \cdot dm^{-3}$ Na_2S、0.1 $mol \cdot dm^{-3}$ Na_2CO_3、0.1 $mol \cdot dm^{-3}$ Na_2SO_4 溶液中滴加 0.1 $mol \cdot dm^{-3}$ $AgNO_3$ 溶液，观察沉淀的生成（见表 1-22）。通过计算说明沉淀产生的原因，写出反应方程式。

表 1-22 沉淀的生成

	K_2CrO_4	KCl	KI	Na_2S	Na_2CO_3	Na_2SO_4
$AgNO_3$						

(2) 分别向 5 滴 0.1 $mol\cdot dm^{-3}$ $BaCl_2$、0.1 $mol\cdot dm^{-3}$ $SrCl_2$ 溶液中，各加入 5 滴 0.1 $mol\cdot dm^{-3}$ K_2CrO_4 溶液，观察有无沉淀生成。沉淀经离心分离后，分别与 2 $mol\cdot dm^{-3}$ HCl 和 HAc 反应，观察现象，写出反应方程式，并说明原因。

(3) 取 10 滴 0.1 $mol\cdot dm^{-3}$ $MgCl_2$ 溶液滴加 2 $mol\cdot dm^{-3}$ $NH_3\cdot H_2O$，观察沉淀的生成，将沉淀分成两份分别与 2 $mol\cdot dm^{-3}$ HCl 和 2 $mol\cdot dm^{-3}$ NH_4Cl 溶液反应，观察现象，写出反应方程式，并说明原因。

(4) 分别向 5 滴 0.1 $mol\cdot dm^{-3}$ K_2CrO_4、0.1 $mol\cdot dm^{-3}$ Na_2CO_3、0.1 $mol\cdot dm^{-3}$ Na_2SO_4 溶液中滴加 0.1 $mol\cdot dm^{-3}$ $BaCl_2$ 溶液，观察沉淀的生成。沉淀经离心分离后，分别实验这三种沉淀在 2 $mol\cdot dm^{-3}$ HAc、2 $mol\cdot dm^{-3}$ HCl 和 6 $mol\cdot dm^{-3}$ HCl 中的溶解情况，并说明原因。

2. 分步沉淀

(1) 取 2 滴 0.1 $mol\cdot dm^{-3}$ $AgNO_3$ 溶液和 5 滴 0.1 $mol\cdot dm^{-3}$ $Pb(NO_3)_2$ 溶液置于同一试管中，逐滴加入 0.1 $mol\cdot dm^{-3}$ K_2CrO_4 溶液，不断振荡试管，观察沉淀颜色。继续滴加 0.1 $mol\cdot dm^{-3}$ K_2CrO_4 溶液时，沉淀颜色有无变化？根据沉淀颜色的不同，说明先后沉淀的物质各是什么？写出反应方程式，并说明原因。

(2) 在试管中加入 5 滴 0.1 $mol\cdot dm^{-3}$ KCl 溶液和 5 滴 0.1 $mol\cdot dm^{-3}$ K_2CrO_4 溶液，混匀后，滴加 0.1 $mol\cdot dm^{-3}$ $AgNO_3$ 溶液，观察沉淀颜色。继续滴加 0.1 $mol\cdot dm^{-3}$ $AgNO_3$ 溶液，沉淀颜色有无变化？根据沉淀颜色的不同，说明先后沉淀的物质各是什么？写出反应方程式，并说明原因。

3. 沉淀的转化

(1) 在试管中加入 5 滴 0.1 $mol\cdot dm^{-3}$ $AgNO_3$ 和 5 滴 0.1 $mol\cdot dm^{-3}$ K_2CrO_4，振荡，观察沉淀的颜色。再向其中滴加 0.1 $mol\cdot dm^{-3}$ KI 溶液，边加边振荡，观察沉淀颜色变化，说明原因。

(2) 在试管中加入 5 滴 0.1 $mol\cdot dm^{-3}$ $AgNO_3$ 溶液和 5 滴 0.1 $mol\cdot dm^{-3}$ Na_2SO_4 溶液，振荡，观察沉淀的颜色，再滴加 0.1 $mol\cdot dm^{-3}$ Na_2S 溶液，振荡，观察沉淀的颜色变化，说明原因。

4. 小设计

Ag^+、Cu^{2+}、Ba^{2+}、Mg^{2+} 四种混合离子，设计分离检出方案。

实验 14 以废易拉罐为原料制备氢氧化铝（设计）

【实验目的】

根据已有的知识，设计实验方案，用铝制废易拉罐制备氢氧化铝。

【思考下列问题】

1. 废易拉罐表面都有油漆，如何除掉？

2. 铝与氢氧化钠反应很剧烈，如何避免溶液溅出？

3. 杂质 Fe^{3+} 和 Pb^{2+} 如何除去？

【实验原理】

金属铝与氢氧化钠溶液反应，生成可溶性的 $NaAl(OH)_4$ 溶液，然后与 NH_4HCO_3 溶液反应制得氢氧化铝。反应式如下：

$$2Al + 2NaOH + 6H_2O \xlongequal{} 2NaAl(OH)_4 + 3H_2\uparrow$$

$$2NaAl(OH)_4 + NH_4HCO_3 \xlongequal{} Na_2CO_3 + 2Al(OH)_3 + NH_3 + 2H_2O$$

【实验要求】

1. 设计实验方案，以铝制废易拉罐为原料，经处理后取 3.00 g 铝，制备氢氧化铝。实验方案应包括实验原理、仪器药品、实验试剂的用量、实验步骤。实验方案经指导教师同意后方可实施。

2. 进行实验，并写出完整的实验报告。实验报告包括实验目的、实验原理、实验步骤、实验记录及实验数据处理。

实验 15　由废铜屑制备五水硫酸铜（综合）

【实验目的】

掌握以废铜屑和工业硫酸为主要原料制备 $CuSO_4 \cdot 5H_2O$ 的方法。

【预习与思考】

1. 预习无机制备的基本操作。

2. 思考下列问题：

(1) 为什么在蒸发浓缩 $CuSO_4$ 溶液时调整 pH＝2？

(2) 本实验除铁和由胆矾精制五水硫酸铜除铁的 pH 值有何不同，为什么？

【实验原理】

本实验以废铜和工业硫酸为主要原料制备 $CuSO_4 \cdot 5H_2O$。先将铜屑灼烧成氧化铜，然后再与稀 H_2SO_4 反应：

$$2Cu + O_2 \xlongequal{} 2CuO(\text{黑色})$$

$$CuO + H_2SO_4 \xlongequal{} CuSO_4 + H_2O$$

$CuSO_4$ 溶液中的不溶性杂质可过滤除去，可溶性杂质为 Fe^{2+} 和 Fe^{3+}，可用 H_2O_2 将 Fe^{2+} 氧化为 Fe^{3+}，然后调节溶液的 pH 至 3，再加热煮沸，使 Fe^{3+} 水解为 $Fe(OH)_3$，过滤除去。反应如下：

$$2Fe^{2+} + 2H^+ + H_2O_2 \xlongequal{} 2Fe^{3+} + 2H_2O$$

然后将 $CuSO_4$ 溶液加热蒸发，冷却结晶，减压过滤，即可得到蓝色 $CuSO_4 \cdot 5H_2O$ 产品。

【仪器和药品】

减压过滤装置，托盘天平，酒精喷灯，泥三角，坩埚钳，烧杯，量筒（100 cm^3），蒸发皿，滤纸，剪刀，pH 试纸。

Cu 屑，H_2SO_4（2 mol·dm^{-3} 工业纯），$K_3[Fe(CN)_6]$（0.1 mol·dm^{-3}），$K_4[Fe(CN)_6]$（0.1 mol·dm^{-3}），KSCN（0.5 mol·dm^{-3}），H_2O_2[3%(质量分数)]，$CuCO_3$(s)。

【实验步骤】

1. 氧化铜的制备

称取 2.0 g 废铜屑，放入干燥的蒸发皿中，在泥三角上用酒精喷灯高温灼烧，并不断搅拌，灼烧至 Cu 屑完全转化为黑色 CuO，停止加热并冷却至室温。

2. $CuSO_4$ 溶液的制备

将冷却后的 CuO 倒入 100 cm^3 小烧杯中，加入 18 cm^3 2 mol·dm^{-3} H_2SO_4，加热使 CuO 溶解，过滤，得 $CuSO_4$ 溶液。

3. $CuSO_4$ 溶液的净化

在 $CuSO_4$ 溶液中，滴加 3% H_2O_2 溶液 2 cm^3，将溶液加热，慢慢加入 $CuCO_3$ 粉末，同时不断搅拌至溶液 pH =3。滤取 2 滴清液，检验溶液中是否存在 Fe^{3+}。若 Fe^{3+} 已除尽，则将溶液加热至沸，趁热减压过滤，滤液转移到 100 cm^3 蒸发皿中。

4. $CuSO_4·5H_2O$ 晶体的制备

在溶液中滴加 2 mol·dm^{-3} H_2SO_4 至溶液的 pH =2。水浴加热蒸发至液面出现晶膜时停止。自然冷却至晶体析出，减压抽滤，晶体用滤纸吸干，称重。计算产率。

5. 产品质量检验

取绿豆粒大小的产品溶于 1 cm^3 的去离子水中，检验 Fe^{2+}、Fe^{3+} 是否除尽。

【注意事项】

高温灼烧后的蒸发皿很烫，从酒精喷灯上取下时，要用坩埚钳夹取，灼热的蒸发皿也不能直接放在桌面上，而应该放在石棉网上。

【实验记录及结果】

$CuSO_4·5H_2O$ 晶体的产率，见表 1-23。

表 1-23　$CuSO_4·5H_2O$ 晶体的产率

$CuSO_4·5H_2O$ 晶体理论产量/g	
$CuSO_4·5H_2O$ 晶体实际产量/g	
$CuSO_4·5H_2O$ 晶体的产率/%	

产品质量检验，见表 1-24。

表 1-24　产品质量检验

被检试剂	检验项目	检验方法	实验现象	结论
自制 $CuSO_4·5H_2O$ 绿豆粒大小溶于 1 cm^3 水中	Fe^{2+}	加入 0.1 mol·dm^{-3} $K_3[Fe(CN)_6]$		
	Fe^{3+}	加入 0.1 mol·dm^{-3} $K_4[Fe(CN)_6]$ 或 0.5 mol·dm^{-3} KSCN		

实验16 从含银废液中回收金属银

【实验目的】

掌握从含银废液中回收金属银的原理和方法。

【预习与思考】

1. 预习无机制备过程中蒸发浓缩、冷却结晶、固液分离等基本操作。

2. 思考下列问题：

(1) 试说明从废定影液中回收金属银的方法和原理。

(2) 从含银废液中回收金属银有何现实意义？

【实验原理】

本实验采用硫化物沉淀法从废定影液中回收银，废定影液的主要成分是$Na_3[Ag(S_2O_3)]$。在废定影液中加入适量的硫化钠溶液，可以使银离子以硫化物沉淀的形式析出，反应方程式如下：

$$2Na_3[Ag(S_2O_3)_2] + Na_2S \xlongequal{} 4Na_2S_2O_3 + Ag_2S\downarrow$$

在助熔剂碳酸钠和硼酸钠存在的条件下，将Ag_2S沉淀高温灼烧即制得金属银，反应方程式如下：

$$Ag_2S + O_2 \xrightarrow{\triangle} 2Ag + SO_2$$

【仪器和药品】

烧杯，研钵，马弗炉，瓷坩埚，坩埚钳电子台秤，pH 试纸，滤纸。

Na_2CO_3(s)，$Na_2B_4O_7 \cdot 10H_2O$(s)，HCl(1 $mol \cdot dm^{-3}$)，NaOH(6 $mol \cdot dm^{-3}$)，Na_2S(2 $mol \cdot dm^{-3}$)，废定影液 (l)。

【实验步骤】

1. Ag_2S的制备

在烧杯中加入150 cm^3废定影液，用6 $mol \cdot dm^{-3}$ NaOH 调节溶液 pH 8～9，并在不断搅拌下，加入2 $mol \cdot dm^{-3}$ Na_2S至Ag_2S沉淀生成。静置片刻，取2滴上清液用Na_2S检验Ag^+是否完全沉淀，沉淀完全后，减压过滤，用去离子水洗涤沉淀至无S^{2-}为止。将沉淀连同滤纸放入蒸发皿中，小火烘干，冷却，称量。

2. 单质银的制备

按质量比2∶1∶3的比例称取Na_2CO_3、$Na_2B_4O_7 \cdot 10H_2O$和Ag_2S沉淀混合均匀，并研磨后放入瓷坩埚中，在马弗炉中1200℃加热60 min，趁热倾出坩埚内上层炉渣，下层则为金属银。将金属银放在1 $mol \cdot dm^{-3}$ HCl溶液中加热煮沸，除去表面的杂质，然后用去离子水洗净，干燥，称重并计算产率。

【注意事项】

1. 从马弗炉中取热坩埚时一定要用坩埚钳夹取。

2. 纯化金属银时，要在通风橱中进行。

【实验记录及结果】

金属银的产率，见表 1-25。

表 1-25　金属银的产率

Ag_2S 的质量/g	
Ag 的理论产量/g	
Ag 的实际产量/g	
Ag 的产率/%	

实验 17　氧化铁黄的制备

【实验目的】

掌握用亚铁盐制备氧化铁黄的原理和方法。

【预习与思考】

1. 预习氧化铁黄的化学性质。

2. 思考下列问题：

(1) 为何制得铁黄后要用乙醇洗涤？

(2) 制备晶种为什么要控制温度和 pH 值？

【实验原理】

氧化铁黄分子式是 FeO(OH)，是柠檬黄至褐色的粉末状晶体。其无毒，具有良好的着色力和遮盖力，同时又具有耐酸、耐碱、耐光和耐热性。不溶于水和醇，溶于酸。这是一种广泛应用的无机颜料。

本实验用湿法亚铁盐氧化法制备铁黄。除空气参加氧化外，用氯酸钾作为主要的氧化剂。具体步骤如下：

1. 制备晶种

在硫酸亚铁铵溶液中加入碱液，立即有胶状氢氧化亚铁生成。

$$(NH_4)_2Fe(SO_4)_2+4NaOH = Fe(OH)_2+2Na_2SO_4+2NH_3\cdot H_2O$$

在室温下，控制溶液 pH 保持在 3～4 时，将氢氧化亚铁进一步氧化，生成 FeO(OH) 晶种。

$$4Fe(OH)_2+O_2 = 4FeO(OH)+2H_2O$$

2. 制备铁黄（氧化阶段）

提高温度，控制在 70～75℃，溶液的 pH 控制在 3～4，氧化剂是 $KClO_3$，空气中的氧作为助氧化剂也参与化学反应：

$$4FeSO_4+O_2+6H_2O = 4FeO(OH)+4H_2SO_4$$

$$6FeSO_4+KClO_3+9H_2O = 6FeO(OH)+6H_2SO_4+KCl$$

在此过程中，沉淀的颜色转变为：灰绿→墨绿→红棕→淡黄。

【仪器和药品】

烧杯，恒温水浴锅，蒸发皿，表面皿，电子台秤，量筒（25 cm^3），减压过滤装置。

$(NH_4)_2Fe(SO_4)_2\cdot 6H_2O$ (s)，$KClO_3$(s)，NaOH（6 $mol\cdot dm^{-3}$、2 $mol\cdot dm^{-3}$），乙醇（95%（体积分数）），$BaCl_2$（0.1 $mol\cdot dm^{-3}$）。

【实验步骤】

称取 $(NH_4)_2Fe(SO_4)_2 \cdot 6H_2O$ 晶体 3.0 g，加去离子水 12 cm^3，置于 50 cm^3 烧杯中，在室温下搅拌使大部分晶体溶解，缓慢滴入两滴 2 $mol \cdot dm^{-3}$ NaOH 溶液搅拌至沉淀消失，pH 维持在 5 左右即可。

另取 0.1 g $KClO_3$ 倒入上述溶液中，搅拌后检验溶液的 pH（pH 几乎无变化）。将水浴温度升到 70～75 ℃进行氧化反应，滴加 1 滴 6 $mol \cdot dm^{-3}$ NaOH 溶液，并观察溶液的变化，搅拌 8～10 min，至 pH 约为 3，溶液中出现明显的棕黄色的沉淀为止。减压过滤，用 60℃左右的去离子水多次洗涤，至溶液中无 SO_4^{2-} 为止。再用乙醇洗涤 2 次，得黄色颜料，将其转入表面皿中，晾干，称重并计算产率。

【注意事项】

1. 制备晶种时 pH 值和反应温度要严格控制在规定范围内，同时还要保证溶液中留有部分未反应的硫酸亚铁铵晶体。
2. 制备铁黄阶段必须升温到指定温度，同时严格控制溶液的 pH 值在规定的范围内。

【实验记录及结果】

氧化铁黄的产率，见表 1-26。

表 1-26 氧化铁黄的产率

FeO(OH)理论产量/g	
FeO(OH)实际质量/g	
FeO(OH)产率/%	

实验 18 硫酸铝钾的制备及晶体的培养

【实验目的】

1. 掌握由 Al 制备硫酸铝钾的原理和方法。
2. 掌握从溶液中培养晶体的原理和方法。

【预习与思考】

1. 预习无机制备过程中蒸发浓缩、冷却结晶、固液分离等基本操作。
2. 思考下列问题：

(1) 在制备大晶体时，如果溶液中有许多小晶体有什么影响？

(2) 金属铝和氢氧化铝具有什么性质？

【实验原理】

表 1-27 $Al_2(SO_4)_3$、K_2SO_4、$K_2SO_4 \cdot Al_2(SO_4)_3 \cdot 24H_2O$ 的溶解度

单位：g/100 g H_2O

	0℃	10℃	20℃	30℃	40℃
K_2SO_4	7.4	9.3	11.1	13.0	14.8
$Al_2(SO_4)_3$	31.2	33.5	36.4	40.4	45.8
$K_2SO_4 \cdot Al_2(SO_4)_3 \cdot 24H_2O$	3.0	3.99	5.9	8.39	11.7

由表 1-27 可知，在 0～40℃的温度范围内，$K_2SO_4 \cdot Al_2(SO_4)_3 \cdot 24H_2O$ 在水中的溶解度比 $Al_2(SO_4)_3$ 和 K_2SO_4 都要小，因此很容易从 $Al_2(SO_4)_3$ 和 K_2SO_4 的混合溶液制得 $K_2SO_4 \cdot Al_2(SO_4)_3 \cdot 24H_2O$。

本实验用金属铝与氢氧化钠溶液反应，生成可溶性的四羟基铝酸钠，然后加入过量的 H_2SO_4 使其转化为 $Al_2(SO_4)_3$。水浴加热蒸发浓缩，室温结晶制成 $Al_2(SO_4)_3 \cdot 18H_2O$ 晶体。将 $Al_2(SO_4)_3 \cdot 18H_2O$ 晶体和 K_2SO_4 晶体分别制成等体积饱和溶液，混合后就有 $K_2SO_4 \cdot Al_2(SO_4)_3 \cdot 24H_2O$ 晶体生成。有关反应如下：

$$2Al + 2NaOH + 6H_2O = 2NaAl(OH)_4 + 3H_2\uparrow$$

$$2Al(OH)_3 + 3H_2SO_4 = Al_2(SO_4)_3 + 6H_2O$$

$$Al_2(SO_4)_3 + K_2SO_4 + 24H_2O = K_2SO_4 \cdot Al_2(SO_4)_3 \cdot 24H_2O$$

【仪器和药品】

电陶炉，烧杯，量筒，电子台秤，减压过滤装置，蒸发皿，滤纸，尼龙线。

铝屑（s），$NaOH(2\ mol \cdot dm^{-3})$，$K_2SO_4(s)$，$H_2SO_4(6\ mol \cdot dm^{-3})$。

【实验内容】

1. $Al_2(SO_4)_3$ 的制备

在通风橱中，将 0.50 g 铝屑分 4 次放入盛有 20 cm^3 2 $mol \cdot dm^{-3}$ NaOH 溶液的烧杯中，至不再有气泡产生时，加入 10 cm^3 去离子水，减压过滤。将滤液转移至蒸发皿中，滴加 6 $mol \cdot dm^{-3}$ H_2SO_4，在生成白色沉淀后，继续加入 6 $mol \cdot dm^{-3}$ H_2SO_4 并水浴加热，溶液澄清后，停止加入 H_2SO_4，当蒸发皿内溶液的体积为原体积的一半左右时，停止加热。冷却至室温，减压过滤。将晶体用滤纸吸干，称重，并计算产率。

2. 硫酸铝钾的制备及晶体的培养

将 $Al_2(SO_4)_3 \cdot 18H_2O$ 和 K_2SO_4 分别配成同体积饱和溶液，然后将两饱和溶液混合，搅拌放置后有硫酸铝钾晶体析出。过滤，选出规整的晶体作为晶种，用细绳系好悬挂在溶液中央，盖上称量纸，让溶液自然蒸发，晶体就会逐渐长大，成为大的八面体单晶。

【注意事项】

1. 在制备大晶体时，要反复滤掉未溶解的固体，溶液的浓度不能过高。
2. 制备小晶体时，应慢慢降温，不能骤冷，否则晶粒太小。

【实验记录及结果】

$KAl(SO_4)_2 \cdot 12H_2O$ 晶体的产率，见表 1-28。

表 1-28 $KAl(SO_4)_2 \cdot 12H_2O$ 晶体的产率

$KAl(SO_4)_2 \cdot 12H_2O$ 的理论产量/g	
$KAl(SO_4)_2 \cdot 12H_2O$ 的实际产量/g	
$KAl(SO_4)_2 \cdot 12H_2O$ 的产率/%	

实验 19 硫代硫酸钠的制备（综合）

【实验目的】

掌握 $Na_2S_2O_3 \cdot 5H_2O$ 的制备方法。

【预习与思考】

1. 预习硫代硫酸钠的性质及硫代硫酸钠的分析方法。

2. 思考下列问题：

(1) 在制备硫代硫酸钠时，硫粉为什么要用乙醇浸湿？

(2) 产品在减压过滤时为什么用乙醇洗？可否用去离子水洗？

【实验原理】

本实验是用硫与亚硫酸钠反应制得 $Na_2S_2O_3$ 溶液：

$$Na_2SO_3 + S \xrightarrow{\triangle} Na_2S_2O_3$$

然后将溶液水浴蒸发浓缩，冷却结晶，过滤得 $Na_2S_2O_3 \cdot 5H_2O$ 晶体。

$Na_2S_2O_3 \cdot 5H_2O$ 的含量用碘量法进行分析。准确称取一定量的 $K_2Cr_2O_7$ 基准试剂配成溶液，与过量的KI在酸性条件下发生如下反应：

$$6I^- + Cr_2O_7^{2-} + 14H^+ = 2Cr^{3+} + 3I_2 + 7H_2O$$

生成的游离 I_2 立即用 $Na_2S_2O_3$ 标定：

$$I_2 + 2S_2O_3^{2-} = 2I^- + S_4O_6^{2-}$$

$K_2Cr_2O_7$ 和 $Na_2S_2O_3$ 反应的物质的量比为 1∶6，因此，根据滴定时使用的 $Na_2S_2O_3$ 体积和称取的 $K_2Cr_2O_7$ 的质量，即可算出产品中 $Na_2S_2O_3 \cdot 5H_2O$ 的含量。

【仪器和药品】

电子分析天平，电陶炉，减压过滤装置，蒸发皿，量筒（10 cm^3、100 cm^3），烧杯，容量瓶（250 cm^3），碘量瓶（100 cm^3），洗瓶，滴定管，玻璃棒，称量纸，药勺，手套等。

Na_2SO_3(s)，硫粉(s)，乙醇(95%)，$K_2Cr_2O_7$(基准物质)（l），HCl(6 $mol \cdot dm^{-3}$)，KI(3 $mol \cdot dm^{-3}$)，淀粉[0.1%(质量分数)]。

【实验步骤】

1. 硫代硫酸钠的制备

称取 5.00 g Na_2SO_3 于烧杯中，加入 40 cm^3 去离子水在电陶炉上加热溶解。另取 2.00 g 硫粉，与 2 cm^3 乙醇充分搅拌混合后，加入 Na_2SO_3 溶液中，继续加热至沸腾。约 50 min 后停止加热。如果溶液呈黄色，表明有多硫离子生成，可加少许固体 Na_2SO_3 除去。趁热减压过滤，除去多余的硫粉。将滤液转入蒸发皿中，水浴蒸发浓缩至表面析出晶膜。冷却至室温，减压过滤，并用乙醇洗涤晶体 2 次。把晶体晾干，称重并计算产率。

2. 产品含量分析

准确称取 2.00 g 产品，加少量去离子水溶解，转移至 100 cm^3 容量瓶中定容。准确称取 2 份基准物 $K_2Cr_2O_7$ 0.10～0.12 g 于碘量瓶中，加入 30 cm^3 去离子水溶解，再加入 3 $mol \cdot dm^{-3}$ KI 溶液 6 cm^3 和 6 $mol \cdot dm^{-3}$ HCl 溶液 4 cm^3，混匀，盖好塞子，并用少量水水封，在暗处放置 5 min 后，加 40 cm^3 水稀释，摇匀。用 $Na_2S_2O_3$ 溶液滴定，当溶液呈黄绿色时，加入 1 cm^3 淀粉指示剂继续滴定至溶液由蓝色突变为亮绿色为止，计算产品中 $Na_2S_2O_3 \cdot 5H_2O$ 含量。

【注意事项】

产品含量测定的废液中含有 Cr^{3+}，不能直接倒入下水道，要倒入指定的废液缸内。

【实验记录及结果】

$Na_2S_2O_3 \cdot 5H_2O$ 的产率，见表 1-29。$Na_2S_2O_3 \cdot 5H_2O$ 的含量分析，见表 1-30。

表 1-29 $Na_2S_2O_3 \cdot 5H_2O$ 的产率

$Na_2S_2O_3 \cdot 5H_2O$ 的理论产量/g	
$Na_2S_2O_3 \cdot 5H_2O$ 的实际产量/g	
$Na_2S_2O_3 \cdot 5H_2O$ 的产率/%	

表 1-30 $Na_2S_2O_3 \cdot 5H_2O$ 的含量分析

项目	1	2	3
$K_2Cr_2O_7$ 的质量/g			
$Na_2S_2O_3$ 的体积/cm^3			
$Na_2S_2O_3 \cdot 5H_2O$ 的真实浓度/$mol \cdot dm^{-3}$			
$Na_2S_2O_3$ 真实浓度的平均值/$mol \cdot dm^{-3}$			
$Na_2S_2O_3 \cdot 5H_2O$ 的表观浓度/$mol \cdot dm^{-3}$			
$Na_2S_2O_3 \cdot 5H_2O$ 的含量/%			

实验 20 海带中提取碘（设计）

【实验目的】

学习从天然植物中提取无机物的方法。

【思考下列问题】

1. 如何将海带灼烧完全？
2. 海带表面的不溶性附着物如何除去？

【实验原理】

海带中的碘元素以碘离子的形式存在。可以用灼烧的方法，将海带灼烧，使其中的有机物灰化，再将其中的可溶物用水浸出。此时，碘元素以碘离子的形式存在于浸出溶液中。与此同时，海带灰里的碳酸钾也存在于浸出液中，注意在合适的 pH 值条件下，用过氧化氢将碘离子氧化为单质碘。利用碘升华的性质，将得到的单质碘加热，得到固体碘。反应式如下：

$$H_2O_2 + 2I^- + 2H^+ = I_2 + 2H_2O$$

$$CO_3^{2-} + 2H^+ = CO_2 + H_2O$$

【实验要求】

1. 设计实验方案，以海带为原料提取单质碘，并计算海带中碘的含量。实验方案应包括实验原理、仪器药品、实验试剂的用量、实验步骤。实验方案经指导教师同意后方可实施。

2. 进行实验，并写出完整的实验报告。实验报告包括实验目的、实验原理、实验步骤、实验记录及实验数据处理。

实验 21 磷酸一氢钠、磷酸二氢钠的制备

【实验目的】

1. 掌握磷酸一氢钠和磷酸二氢钠的制备方法，加深对磷酸盐的认识。

2. 了解多元酸的解离平衡与溶液 pH 值的关系。

【预习与思考】

1. 预习多元酸解离平衡与溶液 pH 值的关系。

2. 思考下列问题：

(1) 如何制备磷酸一氢钠和磷酸二氢钠？

(2) 磷酸一氢钠和磷酸二氢钠的水溶液是否都具有酸性，为什么？

【实验原理】

磷酸是三元酸，在溶液中有三步解离。当用氢氧化钠或碳酸钠中和掉磷酸的一个氢离子(pH 4.2～4.6)，浓缩结晶后得到的是无色菱形晶体 $NaH_2PO_4 \cdot 2H_2O$；如果中和掉磷酸的两个氢离子（pH 约为 9.2），浓缩结晶后得到的是无色透明单斜晶系菱形结晶 $Na_2HPO_4 \cdot 12H_2O$，它在空气中迅速风化。

磷酸二氢钠（$NaH_2PO_4 \cdot 2H_2O$）溶于水后显酸性，是因为它在水溶液中同时存在以下两个平衡：

水解平衡 $H_2PO_4^- + H_2O \rightleftharpoons H_3PO_4 + OH^-$

解离平衡 $H_2PO_4^- \rightleftharpoons H^+ + HPO_4^{2-}$

由于 $H_2PO_4^-$ 的水解程度（$K_h^\ominus = 10^{-11}$）比解离程度（$K_{a2}^\ominus = 6.3 \times 10^{-8}$）小，所以磷酸二氢钠呈弱酸性（pH 4～5）。

磷酸一氢钠（$Na_2HPO_4 \cdot 12H_2O$）溶于水后，也存在水解和解离的双重平衡：

水解平衡 $HPO_4^{2-} + H_2O \rightleftharpoons H_2PO_4^- + OH^-$

解离平衡 $HPO_4^{2-} \rightleftharpoons H^+ + PO_4^{3-}$

但由于 HPO_4^{2-} 的解离程度比水解程度小，故磷酸一氢钠溶液显弱碱性（pH 9～10）。

因此，通过控制合成时溶液的 pH 值，就可以用磷酸分别制得磷酸一氢钠和磷酸二氢钠，为了避免 $NaHCO_3$ 混入磷酸二钠盐晶体，本实验制备磷酸一钠盐时，用无水碳酸钠中和磷酸；制备磷酸二钠盐时，改用 NaOH 中和磷酸。

在磷酸盐（包括 Na_3PO_4、Na_2HPO_4、NaH_2PO_4）溶液中，加入 $AgNO_3$ 皆生成 Ag_3PO_4 黄色沉淀。

【仪器和药品】

电子台秤，烧杯，试管，减压过滤装置，量筒（10 cm^3），蒸发皿，电陶炉，pH 试纸。

无水 Na_2CO_3（CP），$NaH_2PO_4 \cdot 2H_2O$（AR），H_3PO_4（CP，含量大于 85%），HCl（2 $mol \cdot dm^{-3}$），NaOH（2 $mol \cdot dm^{-3}$、6 $mol \cdot dm^{-3}$），$AgNO_3$（0.1 $mol \cdot dm^{-3}$），无水乙醇（l）。

【实验步骤】

1. $NaH_2PO_4 \cdot 2H_2O$ 的制备

取 3 cm^3 磷酸于 100 cm^3 烧杯中，加入 10 cm^3 去离子水，搅匀，加热至 60～70℃。少量、多次加入无水 Na_2CO_3（待反应完全后再加），至溶液的 pH 为 4～5。将溶液转到蒸发皿中，水浴加热浓缩至表面有较多的晶膜出现。冷却至室温，可加入几粒 $NaH_2PO_4 \cdot 2H_2O$ 晶体作为晶种，析出晶体后，减压过滤。晶体用少量无水乙醇洗涤 2～3 次，用滤纸吸干，称重。

2. 产品（$NaH_2PO_4 \cdot 2H_2O$）检验

（1）用 pH 试纸检验产品（$NaH_2PO_4 \cdot 2H_2O$）水溶液的酸碱性。

（2）取绿豆粒大的产品（$NaH_2PO_4 \cdot 2H_2O$）于试管中，加入几滴 2 $mol \cdot dm^{-3}$ HCl。观察有无气泡产生。

（3）取少量产品（$NaH_2PO_4 \cdot 2H_2O$）于试管中，加入少量去离子水溶解，加入 0.1 $mol \cdot dm^{-3}$ $AgNO_3$ 溶液，观察沉淀的颜色。

3. $Na_2HPO_4 \cdot 12H_2O$ 的制备

取 2 cm^3 磷酸于 100 cm^3 烧杯中，加入 5 cm^3 去离子水，搅匀，用 NaOH 溶液调节溶液的 pH 至 9.2。将溶液转到蒸发皿中，水浴加热浓缩至表面有微晶出现。冷却至室温，减压过滤。晶体用少量无水乙醇洗涤 2～3 次，用滤纸吸干后，称重。

4. 产品（$Na_2HPO_4 \cdot 12H_2O$）检验

（1）用 pH 试纸检验产品（$Na_2HPO_4 \cdot 12H_2O$）水溶液的酸碱性。

（2）取绿豆粒大的产品（$Na_2HPO_4 \cdot 12H_2O$）置于试管中，加少量的纯净水溶解后加入 0.1 $mol \cdot dm^{-3}$ $AgNO_3$ 溶液，观察沉淀的颜色。

【注意事项】

本实验需要用到电陶炉，温度较高，请同学谨慎小心操作。

【实验记录及结果】

磷酸一氢钠、磷酸二氢钠的制备和检验，见表 1-31、表 1-32。

表 1-31　磷酸一氢钠、磷酸二氢钠的制备

产品	理论产量/g	实际产量/g	产率/%
$NaH_2PO_4 \cdot 2H_2O$			
$Na_2HPO_4 \cdot 12H_2O$			

表 1-32　磷酸一氢钠、磷酸二氢钠的检验

产品	0.1 $mol \cdot dm^{-3}$ $AgNO_3$	2 $mol \cdot dm^{-3}$ HCl	酸碱性
$NaH_2PO_4 \cdot 2H_2O$			
$Na_2HPO_4 \cdot 12H_2O$		—	

实验 22 三草酸合铁（Ⅲ）酸钾的合成

【实验目的】

1. 了解氧化还原反应、配位反应在无机合成中的应用。
2. 了解三草酸合铁(Ⅲ)酸钾的制备方法。

【预习与思考】

1. 预习重结晶的操作。
2. 思考下列问题：

(1) 三草酸合铁(Ⅲ)酸钾具有什么性质？

(2) 影响三草酸合铁(Ⅲ)酸钾产率的主要因素有哪些？

【实验原理】

三草酸合铁(Ⅲ)酸钾 $K_3[Fe(C_2O_4)_3]\cdot 3H_2O$ 为翠绿色的单斜晶体，分子量 491.26，易溶于水（溶解度 0℃，4.7 g/100 g；100℃，117.7 g/100 g)，难溶于乙醇。110℃下可失去全部结晶水，230℃时分解。此配合物是制备某些活性铁催化剂的主要原料，也是一些有机反应良好的催化剂，在工业上具有一定的应用价值。

本实验以 Fe(Ⅱ) 盐为原料，制备三草酸合铁(Ⅲ)酸钾。

首先，由硫酸亚铁与草酸反应制备草酸亚铁：

$$FeSO_4 + H_2C_2O_4 + 2H_2O \xlongequal{} FeC_2O_4\cdot 2H_2O\downarrow + H_2SO_4$$

然后在过量草酸根存在下，用过氧化氢氧化草酸亚铁即可得到三草酸合铁(Ⅲ)酸钾，同时有氢氧化铁生成：

$$6FeC_2O_4\cdot 2H_2O + 3H_2O_2 + 6K_2C_2O_4 \xlongequal{} 4K_3[Fe(C_2O_4)_3] + 2Fe(OH)_3\downarrow + 12H_2O$$

加入适量草酸可使 $Fe(OH)_3$ 转化为三草酸合铁(Ⅲ)酸钾配合物：

$$2Fe(OH)_3 + 3H_2C_2O_4 + 3K_2C_2O_4 \xlongequal{} 2K_3[Fe(C_2O_4)_3] + 6H_2O$$

$K_3[Fe(C_2O_4)_3]\cdot 3H_2O$ 对光敏感，受光照射分解变为黄色。因其具有光敏性，所以常用来作为化学光量计。在光照下容易进行下列光化学反应：

$$2[Fe(C_2O_4)_3]^{3-} \xrightarrow{h\nu} 2FeC_2O_4 + 3C_2O_4^{2-} + 2CO_2$$

【仪器和药品】

电子台秤，恒温水浴锅，烧杯，减压过滤装置，表面皿，电陶炉，蒸发皿，紫外暗箱、烘箱，pH 试纸，滤纸水彩纸。

$FeSO_4\cdot 7H_2O$ (CP)，H_2SO_4 ($3\ mol\cdot dm^{-3}$)，$H_2C_2O_4$ ($1\ mol\cdot dm^{-3}$)，$K_2C_2O_4$ (饱和)，H_2O_2 (6%)，乙醇 (95%)，柠檬酸铁铵，铁氰化钾。

【实验步骤】

1. 草酸亚铁的制备

称取 2 g $FeSO_4\cdot 7H_2O$ 晶体于烧杯中，加入 10 cm^3 去离子水和 2～4 滴 3 $mol\cdot dm^{-3}$ H_2SO_4 溶液加热使其溶解，然后加入 10 cm^3 1 $mol\cdot dm^{-3}$ $H_2C_2O_4$ 溶液，在不断搅拌下加热至沸腾，静置，待 $FeC_2O_4\cdot 2H_2O$ 黄色晶体析出后，用倾析分离法弃去上层清液，用少量纯净水洗涤晶体 2～3 次。

2. 三草酸合铁(Ⅲ)酸钾的制备

在盛有 $FeC_2O_4 \cdot 2H_2O$ 黄色晶体的烧杯中，加入 8 cm^3 饱和 $K_2C_2O_4$ 溶液，水浴加热至 40℃，取下，稍冷后在不断搅拌下缓慢滴加 10 cm^3 6% H_2O_2 溶液，此时沉淀转为深棕色。将溶液加热至沸腾以除去过量的 H_2O_2，并分两次加入 4 cm^3 1 $mol \cdot dm^{-3}$ $H_2C_2O_4$ 溶液，使沉淀溶解，此时溶液呈翠绿色，pH 4～5。加热浓缩，冷却，即有翠绿色 $K_3[Fe(C_2O_4)_3] \cdot 3H_2O$ 晶体析出，若冷却时不析出晶体，可加入少量 95%乙醇，就会有晶体析出。抽滤，称量，计算产率。

【实验记录及结果】

三草酸合铁(Ⅲ)酸钾的合成，见表 1-33。

表 1-33　三草酸合铁(Ⅲ)酸钾的合成

产品	理论产量/g	实际产量/g	产率/%
$K_3[Fe(C_2O_4)_3] \cdot 3H_2O$			

实验 23　化学与艺术：蓝晒印相

【实验目的】

1. 了解三草酸合铁(Ⅲ)酸钾的光敏性。
2. 了解传统蓝晒的制作工艺。

【预习与思考】

预习光化学反应的基本原理。

【实验原理】

蓝晒是典型的光化学反应，它通过光敏物质捕捉太阳光中的紫外线，发生光化学反应。其原理为铁离子与配体（如草酸盐或柠檬酸盐）在紫外线的作用下发生反应被还原成亚铁离子，然后亚铁离子与铁氰化物反应生成亚铁氰化铁（又名普鲁士蓝）。普鲁士蓝吸附在相纸上，显示出美丽的蓝色图像。

三草酸合铁酸钾极易感光，室温日光照射下或强光下分解生成草酸亚铁，变为黄色，进而遇铁氰化钾生成滕氏蓝($Fe_3[Fe(CN)_6]_2$)，从而实现蓝色印相。相关反应为：

$$2[Fe(C_2O_4)_3]^{3-} \longrightarrow 2FeC_2O_4 + 3C_2O_4^{2-} + 2CO_2$$

$$3FeC_2O_4 + 2K_3[Fe(CN)_6] \longrightarrow Fe_3[Fe(CN)_6]_2 + 3K_2C_2O_4$$

本次实验可选用与三草酸合铁酸钾具有相同光学性质的柠檬酸铁铵进行对比实验。

【仪器和药品】

电子台秤，烧杯，紫外暗箱，烘箱，棉布。

H_2O_2（6%），乙醇（95%），柠檬酸铁铵，铁氰化钾。

【实验步骤】

1. 三草酸合铁(Ⅲ)酸钾的光敏性研究

样品直接感光：取少量 $K_3[Fe(C_2O_4)_3] \cdot 3H_2O$ 晶体，置于表面皿上，在阳光下（或紫外曝光机）曝光（5 min、10 min、20 min、30 min）左右，讨论曝光不同时间后，样品颜色变化，并总结其中蕴含的化学原理。

2. 蓝晒实验

（1）称取 0.3 g $K_3[Fe(C_2O_4)_3]$（或柠檬酸铁铵）和 0.4 g $K_3[Fe(CN)_6]$放入烧杯中，加入 8mL 去离子水溶解，制成蓝晒液。将配好的蓝晒液均匀涂抹在滤纸（或水彩纸）上，并用纸吸去多余溶液，用吹风机或烘箱烘干滤纸（避光），得到感光相纸。

（2）根据个人喜好设计遮挡物形状，将感光相纸遮挡，放置在日光下（或紫外曝光机）曝光不同的时间（5 min、10 min、20 min、30 min），漂洗，避光晾干，得到蓝晒图像，考察不同曝光时间对图像的影响。

3. 防晒霜性能测试

实验步骤同上。

对凡士林和不同品牌防晒霜（分组自备）进行防晒性能测试，讨论凡士林和不同品牌防晒霜抵抗紫外线的能力差异。

【注意事项】

1. 使用台秤时不要把药品撒到台秤上，并保证台秤的整洁。
2. 水浴 40℃下加热后，缓慢滴加 H_2O_2，以防止 H_2O_2 分解。
3. A4 纸容易皱，水在滤纸上扩散过快，可以使用素描纸或木浆水彩纸。
4. 三草酸合铁酸钾的光致变色反应可看作定性实验，不要求精确测量。
5. 遮挡物建议选择狗尾巴草等花叶有细节的植物，用碎纸团可以得到云朵的效果。

实验 24 纳米四氧化三铁粒子及磁流体的制备

【实验目的】

1. 了解用共沉淀法制备纳米四氧化三铁粒子的原理和方法。
2. 了解磁流体的制备原理和方法。
3. 掌握无机制备中的部分操作。

【预习与思考】

1. 预习无机制备过程中蒸发浓缩、冷却结晶、固液分离等基本操作。
2. 思考下列问题：

（1）本实验中油酸钠起什么作用？

（2）可否采用高温烘干产品？

【实验原理】

有关纳米粒子的制备方法及其性能研究备受学者的重视，这不仅因为纳米粒子在基础研究方面意义重大，而且在实际应用中前景广阔。在磁记录材料方面，磁性纳米粒子有望取代传统的微米级磁粉，超细 Fe_3O_4 粉体由于化学稳定性好，原料易得，价格低廉，已成为无机颜料中较重要的一种，被广泛应用于涂料、油墨等领域；而在电子工业中超细 Fe_3O_4 是磁记录材料，用于高密度磁记录材料的制备；它也是气、湿敏材料的重要组成部分。超细 Fe_3O_4 粉体还可作为微波吸收材料及催化剂。另外，使用超细 Fe_3O_4 粉体可制成磁流体。

Fe_3O_4 纳米粒子的制备方法有很多，大体分为两类：一是物理方法，如高能机械球磨法；二是化学方法，如化学共沉淀法、溶胶-凝胶法、水热合成法、热分解法及微乳液法等。但各种方法各有利弊：物理方法无法进一步获得超细且粒径分布窄的磁粉，还会带来研磨介质的污染问题；溶胶-凝胶法、热分解法多采用有机物为原料，成本较高，且有毒害作用；水热合成法虽容易获得纯相的纳米粉体，但是反应过程中温度的高低、升温速度、搅拌速度以及反应时间的长短等因素均会对粒径大小和粉末的磁性能产生影响。

本实验采用共沉淀法（将沉淀剂加入 Fe^{2+} 和 Fe^{3+} 混合溶液中）制备纳米 Fe_3O_4 颗粒。共沉淀法是将两种或两种以上金属离子组成一种可溶性盐溶液，然后加入一定量的某种沉淀剂，金属离子会以沉淀物的形式析出或结晶，接着对所得到的沉淀物进行脱水或热分解，就可以得到纳米微粉。该制备方法不仅原料易得且价格低廉，设备要求简单，反应条件温和（在常温常压下以水为溶剂）等。

采用化学共沉淀法制备纳米磁性四氧化三铁是将二价铁盐和三价铁盐溶液按一定比例混合，将碱性沉淀剂加入上述铁盐混合溶液中，搅拌、反应一段时间即可得纳米磁性 Fe_3O_4 粒子，其反应式如下：

$$Fe^{2+} + 2Fe^{3+} + 8OH^- \xlongequal{} Fe_3O_4 + 4H_2O$$

磁流体：纳米磁性粒子包裹一层长链的表面活性剂，均匀地分散在基液中形成一种均匀稳定的胶体溶液。其具有液体的流动性和固体的磁性，特殊的磁、光、电现象在光调制、光开关、光隔离器和传感器等领域有着重要的应用前景。

磁流体组成：由纳米磁性颗粒、基液和表面活性剂组成。

磁性颗粒：Fe_3O_4、Fe_2O_3 等。

基液：水、有机溶剂、油等。

表面活性剂：如油酸等可防止纳米粒子团聚。

本实验采用 Fe_3O_4、水、油酸制备磁流体。

【仪器和药品】

烧杯，电子台秤，烘箱，恒温水浴锅，pH 试纸，磁铁，试管，减压抽滤装置，滤纸。

$(NH_4)_2Fe(SO_4)_2(s)$，$FeCl_3(s)$，氢氧化钠（2 $mol \cdot dm^{-3}$），HCl（2 $mol \cdot dm^{-3}$），油酸，乙醇(l)，油酸钠。

【实验步骤】

1. 纳米磁性 Fe_3O_4 粒子的制备

称取 1.96 g $(NH_4)_2Fe(SO_4)_2$ 加入装有 12 cm^3 2 $mol \cdot dm^{-3}$ HCl 的 100 cm^3 小烧杯中，搅拌溶解。然后向其中加入 2.36 g $FeCl_3$，待完全溶解后，在 60℃恒温水浴条件下，边搅拌边滴加约 45 cm^3 2 $mol \cdot dm^{-3}$的 NaOH 溶液，直至 pH 11（10～11），反应液的颜色发生棕黄→红褐→黑的变化，继续不停地搅拌 10 min。待反应完成后，用强磁铁进行磁分离并弃去上层浑浊液（磁性不足产物），用少量去离子水反复洗涤溶液 2～3 次至溶液显中性，以洗去粒子表面未反应的杂质，洗出的液体清澈，减压抽滤，用乙醇洗涤 2～3 次，放入烘箱中进行烘干，所得黑色固体产物即为纳米磁性 Fe_3O_4 粒子，可用强磁铁吸引，观察现象。

2. 铁磁流体的制备

(1) 制备油酸钠溶液：取 3 g 油酸钠固体于 50 cm^3 烧杯中，加入 20 cm^3 去离子水，加热搅拌至固体完全溶解，即制得淡黄色透明的油酸钠溶液。

(2) 在常温下，加入步骤 1 所制备的纳米磁性 Fe_3O_4 粒子，剧烈搅拌至均匀，用强磁铁吸引最终产物，采用倾析法弃去上层液体（其中的颗粒因磁性不足而流走），用乙醇清洗产物，烘干 15～20min，得到油溶性的磁性 Fe_3O_4 粒子。

(3) 取适量油溶性磁性粒子（干燥后效果更好），溶于适量油酸（不宜过多）中，分散均匀，即得黑色铁磁流体。

(4) 取一支小试管，装入 2/3 体积的去离子水，滴加一滴磁流体，用强磁铁吸引，观察现象。

【注意事项】

1. 使用台秤时不要把药品撒到台秤上，并保证台秤的整洁。
2. 本实验需要用到恒温水浴锅，温度较高，请同学谨慎小心操作。
3. 实验完毕后，请仔细清洗使用过的玻璃仪器。

【实验记录及结果】

纳米 Fe_3O_4 粒子的制备实验记录及结果，见表 1-34。

表 1-34 纳米四氧化三铁粒子的制备

产品	理论产量/g	实际产量/g	产率/%
Fe_3O_4			

实验 25 牛奶酸度和钙含量的测定

【实验目的】

1. 了解牛奶酸度和钙含量的检测方法及其表示。
2. 了解配位滴定法的原理及方法。

【预习与思考】

1. 预习 EDTA（乙二胺四乙酸）滴定牛奶中钙的原理。
2. 思考下列问题：

(1) 牛奶酸度和钙含量是怎样表示的？

(2) 锌标准溶液如何配制？

(3) EDTA 滴定钙时如何消除 Fe、Al 的干扰？

【实验原理】

通过测定牛奶的酸度即可确定牛乳的新鲜程度，同时可反映出乳质的实际状况。

乳的酸度一般以中和 100 cm^3 牛乳 0.1 $mol \cdot dm^{-3}$ 氢氧化钠溶液的毫升数来表示，正常牛乳的酸度随乳牛的品种、饲料、泌乳期的不同而略有差异，但一般均在 14～18 °T 之间。如果牛乳放置时间过长，细菌的繁殖会致使牛乳酸度降低。因此，牛乳的酸度是反映牛乳质量的一项重要指标。

牛奶中钙的测定可采取配位滴定法，用乙二胺四乙酸（EDTA）溶液滴定牛奶中的钙。用 EDTA 测定钙，一般在 pH＝12～13 的碱性溶液中进行，以钙试剂（络蓝黑 R）为指示剂，计量点前钙与钙试剂形成粉红配合物，当用 EDTA 溶液滴定至计量点时，指示剂会游离出来，溶液呈现蓝色。

滴定过程中，如有 Fe、Al 干扰，可用三乙醇胺掩蔽。

【仪器和药品】

量筒，锥形瓶（250 cm^3），滴定管，酸度计，移液管（25 cm^3）。

鲜牛奶，高钙牛奶，酚酞指示剂（1%），氢氧化钠标准溶液（0.1 $mol \cdot dm^{-3}$），标准缓冲溶液（pH＝6.88），EDTA 标准溶液（0.02 $mol \cdot dm^{-3}$），NaOH（20%），铬蓝黑 R（0.5%）或 MgY-EBT 作指示剂。

【实验步骤】

1. 酸度的测定方法

（1）滴定法　量取 50 cm^3 鲜牛奶，注入 250 cm^3 锥形瓶中，用 50 cm^3 纯净水稀释，加入 1%酚酞指示剂 5 滴，混匀。用 0.1 $mol \cdot dm^{-3}$ 氢氧化钠标准溶液滴定，不断摇动，直至微红色在 1 min 内不消失为止。重复三次，计算酸度（以每 100 cm^3 牛乳消耗的 NaOH 克数表示）。或量取 250 cm^3 酸牛乳，充分搅拌均匀，然后准确称取此酸牛乳 15～20 g 于 250 cm^3 锥形瓶中，加入 50 cm^3 热至 40℃的去离子水（摇匀），加 0.1%酚酞指示剂 3 滴，用 0.1 $mol \cdot dm^{-3}$ NaOH 标准溶液滴至微红色在 30 s 内不消失，即为终点。重复三次，计算酸度（以每 100 g 酸牛奶消耗的 NaOH 的克数表示）。

（2）酸度计法　按照 pH 计的使用说明用标准缓冲溶液 pH＝6.88 定位，用去离子水洗净电极，擦干。取 50 cm^3 鲜牛奶放入 100 cm^3 烧杯中，在酸度计上测定 pH 值。

2. 钙含量的测定方法

（1）EDTA 溶液的标定（用标准锌溶液标定）

（2）钙含量的测定　准确移取牛奶试样 25 cm^3 三份，分别加入 250 cm^3 锥形瓶中，加入去离子水 25 cm^3，加入 20% NaOH 溶液 2 cm^3，摇匀，再加入 10～15 滴铬蓝黑 R 指示剂，用标准 EDTA 滴定至溶液由粉红色至明显灰蓝色，平行测定三次，计算牛奶中的含钙量，以每 100 cm^3 牛奶含钙的毫克数表示。将纯鲜牛奶换成高钙牛奶，重复做三次，计算高钙牛奶中的含钙量。

$$\mathrm{Ca/mg} \cdot 100\ \mathrm{cm}^{-3} = \frac{c_{\mathrm{EDTA}} V_{\mathrm{EDTA}} \times 40}{25} \times 100$$

【注意事项】

1. 滴定管使用前一定要润洗，否则测量结果不准确。

2. 摇瓶时，应微动腕关节，使溶液向一个方向做圆周运动，但是勿使瓶口接触滴定管，溶液也不得溅出。

【实验记录及结果】

牛奶酸度的测定，见表 1-35。牛奶钙含量的测定，见表 1-36。

表 1-35 牛奶酸度的测定

牛奶酸度的测定	°T/g·100 cm^{-3}	°T/g·100 g^{-1}	pH
1			
2			
3			
酸度平均值			

表 1-36 牛奶钙含量的测定

牛奶钙含量的测定	鲜牛奶 Ca/(mg·100 cm^{-3})	高钙牛奶 Ca/(mg·100 cm^{-3})
1		
2		
3		
钙含量平均值		

实验 26 由石灰石制备过氧化钙

【实验目的】

1. 掌握过氧化钙制备的原理和方法。
2. 了解石灰石综合利用的意义。
3. 巩固无机制备的基本操作。

【预习与思考】

1. 预习趁热过滤和重结晶的操作。
2. 思考下列问题：

(1) 用 6 mol·dm^{-3} 盐酸溶解石灰石，为何要缓慢加入？

(2) 过氧化钙生成的反应为何要在冰水浴内进行？

(3) 根据实验过程，分析产品中可能会有哪些杂质？

【实验原理】

石灰石的主要成分是碳酸钙，同时还含有一定量的 $MgCO_3$、SiO_2 及铁等杂质。实验中首先加 HCl 溶解石灰石，溶液中除了 Ca^{2+} 外，还有 Fe^{3+}、Mg^{2+} 等，通过调节 pH 至 10，可将 Fe^{3+}、Mg^{2+} 等沉淀为氢氧化物而除去，在滤液中控制低温和碱性条件，加入过氧化氢可制得过氧化钙（$CaO_2 \cdot 8H_2O$）。

$$CaCO_3 + 2HCl = CaCl_2 + CO_2 + H_2O$$

$$CaCl_2 + H_2O_2 + 2NH_3 \cdot H_2O + 6H_2O = CaO_2 \cdot 8H_2O + 2NH_4Cl$$

从溶液中制得的过氧化钙含有结晶水，其结晶水的含量随制备方法不同而有所变化，最高可达 8 个结晶水。含结晶水的过氧化钙呈白色，在 0℃时是稳定的，在 120℃下会脱水生成米黄色或白色的无水过氧化钙。

【仪器和药品】

烘箱，电子台秤，电陶炉，烧杯，表面皿，减压过滤装置，滤纸，pH 试纸。

石灰石（s），盐酸（6 mol·dm^{-3}），H_2O_2（3%，15%），氨水（1∶1）。

【实验步骤】

1. 称取 5.0 g 石灰石至 100 cm^3 烧杯中，慢慢加入 17～18 cm^3 6 $mol\cdot dm^{-3}$ HCl 溶液，盖上表面皿，待反应减慢后，溶液加热至反应完全。加入 20 cm^3 去离子水稀释，然后滴加 3 cm^3 3% H_2O_2 溶液，充分搅拌后，用 1∶1 氨水调节溶液的 pH 值至 10，将溶液加热煮沸约 10 min，趁热过滤，收集滤液（1）。

2. 另外量取 15 cm^3 15%的过氧化氢，加入盛有 15 cm^3 1∶1 氨水的小烧杯中，置于冰水浴中冷却。待溶液充分冷却后，在剧烈搅拌下将上述滤液（1）逐滴滴入，滴加时溶液置于冰水浴内。滴加完后，继续在冰水浴内放置 20 min，观察白色的过氧化钙晶体的生成。抽滤，用少量冰水洗涤 2～3 次，将晶体抽干。

3. 将抽干后的过氧化钙晶体放在表面皿上，置于烘箱内，在 120℃下烘 30 min，取出冷却，称重，计算产率。

【注意事项】

1. 使用台秤时不要把药品撒到台秤上，保证台秤的整洁。

2. 本实验需要用到电陶炉，加热时温度较高，请同学谨慎小心操作。

【实验记录及结果】

过氧化钙的制备，见表 1-37。

表 1-37 过氧化钙的制备

产品	理论产量/g	实际产量/g	产率/%
过氧化钙 CaO_2			

实验 27 碱式碳酸铜的制备（设计）

【实验目的】

1. 通过查阅资料了解碱式碳酸铜的制备原理和方法。

2. 通过实验探求出制备碱式碳酸铜的反应物配比和合适温度。

【预习与思考】

1. 预习碱式碳酸铜的制备方法。

2. 思考下列问题：

（1）哪些铜盐适合制备碱式碳酸铜？写出硫酸铜溶液和碳酸钠溶液反应的化学方程式。

（2）除反应物的配比和反应温度对本实验的结果有影响外，反应物的种类、反应进行的时间等是否对产物的质量也会有影响？

【实验原理】

碱式碳酸铜[$Cu_2(OH)_2CO_3$]为天然孔雀石的主要成分，呈暗绿色或淡蓝绿色，加热至 200℃即分解，在水中的溶解度很小，新制备的试样在水中很容易分解。碱式碳酸铜可由硫酸铜与碳酸钠反应制得，其反应方程式为：

$$2CuSO_4+2Na_2CO_3+H_2O \xlongequal{} Cu_2(OH)_2CO_3\downarrow+2Na_2SO_4+CO_2\uparrow$$

抽滤，得 $Cu(OH)_2\cdot CuCO_3$ 暗绿色晶体。

【仪器和药品】

由学生自行列出所需仪器、药品、材料的清单，经指导教师检查认可，方可进行实验。

【实验步骤】

1. 反应物溶液的配制

配制 0.5 $mol \cdot dm^{-3}$ 的 $CuSO_4$ 溶液和 0.5 $mol \cdot dm^{-3}$ 的 Na_2CO_3 溶液各 100 cm^3。

2. 反应条件的探究

(1) $CuSO_4$ 和 Na_2CO_3 溶液的合适配比　于四支试管内，均加入 2.0 cm^3 0.5 $mol \cdot dm^{-3}$ $CuSO_4$ 溶液，再分别取 0.5 $mol \cdot dm^{-3}$ Na_2CO_3 溶液 1.6 cm^3、2.0 cm^3、2.4 cm^3 及 2.8 cm^3 依次加入另外四支编号的试管中。将八支试管放在 75℃的恒温水浴锅中。几分钟后，依次将 $CuSO_4$ 溶液分别倒入 Na_2CO_3 溶液中，振荡试管，比较各试管中沉淀生成的速度、沉淀的量及颜色，从中得出两种反应物溶液以何种比例相混合为最佳。

(2) 反应温度的确定　在三支试管中，各加入 2.0 cm^3 0.5 $mol \cdot dm^{-3}$ $CuSO_4$ 溶液。另取三支试管，各加入由上述实验得到的合适用量的 0.5 $mol \cdot dm^{-3}$ Na_2CO_3 溶液。从这两列试管中各取一支，将它们分别置于室温、50℃、100℃的恒温水浴锅中，数分钟后将 $CuSO_4$ 溶液倒入 Na_2CO_3 溶液中，振荡并观察现象，由实验结果确定制备反应的合适温度。

3. 碱式碳酸铜的制备

取 60 cm^3 0.5 $mol \cdot dm^{-3}$ $CuSO_4$ 溶液，根据上面实验确定的反应物合适比例及适宜温度制取碱式碳酸铜。待沉淀完全后，用去离子水沉淀数次，直到沉淀中不含 SO_4^{2-} 为止，吸干。

将所得产品在烘箱中于 100℃烘干，待冷至室温后，称重并计算产率。

【注意事项】

本实验需要用到恒温水浴锅，加热时温度较高，请同学谨慎小心操作。

【实验记录及结果】

碱式碳酸铜的制备实验记录及结果，见表 1-38。

表 1-38　碱式碳酸铜的制备

产品	理论产量/g	实际产量/g	产率/%
$Cu(OH)_2 \cdot CuCO_3$			

实验 28　三氯化六氨合钴（Ⅲ）配合物的制备

【实验目的】

1. 掌握三氯化六氨合钴(Ⅲ)的制备方法。
2. 了解钴(Ⅱ)、钴(Ⅲ)化合物的性质。

【预习与思考】

1. 预习趁热过滤和重结晶的操作。
2. 思考下列问题：

(1) 制备过程中，在水浴上加热 20 min 的目的是什么？能否加热至沸腾？

(2) 制备过程中为什么要加入 7 cm^3 浓盐酸？

（3）要使$[Co(NH_3)_6]Cl_3$合成产率高，你认为哪些步骤是比较关键的？为什么？

【实验原理】

在水溶液中，电极反应$E^{\ominus}(Co^{3+}/Co^{2+})=1.84\ V$，所以在一般情况下，Co(Ⅱ)在水溶液中是稳定的，不易被氧化为Co(Ⅲ)，相反，Co(Ⅲ)很不稳定，容易氧化放出氧气$[E^{\ominus}(Co^{3+}/Co^{2+})=1.84\ V>E^{\ominus}(O_2/H_2O)=1.229\ V]$。但在有配合剂氨水存在时，由于形成相应的配合物$[Co(NH_3)_6]^{3+}$和$[Co(NH_3)_6]^{2+}$，电极电势$E^{\ominus}[Co(NH_3)_6^{3+}/Co(NH_3)_6^{2+}]=0.1\ V$，因此，Co(Ⅱ)很容易被氧化为Co(Ⅲ)，得到较稳定的Co(Ⅲ)配合物。实验中采用H_2O_2作氧化剂，在大量氨和氯化铵存在下，选择活性炭作为催化剂将Co(Ⅱ)氧化为Co(Ⅲ)，来制备三氯化六氨合钴(Ⅲ)配合物，反应式为：

$$\underset{\text{粉红}}{2[Co(H_2O)_6]Cl_2}+10NH_3+2NH_4Cl+H_2O_2\xrightarrow{\text{活性炭}}\underset{\text{橙黄}}{2[Co(NH_3)_6]Cl_3}+14H_2O$$

将产物溶解在酸性溶液中，以除去其中混有的催化剂，抽滤除去活性炭，然后在浓盐酸存在下使产物结晶析出。

三氯化六氨合钴(Ⅲ)：橙黄色单斜晶体。

钴(Ⅱ)与氯化铵和氨水作用，经氧化后一般可生成三种产物：紫红色的二氯化一氯五氨合钴$[Co(NH_3)_5Cl]Cl_2$晶体、砖红色的三氯化五氨一水合钴$[Co(NH_3)_5H_2O]Cl_3$晶体、橙黄色的三氯化六氨合钴$[Co(NH_3)_6]Cl_3$晶体。控制不同的条件可得到不同的产物，若本实验温度控制不好，很可能有紫红色或砖红色产物出现。293 K时，$[Co(NH_3)_6]Cl_3$在水中的溶解度为$0.26\ mol\cdot dm^{-3}$，在过量强碱存在且煮沸的条件下易分解：

$$2[Co(NH_3)_6]Cl_3+6NaOH\xrightarrow{\text{煮沸}}2Co(OH)_3+12NH_3\uparrow+6NaCl$$

【仪器和药品】

电子台秤，烧杯，电陶炉，恒温水浴锅，锥形瓶，量筒，研钵，减压过滤装置，冰。

氯化铵(s)，氯化钴(s)，活性炭(s)，浓氨水(l)，盐酸（浓，$6\ mol\cdot dm^{-3}$），H_2O_2(6%)，无水乙醇(l)。

【实验步骤】

1. 称取4 g NH_4Cl和6 g研细的$CoCl_2\cdot 6H_2O$置于锥形瓶中，加入7 cm^3去离子水，加热使样品溶解，此时溶液变为蓝色。

2. 向溶液中加入0.3 g活性炭，冷却后，加入14 cm^3浓氨水，进一步用冰水浴冷却到10℃以下，缓慢加入14 cm^3 6% H_2O_2溶液。

3. 在恒温水浴锅中加热至60℃，恒温20 min并适当摇动锥形瓶。取出，先用自来水冷却，再用冰水浴冷却，即有晶体析出。

4. 用布氏漏斗抽滤，所得沉淀溶于含有2 cm^3浓盐酸的50 cm^3热水中，趁热过滤除去活性炭，向滤液中缓慢加入7 cm^3浓盐酸，以冰水冷却，即有大量橙黄色晶体析出。抽滤，用少量无水乙醇洗涤，抽干，称量，计算产率。

【注意事项】

要严格控制每一步的反应温度，因为温度不同，会生成不同的产物。

【实验记录及结果】

三氯化六氨合钴(Ⅲ)配合物的制备，见表1-39。

表 1-39 三氯化六氨合钴(Ⅲ)配合物的制备

产品	理论产量/g	实际产量/g	产率/%
$[Co(NH_3)_6]Cl_3$			

实验 29 硝酸钾的制备和提纯

【实验目的】

1. 观察验证盐类溶解度与温度的关系。
2. 利用物质溶解度随温度变化的差别，学习用转化法制备硝酸钾。
3. 熟悉溶解、减压抽滤操作，练习用重结晶法提纯物质。

【预习与思考】

1. 预习趁热过滤和重结晶的操作。
2. 思考下列问题：

(1) 溶液沸腾后为什么温度高达 100℃以上？

(2) 能否将除去氯化钠后的滤液直接冷却制备硝酸钾？

【实验原理】

本实验是采用转化法由 $NaNO_3$ 和 KCl 来制备硝酸钾，其反应如下：

$$NaNO_3 + KCl \rightleftharpoons NaCl + KNO_3$$

该反应是可逆的，因而可以改变反应条件使反应向右进行。

表 1-40 $NaNO_3$、KCl、NaCl、KNO_3 在不同温度下的溶解度 单位：(g/100 g 水)

盐	温度/℃							
	0	10	20	30	40	60	80	100
KNO_3	13.3	20.9	31.6	45.8	63.9	110.0	169	246
KCl	27.6	31.0	34.0	37.0	40.0	45.5	51.1	56.7
$NaNO_3$	73	80	88	96	104	124	148	180
NaCl	35.7	35.8	36.0	36.3	36.6	37.3	38.4	39.8

由表 1-40 的数据可以看出，反应体系中四种盐的溶解度在不同温度下的差别是非常显著的。氯化钠的溶解度随温度的升高变化不大，而硝酸钾的溶解度随温度的升高却迅速增大。因此，将一定量的固体硝酸钠和氯化钾在较高温度溶解后，加热浓缩时，由于氯化钠的溶解度增加很少，随着浓缩，溶剂水减少，氯化钠晶体首先析出。而硝酸钾的溶解度增加很多，它达不到饱和，所以不会析出。趁热减压抽滤，可除去氯化钠晶体。然后将此滤液冷却至室温，硝酸钾因溶解度急剧下降而析出。过滤后可得含少量氯化钠杂质的硝酸钾晶体。再经过重结晶提纯，可得硝酸钾纯品。

硝酸钾产品中的杂质氯化钠，可利用氯离子和银离子生成氯化银白色沉淀来检验。

【仪器和药品】

烧杯，试管，试管架，烘箱，温度计（200℃），减压过滤装置，电子台秤，电陶炉，玻璃棒，量筒。

氯化钾，硝酸钠（工业级或试剂级），硝酸银（0.1 $mol \cdot dm^{-3}$）。

【实验步骤】

1. 称取 10 g 硝酸钠和 8.5 g 氯化钾固体，倒入 100 cm^3 烧杯中，加入 20 cm^3 去离子水。

2. 将盛有原料的烧杯放在电陶炉上加热，并不断搅拌至杯内固体全溶，记下烧杯中液面的位置。当溶液沸腾时，用温度计测量溶液的温度，并记录。

3. 继续加热并不断搅拌溶液，当加热至杯内溶液剩下原有体积的 2/3 时，已有氯化钠析出，趁热快速减压抽滤（布氏漏斗在沸水中或烘箱中预热）。

4. 将滤液转移至烧杯中，并用 5 cm^3 热的去离子水分数次洗涤吸滤瓶，洗液转入盛滤液的烧杯中，记下此时烧杯中液面的位置。加热至滤液体积只剩原有体积的 3/4 时，冷却至室温，观察晶体状态。用减压抽滤把硝酸钾晶体尽量抽干，得到的产品为粗产品，称量。

5. 除留下绿豆粒大小的晶体供纯度检验外，按粗产品∶去离子水＝2∶1（质量比）将粗产品溶于去离子水中，加热，搅拌，待晶体全部溶解后停止加热。待溶液冷却至室温后抽滤，得到纯度较高的硝酸钾晶体，称量。

6. 纯度检验。分别取绿豆粒大小的粗产品和一次重结晶得到的产品放入两支小试管中，各加入 2 cm^3 去离子水配成溶液。在溶液中分别滴入 0.1 $mol \cdot dm^{-3}$ 硝酸银溶液 2 滴，观察现象，进行对比，重结晶后的产品溶液应为澄清。若重结晶后的产品中仍然检验出氯离子，则产品应再次重结晶。

【注意事项】

第 3 步过滤一定要趁热快速减压抽滤，这就要求布氏漏斗在沸水中或烘箱中预热。

【实验记录及结果】

硝酸钾的制备和提纯，见表 1-41。

表 1-41　硝酸钾的制备和提纯

产品	理论产量/g	粗产品产量/g	提纯产品产量/g	产率/%
KNO_3				

实验 30　过氧化钙的制备及含量分析（综合）

【实验目的】

1. 掌握制备过氧化钙的原理及方法。

2. 掌握过氧化钙含量的测定方法。

3. 巩固无机制备及化学分析的基本操作。

【预习与思考】

1. 预习酸碱滴定的操作。

2. 思考下列问题：

（1）所得产物中的主要杂质是什么？如何提高产品的产率与纯度？

（2）$KMnO_4$ 是氧化还原滴定中最常用的氧化剂之一，该滴定通常在酸性溶液中进行，一般常用稀 H_2SO_4。本实验用稀 HCl 代替稀 H_2SO_4 对测定结果有无影响？如何证实？

【实验原理】

过氧化钙为白色或淡黄色结晶粉末，室温下稳定，加热到 300℃可分解为氧化钙及氧气，难溶于水，可溶于稀硫酸生成过氧化氢。它广泛用作杀菌剂、防腐剂、解酸剂、油类漂白剂、种子及谷物的无毒消毒剂，还用于食品、化妆品等作为添加剂。

过氧化钙可用氯化钙与过氧化氢及碱反应，或氢氧化钙、氯化铵与过氧化氢反应来制取。在水溶液中析出的为 $CaO \cdot 8H_2O$，再于 150℃左右脱水干燥，即得产品。

过氧化钙含量分析可利用在酸性条件下，过氧化钙与酸反应生成过氧化氢，再用标准 $KMnO_4$ 溶液滴定，从而测得其质量分数。

$$CaCl_2 \cdot 6H_2O + H_2O_2 + 2NH_3 \cdot H_2O = CaO_2 \cdot 8H_2O + 2NH_4Cl$$

$$CaO_2 + H_2SO_4 = CaSO_4 + H_2O_2$$

$$2MnO_4^- + 5H_2O_2 + 6H^+ = 2Mn^{2+} + 5O_2 \uparrow + 8H_2O$$

$$w(CaO_2) = \frac{\frac{5}{2}c(KMnO_4)V(KMnO_4) \times 0.07208}{m_s} \times 100\%$$

【仪器和药品】

分析天平，酸式滴定管，烧杯，锥形瓶，减压过滤装置，滤纸，冰。

$CaCl_2 \cdot 6H_2O$ (s)，H_2O_2[w(质量分数)为 30%]，$NH_3 \cdot H_2O$(浓)，H_2SO_4 (2 $mol \cdot dm^{-3}$)，$MnSO_4$ (0.05 $mol \cdot dm^{-3}$)，$KMnO_4$ 标准溶液 (0.02 $mol \cdot dm^{-3}$)。

【实验步骤】

1. 过氧化钙制备

称取 $CaCl_2 \cdot 6H_2O$ 11 g，用 10 cm^3 纯净水溶解，加入 25 cm^3 质量分数为 30%的 H_2O_2 溶液，边搅边滴入 5 cm^3 浓 $NH_3 \cdot H_2O$，最后，再加入 25 cm^3 冷水，置冰水中冷却 30min。过滤，用少量冷水洗涤晶体 2～3 次，晶体抽干后，取出置于烘箱内在 150℃下烘 0.5～1 h。冷却后称重，计算产率。

2. 过氧化钙含量分析

准确称取 0.15 g 产物两份，分别置于 250 cm^3 锥形瓶中，各加入 50 cm^3 去离子水和 15 cm^3 2 $mol \cdot dm^{-3}$ H_2SO_4 溶液使其溶解，再加入 1 cm^3 0.05 $mol \cdot dm^{-3}$ $MnSO_4$ 溶液，用 0.02 $mol \cdot dm^{-3}$ $KMnO_4$ 标准溶液滴定至溶液呈微红色，30 s 内不褪色即为终点。计算 CaO_2 的质量分数。若测定值相对误差大于 0.2%，则需再测一份。

【注意事项】

1. 过氧化钙的制备中，滴加浓 $NH_3 \cdot H_2O$ 后应置于冰水中冷却 30 min。
2. 所制得的晶体要用少量冷水洗涤。

【实验记录及结果】

过氧化钙的制备及含量分析，见表 1-42。

表 1-42 过氧化钙的制备及含量分析

产品	理论产量/g	实际产量/g	产率/%	$w(CaO_2)$/%
CaO_2				

实验 31 配位化合物的生成和性质

【实验目的】

1. 了解配离子的生成和组成。

2. 掌握配离子和简单离子的区别。

3. 了解配位平衡与沉淀溶解平衡间的相互转化。

4. 初步掌握利用沉淀反应和配位溶解反应分离鉴定混合阳离子的方法和离心机的使用。

【预习与思考】

1. 预习配位平衡的原理。

2. 思考下列问题：

(1) 通过实验总结简单离子形成配离子后，哪些性质会发生改变？

(2) 影响配位平衡的主要因素是什么？

(3) Fe^{3+} 可以将 I^- 氧化为 I_2，而自身被还原成 Fe^{2+}，但 Fe^{2+} 的配离子$[Fe(CN)_6]^{4-}$ 又可以将 I_2 还原成 I^-，而自身被氧化成$[Fe(CN)_6]^{3-}$，如何解释此现象？

【实验原理】

配位化合物分子一般是由中心离子、配位体和外界所构成的。中心离子和配位体组成配位离子（内界），例如：

$$[Cu(NH_3)_4]SO_4 \longrightarrow [Cu(NH_3)_4]^{2+} + SO_4^{2-}\text{(完全解离)}$$

$$[Cu(NH_3)_4]^{2+} \rightleftharpoons Cu^{2+} + 4NH_3\text{(部分解离)}$$

$[Cu(NH_3)_4]^{2+}$ 称为配位离子（内界），其中 Cu^{2+} 为中心离子，NH_3 为配位体，SO_4^{2-} 为外界。

配位化合物中的内界和外界可以用实验确定。配位离子的解离平衡也是一种动态平衡，能向着生成更难解离或更难溶解的物质的方向移动。

配位反应常用来分离和鉴定某些离子。例如，欲使 Cu^{2+}、Fe^{3+}、Ba^{2+} 混合离子完全分离，具体过程如下：

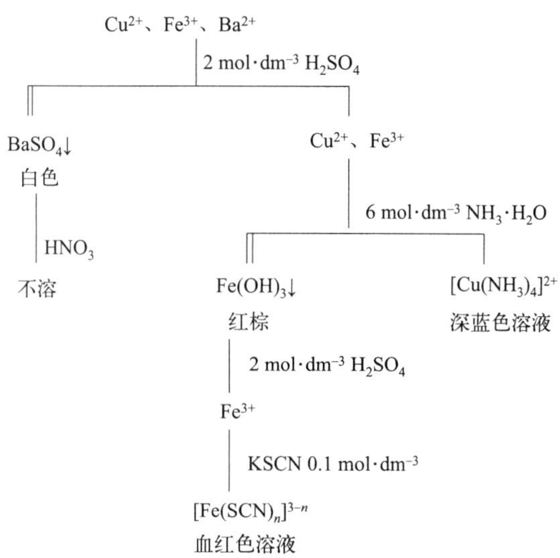

【仪器和药品】

离心机，普通试管，离心试管，烧杯，滴管，pH 试纸。

NaOH（2 $mol \cdot dm^{-3}$），$NH_3 \cdot H_2O$（6 $mol \cdot dm^{-3}$），$AgNO_3$（0.1 $mol \cdot dm^{-3}$），$CuSO_4$（0.1 $mol \cdot dm^{-3}$），$Al(NO_3)_3$（0.1 $mol \cdot dm^{-3}$），$K_3[Fe(CN)_6]$（0.1 $mol \cdot dm^{-3}$），$FeCl_3$

(0.1 $mol\cdot dm^{-3}$)，NaBr (0.1 $mol\cdot dm^{-3}$)，KSCN (0.1 $mol\cdot dm^{-3}$)，NaI (0.1 $mol\cdot dm^{-3}$)，NaCl (0.1 $mol\cdot dm^{-3}$)，$BaCl_2$ (1 $mol\cdot dm^{-3}$)，NH_4F (4 $mol\cdot dm^{-3}$)，$Na_2S_2O_3$ (1 $mol\cdot dm^{-3}$)。

【实验步骤】

1. 配位化合物的生成和组成

在两支试管中各加入 10 滴 0.1 $mol\cdot dm^{-3}$ $CuSO_4$ 溶液，然后分别加入 2 滴 1 $mol\cdot dm^{-3}$ $BaCl_2$ 溶液和 2 滴 2 $mol\cdot dm^{-3}$ NaOH 溶液，观察生成的沉淀（分别是检验 SO_4^{2-} 和 Cu^{2+} 的方法）。

另取 10 滴 0.1 $mol\cdot dm^{-3}$ $CuSO_4$ 溶液加入 6 $mol\cdot dm^{-3}$ $NH_3\cdot H_2O$ 至生成深蓝色溶液，然后将深蓝色溶液分盛在两支试管中，分别加入 2 滴 1 $mol\cdot dm^{-3}$ $BaCl_2$ 溶液和 2 滴 2 $mol\cdot dm^{-3}$ NaOH 溶液，观察是否都有沉淀产生。

根据上面实验的结果，说明 $CuSO_4$ 和 NH_3 所形成的配位化合物的组成。

2. 简单离子与配位离子的比较及配位离子的颜色

(1) 在一支试管中滴入 5 滴 0.1 $mol\cdot dm^{-3}$ $FeCl_3$ 溶液，加入 1 滴 0.1 $mol\cdot dm^{-3}$ KSCN 溶液（这是检验 Fe^{3+} 的方法），观察现象，然后将溶液用少量水稀释，逐滴加入 4 $mol\cdot dm^{-3}$ NH_4F 溶液，观察现象并解释。

(2) 以铁氰化钾 ($K_3[Fe(CN)_6]$) 溶液代替 $FeCl_3$ 溶液进行上述实验，观察现象是否与上述现象相同并解释。

3. 难溶化合物与配位离子的相互转化

往一支试管中加入 5 滴 0.1 $mol\cdot dm^{-3}$ $AgNO_3$ 溶液，然后按下列次序进行实验，并写出每一步骤反应的化学方程式。

(1) 加入 1～2 滴 0.1 $mol\cdot dm^{-3}$ NaCl 溶液至生成白色沉淀。

(2) 滴加 6 $mol\cdot dm^{-3}$ $NH_3\cdot H_2O$ 溶液，边滴边振荡至沉淀刚溶解。

(3) 加入 1～2 滴 0.1 $mol\cdot dm^{-3}$ NaBr 溶液至生成浅黄色沉淀。

(4) 滴加 1 $mol\cdot dm^{-3}$ $Na_2S_2O_3$ 溶液，边滴边振荡至沉淀刚溶解。

(5) 加入 1～2 滴 0.1 $mol\cdot dm^{-3}$ NaI 溶液至生成黄色沉淀。

4. 小设计

混合离子分离鉴定：取 Ag^+、Cu^{2+}、Al^{3+} 的混合溶液 15 滴进行离子分离鉴定，画出分离鉴定过程示意图。

实验 32 具有异构发光变色的多核铜（Ⅰ）配合物的制备及铜含量的测定（综合）

【实验目的】

1. 掌握$[Cu(CH_3CN)_4]ClO_4$ 的制备。
2. 掌握目标物$[Cu_x(dppy)_y(CH_3CN)_{x/2}](ClO_4)_x$ 的制备。
3. 掌握目标产物中铜含量的测定。

【预习与思考】

1. 预习重结晶和 EDTA 滴定的操作。

2. 思考下列问题：

(1) 锌标准溶液如何配制？

(2) 合成目标产物时，铜粉的作用是什么？

【实验原理】

Cu(Ⅰ) 配合物具有多变的结构和优良的光、电及催化等物理和化学性能，在发光材料、化学传感、生物探针和催化等方面具有广泛的应用，近年来在化学科学研究中备受瞩目。

本实验先用 $Cu(ClO_4)_2 \cdot 6H_2O$ 和铜粉在乙腈中反应得到$[Cu(CH_3CN)_4]ClO_4$，后利用$[Cu(CH_3CN)_4]ClO_4$ 与二苯基-2-吡啶膦（dppy）在乙腈溶液中反应，得到目标产物$[Cu_x(dppy)_y(CH_3CN)_{x/2}](ClO_4)_x$。目标产物在 365 nm 紫外线的激发下发射强的蓝光，而在甲醇蒸气中或含甲醇的溶剂中重结晶，结构会发生改变，导致发光颜色变为绿色。

Cu(Ⅰ) 含量难以用常规的化学滴定分析方法测定，因而必须将 Cu(Ⅰ) 氧化为 Cu(Ⅱ) 后再测定。Cu(Ⅱ) 能与 EDTA 形成较稳定的蓝色配合物；在 pH=2～12 的溶液中 Cu(Ⅱ) 还能与黄色的 1-(2-吡啶偶氮)-2-萘酚(PAN)指示剂形成紫红色的配合物，它们的 $\lg K_f^\ominus$ 分别为 18.80 和 6.70。本实验将目标产物$[Cu_x(dppy)_y(CH_3CN)_{x/2}](ClO_4)_x$ 溶于浓硝酸，在一定的 pH 条件下，以 PAN 为指示剂，EDTA 为标准溶液滴定，测定产物中铜的含量，进而推算出目标产物中的 $y:x$ 值。

【仪器和药品】

磁力搅拌器，铁架台，白陶瓷板，蝴蝶夹，安全瓶，移液管，滴定管，电子分析天平，抽滤滤纸，滤纸条，磨口塞（19#），玻璃滴管，搅拌磁子，吸磁棒，不锈钢双头刮刀，玻璃棒，圆底烧瓶，玻璃板漏斗（30 cm^3），烧杯，容量瓶，锥形瓶，量筒，旋转蒸发仪，循环水泵，电子台秤，紫外手电筒（365 nm），超声仪。

六水合高氯酸铜(s)，乙腈(l)，二苯基-2-吡啶膦[dppy,(s)]，铜粉(s)，无水乙醚(l)，混合溶剂($V_{乙腈}:V_{乙醚}=1:3$)，浓硝酸(l)，醋酸钠溶液(20%)，1-(2-吡啶偶氮)-2-萘酚(PAN)溶液(0.2%乙醇溶液)，盐酸溶液(体积比 1∶1)，氧化锌(s)，EDTA 溶液($0.01mol \cdot dm^{-3}$)，二甲酚橙溶液(0.2%)，六亚甲基四胺溶液(20%)。

【实验步骤】

1. $[Cu(CH_3CN)_4]ClO_4$ 的制备

往干燥的 100 cm^3 圆底烧瓶中依次加入约 1.1 g $Cu(ClO_4)_2 \cdot 6H_2O$、40 cm^3 乙腈和过量 2/3 的铜粉（在实验报告中写出反应方程式，计算需加入的铜粉量），塞好瓶塞，室温搅拌反应至溶液基本无色。用玻璃板漏斗将反应液快速抽滤到干燥的 100 cm^3 圆底烧瓶中，用旋转蒸发仪减压蒸除乙腈，得到$[Cu(CH_3CN)_4]ClO_4$ 固体。

2. $[Cu_x(dppy)_y(CH_3CN)_{x/2}](ClO_4)_x$ 的制备

往干燥的 100 cm^3 圆底烧瓶中按正确的顺序加入 20 cm^3 乙腈、1.46 g dppy、1.17 g $[Cu(CH_3CN)_4]ClO_4$ 和 0.20 g 铜粉，塞好瓶塞，室温搅拌反应 1.5 h。反应结束后，将烧瓶中的反应液用玻璃板漏斗抽滤至干燥的 100 cm^3 圆底烧瓶中，旋转蒸发浓缩溶液至约为 5 cm^3，滴加无水乙醚至白色浑浊。静置使浑浊溶液充分结晶，用倾析法弃去上清液，再用适当溶剂洗涤晶体，置于室温下晾干，超声使晶体从瓶壁上脱落后称重。

3. 产物中铜含量的测定

(1) 0.01mol·dm^{-3}锌标准溶液的配制

准确称取一定量的基准试剂 ZnO 于 100 cm^3 小烧杯中，先加入少量水润湿，再滴加盐酸溶液（体积比 1∶1）使 ZnO 完全溶解，然后将溶液定量转移至 250 cm^3 容量瓶中，稀释至刻度并摇匀，计算锌标准溶液的摩尔浓度。

(2) EDTA 溶液的标定

准确吸取 25.00 cm^3 上述锌标准溶液于 250 cm^3 锥形瓶中，并加入 25 cm^3 去离子水，2～3 滴二甲酚橙（0.2%）指示剂，滴加六亚甲基四胺（20%）至溶液呈稳定的紫红色后再多加 3 cm^3，用 EDTA 标准溶液滴定至终点。

平行滴定两份，计算 EDTA 溶液的摩尔浓度及相对误差。

(3) 目标产物中铜含量的测定

准确称取 0.14～0.16 g 目标产物$[Cu_x(dppy)_y(CH_3CN)_{x/2}](ClO_4)_x$ 于 250 cm^3 干燥的锥形瓶中，先加入约 1 cm^3 浓硝酸使样品完全溶解（用 365 nm 紫外手电筒确认），再加入约 50 cm^3 去离子水，然后加入 10 cm^3 醋酸钠（20%）溶液和 6～8 滴 PAN（0.2%）指示剂，用 EDTA 标准溶液滴定至终点。

平行滴定两份，计算产物中铜的质量分数及相对误差。根据铜含量，推出 $y:x$ 的值。

【注意事项】

1. 在实验报告上记录称量数据。
2. 在实验报告上记录滴定读数及滴定终点判断依据。

【实验记录及结果】

1. 设计合成目标产物$[Cu_x(dppy)_y(CH_3CN)_{x/2}](ClO_4)_x$ 的实验替代方案。
2. 根据计算所得的 $y:x$ 值推求目标产物的化学式，并画出其可能的结构图。
3. 已知 $\lg K^{\ominus}_{CuY^{2-}}=18.80$，根据表 1-43 EDTA 的酸效应系数，若待测 Cu(Ⅱ) 浓度为 0.010 mol·dm^{-3}，试计算 EDTA 滴定 Cu(Ⅱ) 的最低 pH 条件。

表 1-43 EDTA 的酸效应系数

pH	$\lg\alpha_{Y(H)}$	pH	$\lg\alpha_{Y(H)}$	pH	$\lg\alpha_{Y(H)}$
0.0	23.64	3.8	8.85	7.5	2.78
0.4	21.32	4.0	8.44	8.0	2.27
0.8	19.08	4.4	7.64	8.5	1.77
1.0	18.01	4.8	6.84	9.0	1.28
1.4	16.02	5.0	6.45	9.5	0.83
1.8	14.27	5.4	5.69	10.0	0.45
2.0	13.51	5.8	4.98	10.6	0.16
2.4	12.19	6.0	4.65	11.0	0.07
2.8	11.09	6.4	4.06	11.6	0.02
3.0	10.60	6.8	3.55	12.0	0.01
3.4	9.70	7.0	3.32	13.0	0.00

实验 33　聚合氯化铁絮凝剂的制备（综合）

【实验目的】

1. 通过聚合氯化铁絮凝剂的制备，了解合成铁基絮凝剂的原理和方法。
2. 学习综合科技文献资料的方法。
3. 通过絮凝等理论知识，处理高浊度废水。

【预习与思考】

1. 预习絮凝剂的作用机理。
2. 絮凝剂加入过多或者过少对浊度有什么影响？

【实验原理】

Fe^{3+} 在水溶液中很容易水解，水解过程很复杂，首先，发生逐级水解：

$$[Fe(H_2O)_6]^{3+} + H_2O \rightleftharpoons [Fe(OH)(H_2O)_5]^{2+} + H_3O^+$$

$$[Fe(OH)(H_2O)_5]^{2+} + H_2O \rightleftharpoons [Fe(OH)_2(H_2O)_4]^+ + H_3O^+$$

随着水解的进行，同时发生各种类型的缩合反应，生成双核羟基配合物，如：

$$[Fe(OH)(H_2O)_5]^{2+} + [Fe(H_2O)_6]^{3+} \rightleftharpoons [(H_2O)_5Fe\text{-}OH\text{-}Fe(H_2O)_5]^{5+} + H_2O$$

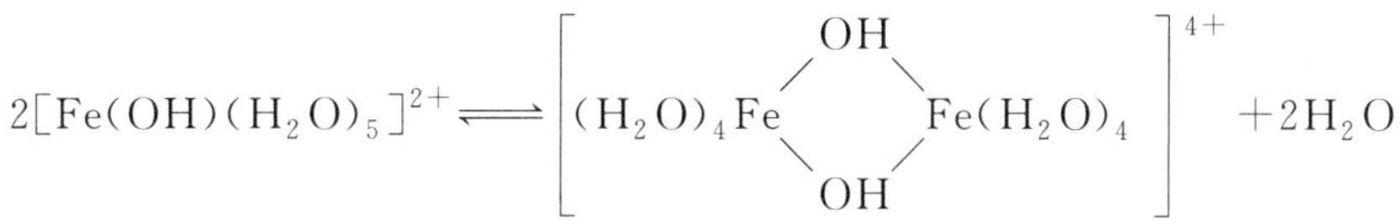

随着 pH 值的增大，水解程度增大，聚合程度增大，当 pH＝2～3 时形成聚合度大于 2 的多聚体，最终导致红棕色胶状水合三氧化二铁沉淀，在三氯化铁溶液中加入碱性物质促进水解与聚合，在一定条件下，可制得稳定的聚合氯化铁高分子聚体，其化学式为 $Fe_n(OH)_mCl_{3n-m}$ 或 $[Fe_2(OH)_nCl_{6-n}]_m$，其中 m、n 为摩尔数。

聚合氯化铁絮凝剂的生成及其性能决定其盐基度 B 或羟铁摩尔比 R。聚合氯化铁的盐基度高时，其絮凝性能好，但过高时稳定性差，当 B＝100%时，即生成红棕色的 $Fe(OH)_3$ 沉淀。

聚合氯化铁的 B 值与溶液的 pH 值有关。因此，通过添加碱性物质调整三氯化铁溶液的 pH 值，就可防止 $Fe(OH)_3$ 沉淀生成，制得一定盐基度的聚合氯化铁絮凝剂。

絮凝剂的配制比例表，见表 1-44。

表 1-44　絮凝剂的配制比例表

	稳定剂 W	磷酸二氢钠	Na_2CO_3	
1	磷酸二氢钠 $n(P):n(Fe)=0.12$	1.50 g	$n(OH):n(Fe)=0.5$	2.12 g
2		1.50 g	$n(OH):n(Fe)=1$	4.23 g
3		1.50 g	$n(OH):n(Fe)=1.5$	6.30 g
4		1.50 g	$n(OH):n(Fe)=2$	8.46 g
5	磷酸二氢钠 $n(P):n(Fe)=0.1$	1.25 g	$n(OH):n(Fe)=0.5$	2.12 g
6		1.25 g	$n(OH):n(Fe)=1$	4.23 g
7		1.25 g	$n(OH):n(Fe)=1.5$	6.30 g

续表

	稳定剂 W	磷酸二氢钠	Na_2CO_3	
8	磷酸二氢钠 $n(P):n(Fe)=0.8$	1.00 g	$n(OH):n(Fe)=1$	4.23 g
9		1.00 g	$n(OH):n(Fe)=1.5$	6.30 g
10		1.00 g	$n(OH):n(Fe)=2$	8.46 g

【仪器和药品】

电子台秤，烧杯，磁力搅拌器，移液管，比色管，比色皿，浊度计，分光光度计。

$FeCl_3 \cdot 6H_2O$ (s)，磷酸二氢钠 (s)，硅酸钠 (s)，Na_2CO_3 (s)，硅藻土模拟水样 (l)，Ferron 水溶液 (0.2%)，乙酸钠溶液 (20%)，稀盐酸溶液 (1∶3)。

【实验步骤】

1. 絮凝剂的制备

准确称取 21.76 g 的 $FeCl_3 \cdot 6H_2O$ 固体于烧杯中，加入 50 cm^3 去离子水，用磁力搅拌器剧烈搅拌，配成一定浓度的溶液，也可以再加入一定量的硅酸钠溶液，然后，再按一定的比例加入稳定剂磷酸二氢钠（1.0～1.5 g），在磁力搅拌器的搅拌下溶解 10～15 min，然后再慢慢加入 Na_2CO_3（2.12～8.46 g）至一定的碱化度 B，搅拌 30 min 以上。制备出聚合氯化铁絮凝剂（PFC），并放置 24 h 以上。

2. 采用制备的絮凝剂处理高浊度废水

分别取 2 份 100 cm^3 的硅藻土模拟水样，记录水样浊度值（NTU）。分别加入已经被稀释 100 倍的 0.1 cm^3、0.3 cm^3 的自制絮凝剂，先快速搅（200 $r \cdot min^{-1}$）30 s，后慢速搅（75 $r \cdot min^{-1}$）10 min，静置 0.5 h 后，取上层清液分别测定浊度值（NTU）。

3. 测定絮凝剂中铁的聚集状态

将配好的 0.2%的 Ferron 水溶液、20%的乙酸钠溶液、1∶3 的稀盐酸溶液按 5∶1.1∶0.3 的体积比例混合，配成 Ferron 试剂。用移液管移取 10 cm^3 的 Ferron 试剂于 25 cm^3 的比色管中，然后分别加入已经稀释 10 倍的絮凝剂溶液 0.2 cm^3 于 25 cm^3 的比色管中，加入去离子水至刻度，并迅速混合均匀。接着立即移入 1 cm 比色皿中，测定其混合开始时刻吸光度的值。并在一定时间内测定吸光度变化（各组尽量以 15～20 min 为间隔测定吸光度的值）。

注意：一定要配制空白溶液做参比。

【注意事项】

使用分光光度计时一定要按说明操作，比色皿使用后要清洗干净，且测样前要润洗。

【实验记录及结果】

采用制备的絮凝剂处理高浊度废水实验，见表 1-45。絮凝剂中铁的聚集状态，见表 1-46。

表 1-45 采用制备的絮凝剂处理高浊度废水实验

浊度	0.1 cm^3	0.3 cm^3	0.5 cm^3	1 cm^3	2 cm^3
原料液浊度值					
反应后浊度值					

表 1-46　絮凝剂中铁的聚集状态

时间/min	0	15	30	45	60
吸光度					

实验 34　从钼冶炼废水中制备高铼酸铵（综合）

【实验目的】

1. 通过对含钼废水中铼的分离与提纯，了解回收稀散金属的原理和方法。
2. 学习综合科技文献资料的方法。
3. 掌握高铼酸铵的制备方法。

【预习与思考】

1. 预习标准溶液的配制和重结晶的操作。
2. 查阅有关资料，列出氯化铵、硝酸铵、碳酸铵、高铼酸铵、钼酸铵在水中不同温度下的溶解度。

【实验原理】

铼本身无独立矿床，常分散在其他有色金属矿体中，主要与辉钼矿伴生。多以微量伴生于铜、铅、锌、钼、铌等矿物中，常以硫化铼形式存在。目前，回收铼工艺存在的主要问题是工业上用的洗脱剂耗量大、成本高、回收率低、污染环境。采用离子交换法工艺提铼，适应性强，工艺简短，操作简便，而且收率较高，非常适合从低含铼的溶液中回收铼。因此，选择科学的工艺路线、高效的沉淀剂、合适的离子交换树脂和高效低毒的洗脱液，使铼的吸附率、分离系数以及洗脱效率达到最大，成本又较低，对环境影响小，是提铼工艺技术能否成功的关键。

阴离子交换树脂显碱性，因此在盐酸介质中与金属离子铼所形成的是某种酸的缔合物，故可与高铼酸根发生阴离子交换反应：

$$m\mathrm{R_3NH^+Cl^-} + \mathrm{HReO_4} = (\mathrm{R_3NH})_m \cdot \mathrm{ReO_4} + m\mathrm{HCl}$$

当达到平衡时，可推导得：

$$K = \frac{c_{(\mathrm{R_3NH})_m \cdot \mathrm{ReO_4}} c^m_{\mathrm{HCl}}}{c^m_{\mathrm{R_3NH^+Cl^-}} C_{\mathrm{HReO_4}}} = D \cdot \frac{c^m_{\mathrm{HCl}}}{c^m_{\mathrm{R_3NH^+Cl^-}}}$$

式中，K 为萃取平衡常数。得到如下关系式：

$$\lg D = \lg K - m\lg c_{\mathrm{HCl}} + m\lg c_{\mathrm{R_3NH^+Cl^-}}$$

【仪器和药品】

pH 试纸，玻璃柱，量筒，血清瓶，电陶炉，蒸发皿，烧杯，试剂瓶，棕色试剂瓶，容量瓶，比色皿，分光光度计。

阴离子交换树脂，盐酸溶液（8%、15%），NaOH 溶液（8%），硫脲(s)，抗坏血酸(s)，硫酸溶液(1∶1)，硫氰酸铵(s)，硫酸亚铁(s)，$SnCl_2$ 溶液（45%），乙酸乙酯(l)。

【实验步骤】

1. 初步分离钼铼

原料液含铼 0.1～1 g·dm^{-3}、含钼 1～15 g·dm^{-3}，pH 约等于 1，中和至溶液 pH 为

7～8，洗涤液与滤液合并以待柱分离。该步骤是为了使金属阳离子、钼离子与铼酸根离子初步分离。

2. 钼和铼柱上分离

（1）新树脂的预处理　选用阴离子交换树脂分离铼和钼。新的离子交换树脂进行交换之前，需进行下列预处理：将树脂用热水（清洁的自来水 50～60℃）反复清洗，清洗时要不断搅动，每隔 15 min 换一次水，换水 4～5 次后，约 30 min 换一次水，直至清洗之后水不带颜色为止。然后用去离子水清洗 3 次后，用去离子水浸泡 20 h，滤干水分。接着，用 15％盐酸溶液浸泡 2 h，盐酸用量约为树脂体积的 3～4 倍，放尽酸液后，用去离子水洗至排出水接近中性，pH 值接近 6。然后，用 8％ NaOH 溶液浸泡 2 h，NaOH 用量约为树脂体积的 3～4 倍，放尽碱液后用去离子水洗至排出水接近中性，pH 值接近 9。最后，用 8％盐酸溶液（其量与上述相同）浸泡 12 h。放尽酸液后用去离子水洗至排出水接近中性，pH 值接近 6。

（2）固定床离子交换柱的装置

① 用量筒量取一定量的树脂，以湿法把经过预处理的离子交换树脂装入一根玻璃柱中，底部用玻璃丝作床衬，再用 2 倍以上床体积的去离子水洗涤树脂柱。记录树脂柱的高度、直径。先以去离子水为流体调节流速约为 $1.0\ cm^3 \cdot min^{-1}$。（注意：要求柱下端垫以玻璃毛、脱脂棉或筛板，然后将浸在水中的树脂带水慢慢装入，自然沉淀。全部树脂始终要和溶液接触，避免树脂床中出现气泡，否则影响分离效果。）

② 铼离子交换过程。把预处理的含铼溶液从高位储槽中，慢慢流入上述离子交换树脂柱中，并开始计时。每 1 h 取样于血清瓶中，以待测定溶液中的钼、铼离子浓度，直到流出液中的铼离子浓度恒定。跟踪流速的变化，调节使之稳定（2 次以上）。并记录具体流速值。

③ 洗涤工艺。将上述吸附钼和铼的树脂用去离子水洗涤，洗涤速度同前。洗涤后，弃去洗涤液，然后用洗涤液洗脱 MoO_4^{2-} 和 ReO_4^-，洗净为止。每 5 min 取样于血清瓶中，以待测定溶液中的钼、铼离子浓度。收集所得洗脱液以待制备高铼酸铵。

由上述数据，计算吸附量、洗脱率。

（3）高铼酸铵晶体制备　将收集到的洗脱液加热浓缩，注意溶液温度不高于 100℃，最后可析出高铼酸铵晶体。记录质量，计算回收率。

3. 钼铼分析方法

（1）钼用原子吸收分析方法

① 5％硫脲：称取 20 g 硫脲至烧杯中，用量筒加入 400 cm^3 去离子水，溶解后转移至试剂瓶中。

② 10％硫氰酸铵：称取 50 g 硫氰酸铵至烧杯中，用量筒加入 500 cm^3 去离子水，溶解后转移至棕色试剂瓶中，现配现用。

③ 5％抗坏血酸：称取 20 g 抗坏血酸至烧杯中，用量筒加入 400 cm^3 去离子水，溶解后转移至棕色试剂瓶中，现配现用。

④ 1∶1 硫酸溶液。

⑤ $1\ mg \cdot cm^{-3}$ 硫酸亚铁：称取 2.4891 g 硫酸亚铁加少量去离子水溶解后，加入 1 cm^3 1∶1 硫酸定容至 500 cm^3。

⑥ 配制钼标准溶液 $10\ mg \cdot dm^{-3}$、$20\ mg \cdot dm^{-3}$、$30\ mg \cdot dm^{-3}$、$40\ mg \cdot dm^{-3}$、$50\ mg \cdot dm^{-3}$。

（2）分析方法及工作曲线　取 1 cm^3 钼标准溶液于 25 cm^3 容量瓶中，移取 1 cm^3 5%硫脲、6 cm^3 10%硫氰酸铵、5 cm^3 5%抗坏血酸、2.5 cm^3 1 $mg \cdot cm^{-3}$ 硫酸亚铁溶液摇匀，加入 3.5 cm^3 1∶1 硫酸溶液后充分摇匀，定容至刻度，摇匀静置 20 min 后，用 1 cm 比色皿测定其在 460 nm 波长处的吸光度值。

（3）铼用分光光度计分析方法　取适量的铼标准液于 20 cm^3 比色管中，移取 15%的盐酸 5.0 cm^3，摇匀。再加入 20% NH_4SCN 0.5 cm^3，充分混匀后，加入 45% $SnCl_2$ 0.5 cm^3，振荡 1 min。静置 30 min 后，定量加入 5.0 cm^3 乙酸乙酯，振荡 3 min。待溶液分层后，吸取有机相，用 1 cm 比色皿测定其在 424nm 处的吸光度值。

本实验分别移取 0.5 cm^3、1.0 cm^3、1.5 cm^3、2.0 cm^3、2.5 cm^3 铼标准溶液（依次标号 A_1、A_2、A_3、A_4、A_5），以试剂空白（标号 A_0）为参比，测定吸光度并列入表中。以吸光度值（A）为纵坐标，以与吸光度值相对应的铼的质量（m）为横坐标，得到铼的标准曲线。

在测定水相中铼的浓度时，只需在图中通过工作曲线查到相应的质量值，再经过换算即可得到水相中铼的含量。

【注意事项】

使用分光光度计时一定要按说明操作，比色皿使用后要清洗干净，且测样前要润洗。

【实验记录及结果】

高铼酸铵晶体的制备，见表 1-47。铼标准溶液的吸光度，见表 1-48。

表 1-47　高铼酸铵晶体的制备

产品	吸附量	洗脱率	回收率
高铼酸铵			

表 1-48　铼标准溶液的吸光度

铼标准溶液(V)/cm^3	0.5	1.0	1.5	2.0	2.5
铼的质量(m)/mg					
吸光度(A)					

实验 35　石墨烯薄膜的制备（综合）

【实验目的】

1. 了解石墨烯的结构和性质。
2. 熟悉石墨烯的制备方法。

【预习与思考】

1. 氧化还原法制备石墨烯的强氧化剂有哪些？
2. 简述你所知道的石墨烯在日常生活及科研领域中的应用。

【实验原理】

石墨烯（graphene）是一种由 sp^2 杂化的碳原子组成的六角型二维碳纳米材料。石墨烯具有优异的光学、电学、力学特性，在材料学、微纳加工、能源、生物医学和药物传递等方面具有重要的应用前景，被认为是一种未来革命性的材料。英国曼彻斯特大学物理学家安德烈•盖姆和康斯坦丁•诺沃肖洛夫，用微机械剥离法成功从石墨中分离出石墨烯，因其对石墨烯研究的贡献，共同获得了2010年诺贝尔物理学奖。石墨烯有着独特的能带结构，不仅拥有高机械强度（>1060 GPa），而且有着高透明度（>85%）。此外，还具有较高的载流子迁移率（15000 $cm^2 \cdot V^{-1} \cdot s^{-1}$）。石墨烯优良的性能和广泛的应用前景，极大地促进了石墨烯制备技术的快速发展。目前，石墨烯的制备方法主要有以下四种：微机械剥离法、外延生长法、化学气相沉积（CVD）法、氧化还原法。

氧化还原法被认为是目前制备石墨烯的最佳方法之一。该方法操作简单、制备成本低，可以大规模地制备出石墨烯，已成为石墨烯制备的有效途径。另外，该方法还有一个优点，就是可以生产出具有广泛应用前景的功能化石墨烯——氧化石墨烯。其具体操作过程如图1-61所示，先用强氧化剂（如浓硫酸、浓硝酸、高锰酸钾等）将石墨氧化。氧化过程即在石墨层间穿插一些含氧官能团，从而加大了石墨层间距，然后经超声处理一段时间，就可形成单层或数层氧化石墨烯。再用强还原剂（如水合肼、硼氢化钠等）将氧化石墨烯还原，即可得到还原石墨烯。

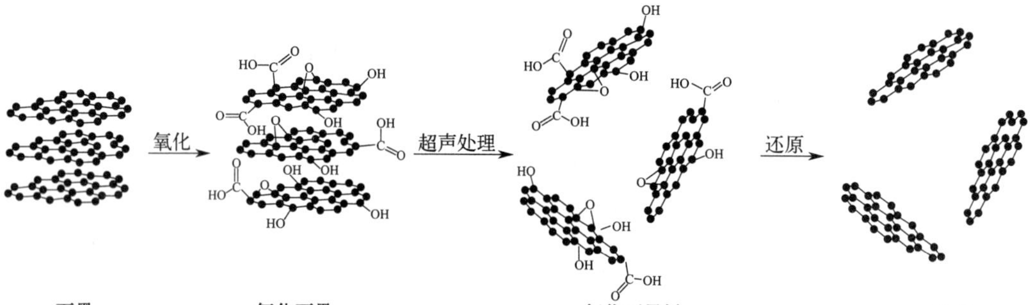

图1-61 氧化石墨还原法原理

本实验即采用氧化石墨还原法制备石墨烯，以期望得到透明导电的薄膜材料。氧化型石墨的制备早在1958年就被Hummers教授报道，因此也称作Hummers法，其基本原理如下：

石墨粉在强氧化剂作用下，其内部的石墨层结构被破坏，使得石墨层间的作用力急剧减弱，最后在超声作用下均匀分散，得到棕色胶体溶液。

制得的氧化石墨烯溶液在60℃水浴中加热几分钟，使氧化石墨烯能够在空气和水界面上形成致密的薄膜。然后将该薄膜小心转移至载玻片上，再通过合适的方法还原，将氧化石墨烯还原成石墨烯，即可得到石墨烯薄膜。

【仪器和药品】

烧杯，磁力搅拌器，水浴锅，量筒，布氏漏斗，抽滤瓶，循环水泵，超声波清洗机，欧姆表。

石墨粉，硝酸钠（s），高锰酸钾（s），浓硫酸，H_2O_2（30%），载玻片，氢碘酸（55%）。

【实验步骤】

1. 氧化石墨的制备

(1) 称取0.5 g石墨粉和0.25 g硝酸钠于50cm^3烧杯中，将烧杯置于冰浴中，搅拌下缓慢滴加 12.5 cm^3 浓硫酸。

（2）5 min 后，将 2.0 g 高锰酸钾分批少量加入上述体系中，继续保持 1 h，体系逐渐变黏稠。

（3）将上述混合体系转移至 250 cm^3 烧杯中，搅拌下缓慢加入 25 cm^3 去离子水，得到黑棕色悬浮液，再加入 50cm^3 30%的 H_2O_2 终止反应。

（4）减压抽滤，用大量蒸馏水清洗滤渣，以除去残余的酸和金属离子。取部分滤出物，加入适量去离子水，超声分散 30 min，得到棕色溶液，即氧化石墨烯分散液。

2. 石墨烯薄膜的制备

（1）将氧化石墨烯分散液于 60℃水浴中加热片刻，即可观察到在液面处形成一层薄膜。将载玻片浸入该溶液中，提拉，即可将氧化石墨烯薄膜转移至载玻片上。再将该衬底于 80℃烘箱中干燥 1h，即得到棕黄色的氧化石墨烯薄膜。

（2）将上述氧化石墨烯薄膜浸入 100℃的氢碘酸溶液中，保持 30 s，再用乙醇冲洗，即得到具有导电性能、透明的石墨烯薄膜。

（3）用欧姆表测定石墨烯薄膜的电阻（两点间距离为 1 cm）。

【注意事项】

高锰酸钾的加入速度要缓慢，尽量勿使混合溶液的温度超过 20℃，以防反应过于剧烈。

【实验记录及结果】

石墨烯薄膜电阻的测定，见表 1-49。

表 1-49　石墨烯薄膜电阻的测定

实验编号	R/Ω
1	
2	
3	
电阻平均值	

实验 36　纳米氧化锌的制备（综合）

【实验目的】

1. 了解纳米氧化锌的性质及应用。
2. 掌握沉淀法制备纳米氧化锌的制备过程和化学反应原理。
3. 了解实验产物粒度的表征手段，掌握激光粒度仪的使用。

【预习与思考】

1. 尿素与锌盐的浓度比及反应时间、反应温度对产物有何影响？
2. 沉淀法制备纳米氧化锌粉体的沉淀剂有哪些？

【实验原理】

纳米氧化锌是一种多功能性的新型无机材料，其颗粒大小约在 1～100 nm。由于晶粒的细微化，其表面电子结构和晶体结构发生变化，纳米氧化锌具有表面效应、体积效应、量子尺寸效应和宏观隧道效应以及高透明度、高分散性等特点。近年来，纳米氧化锌在催化、光学、力学等方面展现出许多特殊功能，使其在化工、电子、光学、医药等许多领域有重要的应用价值。由于纳米氧化锌一系列的优异性能和十分诱人的应用前景，对纳米氧化锌的研究已成为许多科技人员关注的焦点。纳米氧化锌的制备方法有沉淀法、溶胶-凝胶法、水热法、微乳液法等。本实验采用溶胶-凝胶法制备纳米氧化锌。

溶胶-凝胶法是一种条件温和的材料制备方法，是以无机物或金属醇盐作前驱体，在液相将这些原料均匀混合，并进行水解、缩合化学反应，在溶液中形成稳定的透明溶胶体系。溶胶经陈化，胶粒间缓慢聚合，形成三维空间网络结构，网络间充满了失去流动性的溶剂，即为凝胶。凝胶经过干燥、烧结固化，可制备出分子乃至纳米亚结构的材料。溶胶-凝胶法制得的粉体粒度可控，分布均匀，纯度高，而且设备简单，基本反应原理如下：

1. 溶剂化

能电离的前驱物——金属盐的金属阳离子 M^{z+}，吸引水分子形成溶剂化单元 $[M(H_2O)_n]^{z+}$（z 为 M 离子的价数），为保持其配位数，该单元具有强烈释放 H^+ 的趋势：

$$[M(H_2O)_n]^{z+} = [M(H_2O)_{n-1}(OH)]^{(z-1)+} + H^+$$

2. 水解反应

非电离式分子前驱物，如金属醇盐 $M(OR)_n$（R 代表烷基），与水反应，反应可继续进行，直至生成 $M(OH)_n$：

$$M(OR)_n + xH_2O = M(OH)_x(OR)_{n-x} + xROH$$

3. 缩聚反应

（1）失水缩聚　$—M—OH + HO—M = —M—O—M + H_2O$

（2）失醇缩聚　$—M—OR + HO—M = —M—O—M + ROH$

本实验以醋酸锌 $Zn(CH_3COO)_2·2H_2O$ 为前驱体，草酸为络合剂，柠檬酸三铵为表面改性剂，无水乙醇和去离子水为溶剂，通过溶胶-凝胶法制备纳米氧化锌。化学反应方程式如下：

$$Zn(CH_3COO)_2 · 2H_2O + H_2C_2O_4 · 2H_2O = ZnC_2O_4 · 2H_2O\downarrow + 2CH_3COOH + 2H_2O$$

【仪器和药品】

恒温水浴锅，磁力搅拌器，离心机，烧杯，烧瓶，电子台秤，真空干燥箱，马弗炉，激光粒度仪。

草酸，醋酸锌，无水乙醇，柠檬酸三铵。

【实验步骤】

1. 称取 1.6 g 草酸，溶于 20 cm^3 无水乙醇中，配成草酸无水乙醇溶液。

2. 准确称取 1.3 g 醋酸锌，溶于 10 cm^3 去离子水中，形成醋酸锌水溶液，并加入 0.1051 g 柠檬酸三铵表面改性剂。

3. 将上述溶液置于 80℃恒温水浴中，剧烈搅拌 1.5 h，使其充分溶解。

4. 将配好的醋酸锌溶液缓慢滴加到草酸无水乙醇溶液中，置于 80℃恒温水浴中反应 0.5 h，过滤即得凝胶。

5. 分别用去离子水和无水乙醇各洗涤白色凝胶三次，置于真空干燥箱内干燥。

6. 将干燥后的干凝胶放入 600℃马弗炉中煅烧 3 h。

7. 将所得产物分别用去离子水和无水乙醇各洗涤三次，干燥后即可制得纳米级氧化锌超细粉末。

8. 用激光粒度仪表征纳米氧化锌的粒度。

【注意事项】

使用激光粒度仪时一定要按说明操作，比色皿使用后要清洗干净，且测试前要对样品进行超声分散处理。

【实验记录及结果】

1. 记录时间、实验现象。
2. 记录氧化锌粉体的粒径分布，见表 1-50。

表 1-50　纳米氧化锌粒径分布测定

实验编号	纳米氧化锌粒径分布/nm
1	
2	
3	

拓展阅读

阅读 1　中国盐湖事业的拓荒者——柳大纲

柳大纲，江苏仪征人，无机化学和物理化学家、中国分子光谱研究先驱者、中国盐湖化学奠基人，中国科学院学部委员，中国科学院化学研究所名誉所长，中国科学院青海盐湖研究所名誉所长。

毛泽东同志说过，新中国是“一穷二白”的。如果以此来形容当时中国的科学事业，那也是再恰当不过了。正是在这种情况下，柳大纲先生怀着满腔的报国热情，在新中国成立前夕从美国回到了这片热土，成为第一代新中国化学事业的拓荒者。

1971 年，柳大纲恢复工作后的第一件事，就是制订化学所的发展规划，筹谋化学所的发展大计。柳大纲常常说，化学是一门实验科学。由于他对化学科学本质的认识和他对中国国情的深刻了解，以及他以天下为己任的胸怀，才能将基础研究和应用研究辩证地统一起来，把化学学科的进步与国民经济的建设有机地结合起来。柳大纲所长高瞻远瞩，统领全局，同当时所里领导一起，确立了规划大纲，确立了化学所今后发展的基本框架。

后来，化学所在科研领域的研究工作获得很大发展，先后取得了一批重要的科技成果。如分子反应动力学，现在已发展成分子反应动力学国家重点实验室，分子反应动力学和动态与稳态结构化学研究工作分别获得中国科学院科技进步奖一等奖和自然科学二等奖；有关生物大分子方面的光电子能谱研究获得 1981 年卫生部二等奖；“光电子能谱应用基础理论研究”获得 1990 年中国科学院自然科学奖三等奖。在应用研究方面，聚丙烯纤维和催化剂在我国实现了产业化，由此衍生的细旦丝及降温母粒的研发工作也都取得了重大成果，并先后获得国家科技进步奖一等奖一项，国家科技进步奖三等奖一项，国家发明三等奖一项，中国科学院科技进步奖一等奖六项，中国科学院自然科学奖一等奖两项；腐殖酸及将腐殖酸用于植物生长调节剂、石油钻井泥浆处理等研究，都取得了重要的应用成果。

柳大纲先生不仅是一位优秀的科学家，更是一位优秀的科学工作的组织者和管理者，是新中国化学事业的拓荒者和开创者。柳大纲先生一生留下的科学著作和文字记录材料不多，但他对我国化学科学事业的发展与进步所做出的重大贡献，在化学界却是尽人皆知的。柳大纲先生的名字就是矗立在我们心中的一座丰碑。

阅读 2 无机化学合成创始人——徐如人

徐如人，浙江上虞人，一生致力于化学的科教事业，取得了丰硕的成果。他是国际著名的分子筛与多孔材料学家；他是我国“无机合成化学”学科的创建者和奠基人；他是水热合成化学的开拓者，在国际上首次提出现代无机合成化学学科的科学体系；他1991年当选为中国科学院院士，2003年当选为第三世界科学院院士。

新中国成立后，国家建设东北需要大批优秀人才，当时东北工作环境十分艰苦，可徐如人却来到了东北，而且这一坚守就是66年。1952年，全国高校院系调整，徐如人积极响应国家建设东北的号召来到长春，在老一辈化学家唐敖庆和关实之等人的直接指导下，参与了东北人民大学化学系的创建工作。

徐如人从教60多年来，共讲授了十几门课程，在他所讲过的课程中，几乎没有一门课程是在重复别人的内容去讲授的，基本上都是他以克服常人难以想象的毅力、水平和伏案苦读的呕心沥血之作。他工作之初在无章可循的条件下就开始给物理系学生讲授“普通化学”，给化工专修班讲授“无机与分析化学”，给化一学生讲授“现代化学基础”，给哲学系学生讲授“化学”以及“大跃进”中的“一条龙”教改课程和后来给大四学生及研究生讲授“分子筛化学”与“无机合成化学”等，这些课程都是他的原创课程。东北的工作环境十分艰苦，当年从南方来的许多同事，由于地域、气候、经济条件等原因都陆续离开了，但徐如人坚守了下来，这一守就是66年，一辈子，从未离开！

徐如人创建了我国无机合成化学学科，将我国的无机合成化学推向国际前列；他引领了分子筛发展史上的第三个里程碑，促进了分子筛领域的大发展；他推动了我国分子筛以及水热合成产业的发展，支撑了我国早期石油加工工业的兴起。

如今，徐如人虽已年逾八旬，仍工作在科研第一线，在2017年再版的 *Modern Inorganic Synthetic Chemistry* 一书中，他在国际上提出了现代无机合成化学学科的科学体系，为我国无机合成化学的发展进一步指明了方向。

阅读 3 爱国是心灵深处的“化学反应”——申泮文

申泮文，1916年出生于吉林省吉林市。1936年考入南开大学化工系，1940年毕业于西南联合大学化学系。1946—1959年任南开大学化学系教员、副教授；1959—1978年任山西大学化学系副主任、教授；1978年起，任南开大学化学学院教授、博士生导师。1980年当选为中国科学院学部委员（中国科学院院士）。曾任第三届全国人民代表大会代表，中国人民政治协商会议第五、第六、第七届全国委员会委员，原国家教委第一届理科化学教学指导委员会委员，天津联合业余大学校长，天津渤海职业技术学院名誉院长，张伯苓教育思想研究会会长，南开大学新能源材料化学研究所学术委员会主席等职。

申泮文十分重视高等化学教育与教学工作，长期坚持为本科生授课，是中国执教化学基础课时间最长的化学家。因为教学成果突出，他曾连续三届（2001、2005、2009）获得国家级教学成果奖，所讲授和重点改革的化学课程“化学概论”，被评为国家级精品课程和国家精品资源共享课程，他个人被评为国家级教学名师。同时，他出版书籍达 70 余卷（册），累计 3000 余万字，是中国著、译出版物最多的化学家之一。他统编或合编的《无机化学》和《基础无机化学》两部教材至今仍被广泛地用作教科书或教学参考书。其中，《基础无机化学》还出版了维吾尔文版，获得原国家教委颁发的高等学校优秀教材一等奖。

申泮文在国内率先开展金属氢化物的科学研究，他合成并研究了一系列离子型金属氢化物，包括硼和铝的复合氢化物；合成并研究了三类主要的储氢合金，研究了若干种非晶态储氢合金的合成和结构。离子型金属氢化物的合成路线，避免了应用昂贵的金属锂，至今仍是一项有良好应用前景的基础研究。他认为氢能在未来能源构成中必将占有重要地位。他用共沉淀还原法合成了镍基和铁基储氢合金，用置换扩散法合成了镁基储氢合金，使储氢合金的化学合成方法得以系统化，所得产品常比冶金法得到的更均匀、更易活化或活性更高，为清洁能源的开发利用作出了重要贡献。

这是一位精彩地走过了 101 个春秋的世纪老人。他的世界观、人生观、价值观无一不显现着中华优秀传统文化在老一辈知识分子身上的深厚积淀，他的一言一行，正是对“允公允能，日新月异”这一南开精神的完美诠释。

第2章 常数测定

2.1 实验数据处理简介

在化学实验中，经常使用仪器对某些物理量进行测定，并由测定的数据计算得到实验结果。而实验结果的准确度都有一定的要求，因此在实验过程中，除选用合适的仪器和正确的实验方法外，还需要科学地处理实验数据，使实验的测定结果与真实值尽可能接近。所以掌握误差和有效数字的概念、正确的作图方法，对分析和处理实验数据是十分必要的。

2.1.1 误差概念

2.1.1.1 绝对误差与相对误差

误差是指测定值与真实值之差。误差值越小，表示实验测定结果的准确度越高。通常误差的表示方法有绝对误差与相对误差。

绝对误差是指测定值与真实值之差:绝对误差＝测定值－真实值(单位与被测值相同)

绝对误差的大小取决于实验人员的观察能力和所使用实验仪器的精度。绝对误差有正负之分。如测得某液体的温度是16.4℃，其真实温度是16.3℃；而测得另一种液体的温度是20.0℃，该液体的真实温度是20.1℃，它们的绝对误差分别为：

$$16.4-16.3=0.1(℃)$$

$$20.0-20.1=-0.1(℃)$$

相对误差是指绝对误差与真实值的比值：相对误差＝[(测定值－真实值)/真实值]×100%，在上例中，相对误差分别为：

$$0.1/16.3\times100\%=0.6\%$$

$$-0.1/20.1\times100\%=-0.5\%$$

由以上数据可以看出，当绝对误差相同时，被测值越大，则相对误差越小。因此，用相对误差来反映测定值与真实值的偏离程度更合理。

2.1.1.2 精密度和偏差

用同一方法对同一样品进行多次平行测定，从而获得一组测量结果。测量结果的相互接近或相互吻合的程度，称为精密度。精密度高不一定准确度高，由于被测量值很难准确知道，可以用多次重复测量结果的平均值代替真实值，单次测量的结果与平均值之间的偏离称为偏差。偏差有绝对偏差与相对偏差之分。

$$绝对偏差=单次测量值-平均值$$

$$相对偏差=[(单次测量值-平均值)/平均值]\times 100\%$$

相对偏差的大小可以反映出测量结果的精密度。相对偏差小，则可视为重现性好，即精密度高。

2.1.1.3　误差来源分析

根据误差的性质可把误差分为三类：

(1) 系统误差　这种误差是由某种固定因素造成的。系统误差对测量结果的影响比较恒定，总是偏大或偏小。这些固定因素包括实验方法不完善、所用仪器准确度差、药品不纯、个人习惯及偏向等。系统误差可以通过改进实验方法、校正仪器、提纯药品等措施减少。

(2) 偶然误差　偶然误差是指对物理量只进行一次测量，其值可能比真值大，也可能比真值小，这完全是偶然的。产生偶然误差的原因无法控制，可以通过多次测量取平均值减小偶然误差，但无法消除。

(3) 过失误差　过失误差是由于操作人员工作疏忽或不遵守操作规程等原因造成的。过失误差无规律可循。对确知的过失误差，在数据处理过程中应剔除该次实验所得的数据。

2.1.2 有效数字

所谓有效数字，是指在分析工作中实际能够测量到的数字。它反映了测量的准确度。所谓能够测量到的数字是包括最后一位估计的、不确定的数字。我们把通过直读获得的准确数字叫作可靠数字；把通过估读得到的那部分数字叫作存疑数字。例如，用 50 cm^3 滴定管测量液体体积时，可准确至刻度 0.1 cm^3，在两个刻度之间一般可以估读到 0.01 cm^3 或 0.02 cm^3，因此，此滴定管最多可以读到小数点后两位。例如，滴定时读出 45.51 cm^3 和 44.46 cm^3 时，“45.5”和“44.4”是可靠数字，“1”和“6”是存疑数字。

2.1.2.1　有效数字的相关说明

在有效数字中，要特别注意 0 的情况。0 在非零数字之间与末尾时是有效数字；在小数点前或小数点后的 0 都不是有效数字。例如，0.068 和 0.68 与小数点无关，均为两位有效数字。如 406 和 120 都为 3 位有效数字，但当数字为 120.0 时称为 4 位有效数字。以“0”结尾的正整数如 1100 和 1000，如果想保留两位有效数字，应写成 1.1×10^3 和 1.0×10^3。当计算的数值为 lg 或者 pH、pOH 等对数时，由于小数点前的部分只表示数量级，故有效数字位数仅由小数点后的数字决定。例如，$\lg x=9.21$ 为 2 位有效数字，pH＝8.342 为 3 位有效数字。

2.1.2.2　有效数字的运算规则

(1) 加减运算　以小数点后位数最少的数据为基准，其他数据按照“四舍五入”原则修约至与其相同，再进行加减计算，最终计算结果保留最少的位数。例如，13.5＋0.164＋1.498 可写成 13.5＋0.2＋1.5＝15.2。

(2) 乘除运算　计算结果的有效数字位数应与有效数字中位数最少者相同。例如，30.01×0.30 的结果为 9.0 而不是 9.003。

2.1.2.3　作图方法简介

将实验数据用几何图形表示出来的方法称为图解法。图解法具有很多优点。首先，图解法能简明地揭示出各度量之间的关系，如数据中的极大值、极小值、拐点、周期等；其次，可以利用图形做进一步的处理，求出斜率、截距和外推值等；另外，根据多次测定的数据所描绘出来的图像具有平均意义，因而可以很容易发现和消除一些偶然误差。具体方法如下：

（1）通常选择的作图纸为直角毫米坐标纸（不可自制坐标纸）。

（2）通常以横轴（X 轴）为自变量，纵轴（Y 轴）为因变量，横轴和纵轴的读数不一定从“0”开始，坐标轴旁应注明所代表的物理量及其单位。

（3）坐标轴比例的选择应能代表全部有效数字，从图中读出的物理量的精确度应该与测量的精确度一致。坐标纸的大小必须能包括所有必需的数据，且略有宽裕。

（4）代表某一读数的点要均匀分布，代表读数的点可以用⊙、○、□、△等不同符号代替，符号的面积应该能粗略地表示测量误差范围。

（5）描出的线必须平滑，尽可能通过大多数的点。处于平滑曲线或直线两边点的数目应大致相等（图 2-1），这样描出的曲线（直线）就能近似地表示出被测量的平均值。在曲线的极大值、极小值或拐点附近要多取一些点，以保证曲线所表示规律的可靠性。发现有个别点远离曲线，如果不能肯定是偶然性的过失误差，就不能随意抛弃。通常需要在这一点附近多取一些点。

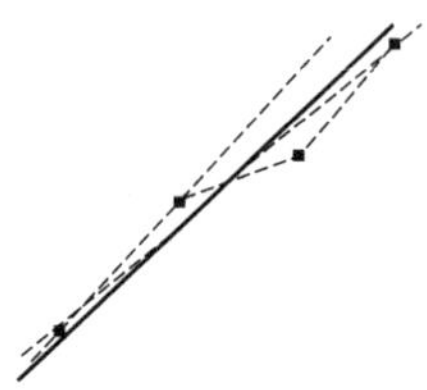

—— 正确　----- 不正确

图 2-1　描线方法

（6）在作好的图上写明图的名称和实验时的条件及其他必要的文字说明。

2.1.3　数据记录

实验数据记录包括实验题目、实验日期、温度、大气压、仪器型号、试剂名称和级别、溶液的浓度、要测量的数据的大小及其单位。记录时最好采用表格形式。数据记录必须做到真实、准确完整。如果在实验中发现实验数据读错而需要改动时，要在该数据上画上横线，并在该数据旁写上正确的数据，不能乱涂乱画，保留原始记录数据的完整性，便于日后查询。

2.2　实验部分

实验 1　阿伏伽德罗常数的测定

【实验目的】

1. 了解电解 $CuSO_4$ 法测定阿伏伽德罗常数的原理和方法。

2. 学习电解操作。

【预习与思考】

1. 预习有关电解的基本知识和阿伏伽德罗常数的定义。

2. 思考下列问题：

（1）如果所用的铜片不纯或在电解过程中，电流不能持续恒定，对实验结果有何影响？

（2）本实验要测定哪几个物理量？如果在电解过程中电流突然发生变化，会对实验结果产生何种影响？

【基本原理】

本实验用电解法测定阿伏伽德罗常数。分别用两块铜片做阴极和阳极，用硫酸铜溶液做电解液进行电解反应。电极反应如下：

$$阴极反应：Cu^{2+}+2e^- = Cu\downarrow$$

$$阳极反应：Cu = Cu^{2+}+2e^-$$

即在阴极上发生还原反应，Cu^{2+}得到电子析出金属铜，使铜片质量增加。在阳极上，发生氧化反应，金属铜溶解成Cu^{2+}，铜片质量减少。若电流强度为I(A)，则在t(s)内，通过的总电量是：$Q=It$（Q的单位是C）。如果在阴极上铜片的质量增加m(g)，则每增加1 g质量所需的电量为：

$$\frac{It}{m}$$

铜的摩尔质量为63.5 g·mol^{-1}，所以电解析出1 mol铜所需的电量为：

$$\frac{It}{m}\times 63.5(\text{C})$$

已知1个二价离子所带的电量是$2\times1.60\times10^{-19}$ C，所以1 mol铜所含的原子个数为：

$$N_A=\frac{It\times 63.5}{m\times2\times1.60\times10^{-19}}$$

式中，N_A为阿伏伽德罗常数。

【仪器和药品】

分析天平，毫安表，电阻箱，直流电源，电线，开关，烧杯，砂纸，自制胶皮电极夹，脱脂棉。

无水乙醇，紫铜片，$CuSO_4$溶液（每升含$CuSO_4$ 125 g和相对密度为1.84的浓硫酸25 cm^3）。

【实验步骤】

1. 取两块3 cm×5 cm的紫铜片，用砂纸擦去表面杂质，用去离子水洗净，再用蘸有乙醇的棉花清洗干净。晾干，分别称重。（记好哪片做阴极，哪片做阳极，不可搞混）。

2. 用自制的胶皮电极夹将两块铜片固定，保持铜片距离为1.5 cm，插入100 cm^{3}烧杯中，加入$CuSO_4$溶液，溶液高度为铜片长度的2/3，按图2-2安好装置。

3. 直流电源电压控制在10 V，实验开始时，电阻控制在90 Ω左右，按下开关，迅速调节电阻使电流在100 mA处，同时记下准确时间，通电60 min后，拉开开关停止电解。在整个电解过程中，电流应保持恒定，如有变动应及时调节电阻。

4. 取出阴极和阳极的铜片，用去离子水洗净，再用乙醇溶液清洗干净，晾干后称重。

【注意事项】

1. 薄铜片一定要作为阴极，否则电解过程中容易断裂。

2. 连接电路时一定要使毫安表的正极与直流电源的正极相连，且导线不要浸入电解液中。

3. 电解过程中要经常观察毫安表，随时调整电阻箱，保证指针在100 mA处。

4. 记录时间准确到秒。

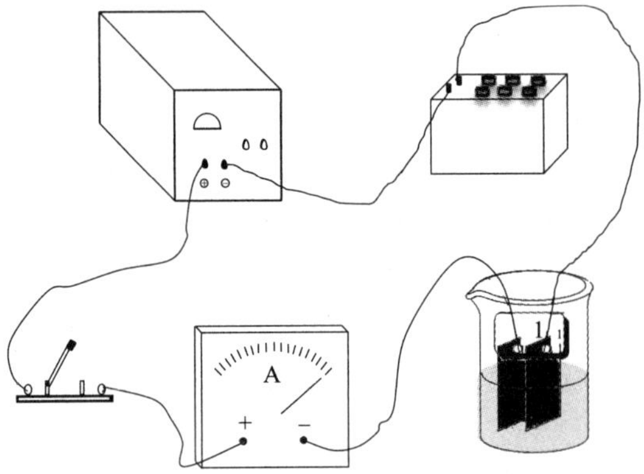

图 2-2 铜片的电解

【实验记录及结果】

阿伏伽德罗常数的测定，见表 2-1。

表 2-1 阿伏伽德罗常数的测定

	阴极增重 m/g	阳极失重 m/g
电极质量改变值	电解后： 电解前： $m=$	电解前： 电解后： $m=$
电解时间(t)/s		
电流强度(I)/A		
N_A 值/mol^{-1}		
相对误差/%		

实验 2 硫酸铜结晶水的测定和硫酸铜晶体的生成（综合）

【实验目的】

1. 掌握分析天平的使用方法。
2. 掌握砂浴及干燥器的使用方法。
3. 测定硫酸铜晶体中的结晶水。

【预习与思考】

1. 预习下列知识

(1) 预习误差和相对误差的概念。

(2) 预习五水硫酸铜的性质。

(3) 了解砂浴及干燥器的使用方法。

2. 思考下列问题：

(1) 在加热过程中，可否用药勺搅拌坩埚内的硫酸铜晶体？为什么？

(2) 前后几次称量坩埚时不使用同一台天平对实验结果有何影响？

【实验原理】

五水硫酸铜晶体是一种比较稳定的结晶水合物，当加热到 260℃左右时将全部失去结晶水：

$$CuSO_4 \cdot 5H_2O \xrightarrow{102℃} CuSO_4 \cdot 3H_2O \xrightarrow{113℃} CuSO_4 \cdot H_2O \xrightarrow{258℃} CuSO_4$$

本实验控制温度在 260～280℃之间，根据加热前后的质量差，可推算出其晶体的结晶水数量。

将硫酸铜饱和溶液慢慢蒸发，就可以得到蓝色三斜晶体硫酸铜。

【仪器和药品】

分析天平，研钵，砂浴锅，瓷坩埚，电陶炉，坩埚钳，干燥器，温度计（300℃），铁架台，滤纸，记号笔，带盖小瓶。

$CuSO_4 \cdot 5H_2O(s)$，硫粉，乙醇。

【实验步骤】

1. 硫酸铜结晶水的测定

（1）将一干燥过的坩埚称重，在其中放入约 1.1 g 研细的 $CuSO_4 \cdot 5H_2O$，再次称重坩埚。

（2）将盛有硫酸铜晶体的坩埚放在砂浴锅内，使其 3/4 体积埋入砂中，再在靠近坩埚的砂浴内插入一支 300℃温度计，其末端应与坩埚底部大致处于同一水平（如图 2-3）。

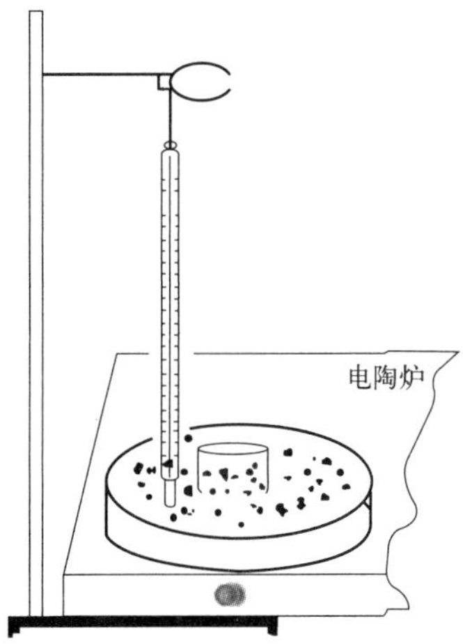

图 2-3　砂浴加热硫酸铜晶体

（3）将砂浴慢慢加热至 240℃，关闭电陶炉，用余热使其自然升温，控制砂浴温度在 260℃～280℃之间。观察硫酸铜颜色的变化，当硫酸铜颜色变为灰白色时，用干净的坩埚钳将坩埚移入干燥器内，冷却至室温。

（4）用干净滤纸碎片将坩埚外部擦干净，称重后，再将坩埚及内容物用上面的方法加热 15 min，冷却、称重。如两次称量结果之差不大于 0.005 g，可认为五水硫酸铜已经恒重。否则应重复加热操作，直至恒重。

（5）由实验数据计算 1 mol $CuSO_4$ 结合的结晶水的数目。

2. 硫酸铜晶体的生成

将测完结晶水的硫酸铜配制成一定温度下的热饱和溶液，冷却到室温，出现细小晶体放置两周晶体慢慢长大。观察 $CuSO_4 \cdot 5H_2O$ 的晶形。

【注意事项】

1. 前后几次称量坩埚时要用同一架天平。
2. 使用分析天平时不要挪动仪器，不要把药品洒到天平上，保证天平的整洁。
3. 使用研钵研磨时不要把药品撒出去。
4. 砂浴加热时不要把砂子弄到瓷坩埚中，以免影响实验结果；要保证加热温度不能过高，防止温度计炸裂。
5. 坩埚一定要冷却到室温才能称量。

【实验记录及结果】

硫酸铜结晶水的测定，见表 2-2。

表 2-2 硫酸铜结晶水的测定

记录	结果
空坩埚的质量/g	
坩埚＋五水硫酸铜的质量/g	
五水硫酸铜的质量/g	
坩埚＋无水硫酸铜的质量/g	第一次： 第二次： 平均：
无水硫酸铜的质量(m_1)/g	
结晶水的质量(m_2)/g	
无水硫酸铜物质的量(n_1)/mol	
水的物质的量(n_2)/mol	
1 mol 硫酸铜结合结晶水的数目＝n_2/n_1	
相对误差/%	

实验 3 置换法测定摩尔气体常数 R

【实验目的】

1. 学会一种测定气体常数的方法。
2. 掌握理想气体状态方程和气体分压定律的应用。
3. 掌握测量气体体积的操作。
4. 学会正确使用气压计测量大气压。

【预习与思考】

1. 复习气体状态方程和分压定律；预习有效数字及误差的概念，以及气压计的使用。
2. 思考下列问题：

(1) 测定第一组数据时，需要最少检查几次气密性？如何检查气密性？

(2) $n_{氢气}$是如何得到的？

【基本原理】

金属镁与稀硫酸反应，置换出氢气：$Mg+H_2SO_4 = MgSO_4+H_2\uparrow$。

称取一定质量（$m_{镁}$）的金属镁，使其与过量的稀硫酸反应，在一定温度和压力下测定被置换出来的气体的体积（$V_{气体}$），由理想气体状态方程即可计算出摩尔气体常数 R：

$$R=\frac{p_{氢气}V_{气体}}{n_{氢气}T}$$

其中，$p_{氢气}$为氢气的分压，$n_{氢气}$为一定质量的镁（$m_{镁}$）置换出的氢气的物质的量。

【仪器和药品】

分析天平，铁架台，量气管（50 cm^3），滴定管夹，长颈漏斗，橡皮管，胶塞，硬质试管，砂纸。

金属镁条，H_2SO_4(3 $mol \cdot dm^{-3}$)。

【实验步骤】

1. 称量

准确称取两份已擦去表面氧化膜的镁条，每份质量为 0.0300～0.0500 g（精确至 0.0001 g）。

2. 连接测定装置

按图 2-4 所示装配好仪器，先不连接试管，往量气管 1 内装水至水面略低于刻度“0”位置。上下移动调节管 2 以赶尽胶管和量气管内的气泡，然后将试管 3 的塞子塞紧。

3. 检查装置气密性

把调节管 2 上移或下移一段距离，固定在夹子 4 上。静止不动。如果量气管内液面只是在初始时稍有上升或下降，2 min 后仍维持不变，表明装置不漏气。

4. 测定

把液面调节管 2 上移回原来位置，取下试管 3，沿着试管壁一侧往试管里加入 5 cm^3 稀硫酸，把镁条用水稍稍蘸湿贴于试管的另一侧，盖紧塞子。检查量气管内液面可读部分体积是否大于 50 cm^3，再次检查装置气密性。将调节管 2 靠近量气管右侧，使两管液面保持在同一水平面，记下量气管液面位置。将试管 3 底略为提高，让酸与镁条接触，这时反应产生的氢气进入量气管内。反应结束后，用烧杯装上冷水冷却试管至室温，使调节管与量气管内液面处于同一水平面。记录液面位置。2 min 后，再次记录液面位置，如果两次读数一致，即表明管内气体温度与室温相同。记录室温和大气压。

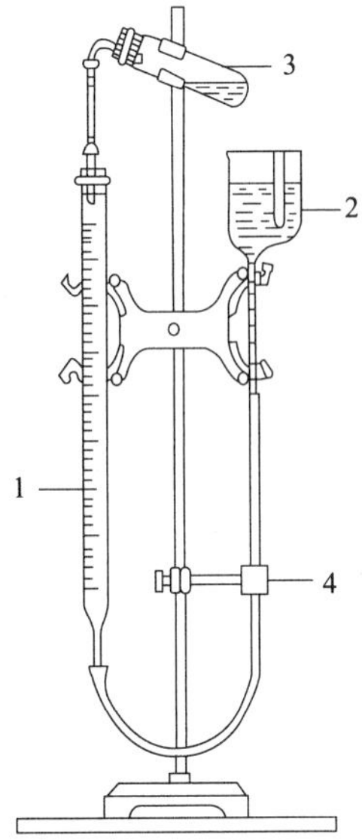

图 2-4　气压计
1—量气管；
2—液面调节管；
3—试管；4—烧瓶夹

【注意事项】

1. 固定量气管时要使刻度面向自己，方便读数；向量气管内加水时不要加满，留有 50 cm^3 左右可读部分体积，防止产生气体后水被压出去而无法读数。

2. 打磨镁条时注意侧面也需处理，向试管壁贴镁条时，稍微往下一点，留出胶塞的位置。

3. 读数时两液面必须保持在同一水平。

4. 计算时注意统一单位。

【实验记录及结果】

气体常数的测定，见表 2-3。

表 2-3　气体常数的测定

记录	镁条①	镁条②
室温(t)/℃		
大气压力(p)/hPa		
镁条质量(m)/g		
反应前量气管液面位置(V_1)/cm^3		
反应后量气管液面位置(V_2)/cm^3		
收集氢气的体积($V_{气体}$)/cm^3		
t℃时水的饱和蒸气压($p_{水}$)/hPa		

续表

记录	镁条①	镁条②
氢气的分压($p_{氢}=p-p_{水}$)/hPa		
气体摩尔常数 R/Pa·m^3·mol^{-1}·K^{-1}		
平均气体摩尔常数 $\overline{R}$		
相对误差/%		

实验 4　气体密度法测定二氧化碳的分子量

【实验目的】

1. 掌握气体的发生和净化的操作。

2. 掌握气体密度法测定气体分子量的原理和方法。

【预习与思考】

1. 预习气体状态方程式和阿伏伽德罗定律等概念；预习教材中关于气体的发生、净化、干燥和收集等基本操作内容。

2. 思考下列问题：

(1) 洗气瓶瓶塞的哪根管（长或短）与液体接触才能起到净化气体的作用？

(2) 本次实验最少需要称量几次？分别在什么仪器上称量？为什么？

【实验原理】

根据阿伏伽德罗定律，同温、同压、同体积的两种气体的质量之比等于它们的分子量之比：

$$\frac{m_1}{m_2}=\frac{M_1}{M_2} \tag{1}$$

在同温、同压下分别测定同体积的二氧化碳和空气（空气分子量为 28.98）的质量，就能算出二氧化碳的分子量：

$$M_{CO_2}=\frac{m_{CO_2}}{m_{空气}}\times 28.98 \tag{2}$$

设充满空气的容器的质量为：

$$G_1=m_{瓶}+m_{空气} \tag{3}$$

充满二氧化碳的容器的质量为：

$$G_2=m_{瓶}+m_{CO_2} \tag{4}$$

充满水的容器的质量为：

$$G_3=m_{瓶}+m_{水} \tag{5}$$

由式(4)－式(3) 得：

$$m_{CO_2}=(G_2-G_1)+m_{空气} \tag{6}$$

由理想气体状态方程求算：

$$m_{空气}=\frac{M_{空气}\,pV}{RT}$$

式中，p 和 T 分别为实验室的大气压和温度；R 为气体常数；V 为容器的容积；$M_{空气}=$

$28.98\ g\cdot mol^{-1}$ 由式(5)－式(3)计算求得：

$$G_3-G_1=m_{水}-m_{空气}\approx m_{水} \tag{7}$$

因此

$$V=\frac{m_{水}}{\rho_{水}}\approx\frac{G_3-G_1}{\rho_{水}} \tag{8}$$

由（8）计算出水的体积后，即可算出二氧化碳的分子量。

【仪器和药品】

电子分析天平，托盘天平，启普发生器，洗气瓶，橡胶塞，锥形瓶，火柴。

大理石(s)，浓盐酸(工业)(l)，浓硫酸(工业)(l)，饱和 $NaHCO_3$(l)。

【实验步骤】

取一个干燥的锥形瓶，用一个合适的橡胶塞塞住瓶口，在橡胶塞上做一个记号，用来标记胶塞塞进瓶口的位置。称得质量 G_1(精确至 0.0001 g)。从启普发生器出来的 CO_2，经过净化和干燥后（如图 2-5）导入锥形瓶底部。待二氧化碳充满瓶后，缓慢取出导管，用橡胶塞塞住瓶口至原记号处，称量。重复充二氧化碳的操作，直至前后两次的称量只相差 0.001～0.002 g 为止，称得质量 G_2(精确至 0.0001 g)。向锥形瓶内加满水，塞好塞子至原记号处，称得质量 G_3(精确至 0.1 g)。记录实验条件下的温度 T 和大气压力 p。

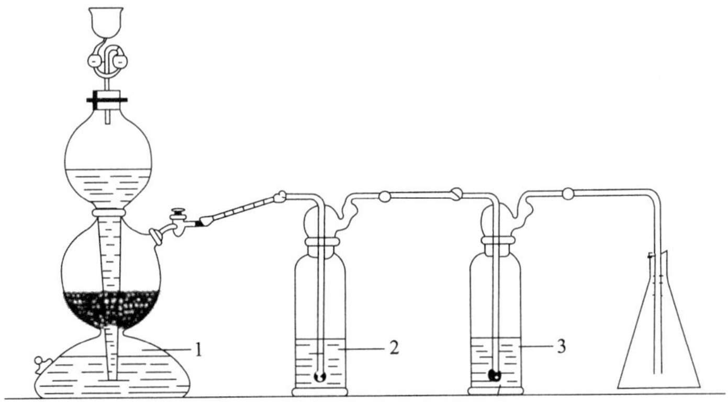

图 2-5　二氧化碳发生装置

1—浓盐酸（工业）；2—饱和 $NaHCO_3$；3—浓硫酸（工业）

【注意事项】

1. 测量 G_3 时，用胶塞盖锥形瓶时切勿用力，以免瓶口破损扎手。
2. 本实验中使用的均为浓酸，请同学戴手套操作，谨慎小心。

【实验记录及结果】

二氧化碳的分子量，见表 2-4。

表 2-4　二氧化碳的分子量

数据	结果
锥形瓶＋空气质量＝G_1(g)	
锥形瓶＋二氧化碳质量＝G_2(g)	第一次
	第二次
	平均值
锥形瓶＋水质量＝G_3(g)	

续表

数据	结果
二氧化碳体积(V)/cm^3	
大气压强 p/hPa	
温度(T)/℃	
二氧化碳分子量(M_r)	
相对误差/%	

实验 5 化学反应速率、反应级数和活化能的测定

【实验目的】

1. 了解浓度、温度和催化剂对反应速率的影响。
2. 测定过二硫酸铵与碘化钾反应的平均反应速率、反应级数、速率常数和活化能。

【预习与思考】

1. 预习化学反应速率理论。
2. 思考下列问题：

(1) 如果在反应过程中，KI 刚加入反应溶液，就立即变色，可能发生什么情况？

(2) 如果用量过 $Na_2S_2O_3$ 的量筒量取 KI 进行反应，会对反应结果有什么影响？

【实验原理】

水溶液中，过二硫酸铵与碘化钾反应的离子方程式为：

$$S_2O_8^{2-}+3I^- = 2SO_4^{2-}+I_3^- \tag{1}$$

该反应的平均反应速率为

$$v=\frac{-\Delta[S_2O_8^{2-}]}{\Delta t}\approx k[S_2O_8^{2-}]^m[I^-]^n$$

式中，$\Delta[S_2O_8^{2-}]$为 $S_2O_8^{2-}$ 在Δt时间内物质的量浓度的改变值；$[S_2O_8^{2-}]$和$[I^-]$分别为两种离子初始物质的量浓度；k 为反应速率常数；m 和 n 为反应级数。

为了能够测定$\Delta[S_2O_8^{2-}]$，在混合$(NH_4)_2S_2O_8$ 和 KI 溶液的同时，加入一定体积已知浓度的 $Na_2S_2O_3$ 溶液和淀粉溶液，这样在反应（1）进行的同时，也进行如下的反应：

$$2S_2O_3^{2-}+I_3^- = S_4O_6^{2-}+3I^- \tag{2}$$

反应式(2) 进行得非常快，几乎瞬间完成，而反应式(1) 却慢得多，所以在反应开始阶段，看不到碘与淀粉作用而产生的特有的蓝色。一旦溶液中 $Na_2S_2O_3$ 耗尽，由反应式(1) 继续生成的碘立即使淀粉溶液显示蓝色。

由以上两个方程式可知，$S_2O_8^{2-}$ 物质的量浓度减少的量等于 $S_2O_3^{2-}$ 物质的量浓度减少量的 1/2，即等于 $S_2O_3^{2-}$ 物质的量的起始浓度$[S_2O_3^{2-}]$的 1/2：

$$\Delta[S_2O_8^{2-}]=\Delta[S_2O_3^{2-}]/2=[S_2O_3^{2-}]/2$$

记下从反应开始到溶液出现蓝色所需要的时间 Δt，就可以求反应式(1) 的平均反应速率：

$$v=-\Delta[S_2O_8^{2-}]/\Delta t=[S_2O_3^{2-}]/2\Delta t$$

$$\text{速率常数 } k=\frac{v}{[S_2O_8^{2-}]^m[I^-]^n}$$

根据阿伦尼乌斯方程：

$$\lg k = \frac{-E_a}{2.303RT} + \lg A$$

其中，E_a 为反应的活化能；R 为气体常数；T 为绝对温度。

所以只要测得不同温度时的 k 值，以 $\lg k$ 对 $1/T$ 作图可得一直线，由直线的斜率可求得反应的活化能 E_a：

$$斜率 = \frac{-E_a}{2.303R}$$

【仪器和药品】

恒温水浴锅，秒表，温度计（100℃），烧杯，量筒，试管，玻璃棒。

KI(0.20 mol・dm^{-3})，$(NH_4)_2S_2O_8$(0.20 mol・dm^{-3})，$Na_2S_2O_3$(0.010 mol・dm^{-3})，淀粉［0.2%（质量分数）］，KNO_3(0.20 mol・dm^{-3})，$(NH_4)_2SO_4$(0.20 mol・dm^{-3})，$Cu(NO_3)_2$(0.020 mol・dm^{-3})，冰。

【实验步骤】

1. 浓度对反应速率的影响

分别在量筒上贴好要量取试剂的标签，以免弄混。室温下按表 2-5 中编号 1，用量筒分别量取 $(NH_4)_2S_2O_8$、淀粉、$Na_2S_2O_3$ 溶液于 100 cm^3 烧杯中，用玻璃棒搅拌均匀。再量取 KI 溶液，迅速加到烧杯中，同时按动秒表，立即用玻璃棒将溶液搅拌均匀。观察溶液，刚一出现蓝色，立即停止计时。记录反应时间。

用同样的方法对编号 2～5 进行实验。为了使溶液的离子强度和总体积保持不变，在实验编号 2～5 中所减少的 KI 或 $(NH_4)_2S_2O_8$ 的量，分别用相同浓度的 KNO_3 或 $(NH_4)_2SO_8$ 溶液补充。

2. 温度对反应速率的影响

按表 2-5 中实验编号 4 的用量，分别加入 $(NH_4)_2S_2O_8$、淀粉、$Na_2S_2O_3$ 和 KNO_3 溶液于 100 cm^3 烧杯中，搅拌均匀。在一个大试管中加入 KI 溶液，将烧杯和试管中的溶液温度控制在高于室温 10℃左右，把试管中的 KI 迅速倒入烧杯中，搅拌，记录反应时间和温度。分别在冰水和高于室温 20℃条件下重复上述实验，记录反应时间和温度。

3. 催化剂对反应速率的影响

按表 2-5 中实验编号 4 的用量分别加入 $(NH_4)_2S_2O_8$、淀粉、$Na_2S_2O_3$ 和 KNO_3 溶液于 100 cm^3 烧杯中，再加入 2 滴 $Cu(NO_3)_2$ 溶液，搅拌均匀，迅速加入 KI 溶液，搅拌，记录反应时间。

【注意事项】

1. 在做温度对反应速率的影响时，测烧杯和试管中的温度时用的是同一支温度计，所以换样测量时要清洗后再使用。

2. 计算物质的量时注意最终溶液的体积是多少。

3. 量取试剂时一定要看好标签，不要弄错。

【实验记录及结果】

KI 与 $(NH_4)_2S_2O_8$ 的浓度对反应速率的影响，见表 2-5。温度对反应速率的影响，见表

2-6。催化剂对反应速率的影响，见表 2-7。

表 2-5 KI 与 $(NH_4)_2S_2O_8$ 的浓度对反应速率的影响

实验编号		1	2	3	4	5
试剂用量 $/cm^3$	$0.20\ mol \cdot dm^{-3}$ KI	16.0	16.0	16.0	8.0	4.0
	0.2%(质量分数)淀粉	3.0	3.0	3.0	3.0	3.0
	$0.010\ mol \cdot dm^{-3}\ Na_2S_2O_3$	5.0	5.0	5.0	5.0	5.0
	$0.20\ mol \cdot dm^{-3}\ KNO_3$	0	0	0	8.0	12.0
	$0.20\ mol \cdot dm^{-3}(NH_4)_2SO_4$	0	8.0	12.0	0	0
	$0.20\ mol \cdot dm^{-3}(NH_4)_2S_2O_8$	16.0	8.0	4.0	16.0	16.0
试剂起始浓度 $/mol \cdot dm^{-3}$	$(NH_4)_2S_2O_8$					
	KI					
	$Na_2S_2O_3$					
反应速度 v						
反应时间 Δt(s)						
速率常数 k						
速率常数 $\bar{k}$						
反应级数 m						
反应级数 n						

讨论浓度对反应速率和反应速率常数的影响。

表 2-6 温度对反应速率的影响

实验编号	反应温度/℃	反应时间/s	反应速率常数 k	平均反应速率 v	$1/T$	$\lg k$	$E_a/kJ \cdot mol^{-1}$
4	室温						
6	高于室温 10℃						
7	高于室温 20℃						
8	冰水混合物						

做图求出活化能，并讨论温度对反应速率和速率常数的影响。

表 2-7 催化剂对反应速率的影响

实验编号	加入 $0.020\ mol \cdot dm^{-3}\ Cu(NO_3)_2$ 的滴数	反应时间/s
4	0	
9	2	

讨论催化剂对反应速率的影响。

实验 6 $I_3^- \rightleftharpoons I_2 + I^-$ 体系平衡常数的测定

【实验目的】

1. 测定 $I_3^- \rightleftharpoons I_2 + I^-$ 体系的平衡常数。
2. 练习滴定操作。
3. 加深对化学平衡和平衡常数的理解。

【预习与思考】

1. 固体碘与碘化钾溶液反应时，如果碘量不够，会有何影响？碘的用量是否必须准确？

2. 为什么量取碘化钾溶液时可以用量筒？饱和碘水溶液放置很久才进行滴定，对结果有什么影响？

【基本原理】

碘在碘化钾溶液中主要以 I_3^- 形式存在，在一定温度下建立以下平衡：

$$I_3^- \rightleftharpoons I_2 + I^-$$

反应的平衡常数为：

$$K_c = \frac{[I_2][I^-]}{[I_3^-]} \tag{1}$$

式中，K_c 是平衡常数；$[I^-]$、$[I_3^-]$、$[I_2]$ 代表 3 种物质的平衡浓度。

为了测定上述 3 种物质的平衡浓度，将已知浓度的 KI 溶液与过量的碘固体一起振摇，达到平衡后用标准的 $Na_2S_2O_3$ 溶液滴定：

$$2S_2O_3^{2-} + I_3^- \xlongequal{} S_4O_6^{2-} + 3I^-$$

便可求出碘的总浓度 $c_1([I_3^-]+[I_2])$。$[I_2]$ 可用 I_2 在去离子水中的饱和浓度替代。用过量的碘和去离子水一起振摇平衡后，用标准 $Na_2S_2O_3$ 溶液滴定，就可确定 I_2 的平衡浓度 $[I_2]$，同时也确定了 $[I^-]$：

$$[I_3^-] = c_1 - [I_2]$$

由于形成一个 I_3^- 要消耗一个 I^-，所以平衡时的 I^- 浓度为：

$$[I^-] = c_0 - [I_3^-]$$

将 $[I^-]$、$[I_3^-]$、$[I_2]$ 代入式(1) 便可求出该温度下平衡常数 K_c。

【仪器和药品】

电子台秤，磁力搅拌器，烧杯，量筒（10 cm^3、100 cm^3），移液管（10 cm^3），锥形瓶（250 cm^3），碘量瓶（100 cm^3、500 cm^3），酸式滴定管，洗耳球。

I_2(s)，KI(0.100 $mol \cdot dm^{-3}$、0.200 $mol \cdot dm^{-3}$、0.300 $mol \cdot dm^{-3}$)，淀粉溶液［0.1%（质量分数）］，标准 $Na_2S_2O_3$ 溶液（0.0500 $mol \cdot dm^{-3}$）。

【实验步骤】

1. 取 4 个干燥的 250 cm^3 碘量瓶，分别标上①、②、③、④号。按表 2-8 配制溶液。

2. 将 3 个碘量瓶在室温下振荡 30 min，然后静置 10 min，待固体 I_2 完全沉淀，取上层清液进行滴定。

3. 用移液管分别吸取①～③号瓶上层清液 5 cm^3，分别注入 250 cm^3 锥形瓶中，再各注入 15 cm^3 去离子水，用标准 $Na_2S_2O_3$ 溶液滴定其中一份至呈淡黄色时（注意不要滴过量）。注入 1 cm^3 淀粉溶液，此时溶液应呈蓝色，继续滴定至蓝色刚好消失，记下所消耗的 $Na_2S_2O_3$ 溶液的体积。

4. 取④号瓶上层清液 80 cm^3，用标准 $Na_2S_2O_3$ 溶液滴定，方法同上。记录消耗的体积。

【注意事项】

1. 取用 I_2 时有一名同学戴手套研细，研钵用烧杯盖住。

2. 碘量瓶用后一定要洗干净，放在指定地方，老师统一进行烘干。

3. 吸取上层清液，注意一定不要将下面的固体碘吸上来。

4. 本实验所有含碘废液都要回收。

【实验记录及结果】

$I_3^- \rightleftharpoons I_2 + I^-$ 体系平衡常数的测定，见表 2-8。

表 2-8 $I_3^- \rightleftharpoons I_2 + I^-$ 体系平衡常数的测定

编号	①	②	③	④
$c_{KI}/mol \cdot dm^{-3}$	0.100	0.200	0.300	—
V_{KI}/cm^3	20	20	20	
m_{I_2}/g	0.8	0.8	0.8	0.8
V_{H_2O}/cm^3	—	—	—	100
$Na_2S_2O_3$ 初始体积/cm^3				
$Na_2S_2O_3$ 终体积/cm^3				
消耗 $Na_2S_2O_3$ 体积/cm^3				
$c_1([I_3^-]+[I_2])$				
$[I_2]$				
$[I_3^-]$				
$[I^-]$				
平衡常数 K_c				
K_c 平均值				

实验 7 醋酸解离常数和解离度的测定

本实验是用 pH 值法和电导率法两种方法测定醋酸的解离常数和解离度。

【实验目的】

1. 测定醋酸的解离度和解离常数。
2. 学习正确使用 pH 计。
3. 学习正确使用电导率仪。

【预习与思考】

1. 预习 PHSJ-3F 型 pH 计和雷磁 DDS-307 型电导率仪的使用方法。
2. 思考下列问题：

(1) 电离度如何计算？

(2) 在测定醋酸溶液的 pH 值时，测定顺序为什么要由稀到浓？

(3) 在配制醋酸溶液时，可否用量筒量取醋酸原液进行稀释？

【实验原理】

1. pH 法基本原理

醋酸（CH_3COOH）简写为 HAc，在溶液中存在如下解离平衡：

$$HAc \rightleftharpoons H^+ + Ac^-$$

$$K_i = \frac{[H^+][Ac^-]}{[HAc]} \qquad (1)$$

式中，[H^+]、[Ac^-] 和 [HAc] 分别为 H^+、Ac^- 和 HAc 的平衡浓度；K_i 为解离常数。HAc 的总浓度已知。H^+ 浓度可在一定温度下通过 pH 计测定溶液的 pH 值，根据 pH＝$-\lg[H^+]$计算出。进一步算出[Ac^-]和[HAc]值，代入式(1) 便可求出该温度下的 K_i。

2. 电导率法基本原理

电解质溶液导电能力的大小通常以电阻 R 或电导 G 来表示，电导和电阻互为倒数，电阻的单位为欧（Ω），电导的单位为西（S）。

温度一定时，两电极间溶液的电导与电极之间的距离成反比，与电极的面积 A 成正比。

$$G=k\frac{A}{l} \tag{2}$$

式中，k 被称作电导率，即两电极距离为 1 cm，电极面积为 1 cm^2 时溶液的电导（单位 $S\cdot cm^{-1}$）。当两电极距离 l 和面积 A 一定时，l/A 为一常数，称为电极常数，标在每支电极上。

1 mol 电解质的溶液放置在距离为 1 cm 的两平行电极间，此时溶液的电导率称为摩尔电导率 Λ_m。HAc 的摩尔电导率和电导率有如下关系：

$$\Lambda_m=\frac{1000k}{nc} \tag{3}$$

式中，c 为电解质溶液的浓度，$mol\cdot dm^{-3}$。

当溶液无限稀释时，测得的弱电解质的电导率为极限摩尔电导率 Λ_m^∞。一定温度下，弱电解质的极限摩尔电导率是定值，表 2-9 为 HAc 的极限摩尔电导率。

表 2-9　醋酸的极限摩尔电导率

T/℃	0	18	25	30
$\Lambda_m^\infty/S\cdot cm^2\cdot mol^{-1}$	245	349	390.7	421.8

电离度 α 等于浓度为 c 的摩尔电导率 Λ_m 和极限摩尔电导率 Λ_m^∞ 之比。

$$\alpha=\frac{[H^+]}{c}=\frac{\Lambda_m}{\Lambda_m^\infty} \tag{4}$$

将式(4) 代入式(1) 得

$$K_i=\frac{c\alpha^2}{1-\alpha}=\frac{c\Lambda_m^2}{\Lambda_m^\infty(\Lambda_m^\infty-\Lambda_m)} \tag{5}$$

将式(3) 代入式(5) 得

$$K_i=\frac{k^2\times10^6}{n\Lambda_m^\infty(nc\Lambda_m^\infty-1000k)} \tag{6}$$

所以，只要通过实验测出醋酸的电导率，便可算出一定温度下醋酸的解离常数。

【仪器和药品】

容量瓶（50 cm^3），移液管（25 cm^3、10 cm^3），塑料烧杯，PHSJ-3F 型 pH 计，雷磁 DDS-307 型电导率仪，滤纸。

HAc（0.1000 $mol\cdot dm^{-3}$）。

【实验步骤】

1. 分别吸取 2.50 cm^3、5.00 cm^3 和 25.00 cm^3 已知浓度的 HAc 溶液于 3 个 50 cm^3 容量瓶中，用去离子水稀释到刻度摇匀，并计算出各溶液的准确浓度。

2. 用 4 个干燥的 50 cm^3 塑料烧杯，分别取约 25 cm^3 上述 3 个浓度的 HAc 溶液及未经稀释的 HAc 溶液，由稀到浓分别用 pH 计和电导率仪测定它们的 pH 值和电导率，记录数据。并计算 HAc 的解离度 α 和解离常数 K_i。

【注意事项】

1. 长期停用玻璃电极，使用之前必须在 3 mol·dm^{-3} 的氯化钾溶液中浸泡 24h。
2. 移液管在使用前需要润洗。
3. 测完数据后要把电极洗干净，铂黑电极浸泡在去离子水中，玻璃电极浸泡在 3 mol·dm^{-3} 的氯化钾溶液中。

【实验记录及结果】

醋酸解离常数和解离度（pH 值法），见表 2-10；醋酸解离常数和解离度（电导率法），见表 2-11。

表 2-10　醋酸解离常数和解离度（pH 值法）（温度：　　℃）

HAc 溶液编号	c/mol·dm^{-3}	pH	[H^+]	α	K_i	K_i 平均值
1	0.1000					
2	0.0500					
3	0.0100					
4	0.00500					

表 2-11　醋酸解离常数和解离度（电导率法）（温度：　　℃）

解离常数	Λ_m^{∞}/S·cm^2·mol^{-1}	HAc 溶液编号	c/mol·dm^{-3}	k/S·cm^{-1}	α	K_i	K_i 平均值
		1	0.1000				
		2	0.0500				
		3	0.0100				
		4	0.0050				

讨论浓度对电离度和电离常数的影响。

实验 8　分光光度法测定碘酸铜溶度积

【实验目的】

1. 了解分光光度法测定溶度积的原理。
2. 掌握 T6 分光光度计的使用方法。

【预习与思考】

1. 预习比色法测定溶度积的原理。
2. 思考下列问题：

（1）由新制备的碘酸铜配制碘酸铜饱和溶液时，为什么要多次洗涤碘酸铜？

（2）过滤 $Cu(IO_3)_2$ 饱和溶液时用湿滤纸或湿漏斗对实验结果有何影响？

【实验原理】

碘酸铜是难溶强电解质，在其水溶液中存在下述动态平衡：

$$Cu(IO_3)_2(s) \rightleftharpoons Cu^{2+}(aq) + 2IO_3^-(aq)$$

在一定温度下，此平衡溶液中 Cu^{2+} 浓度与 IO_3^- 浓度的平方的乘积是一个常数：

$$K_{sp}=[Cu^{2+}][IO_3^-]^2$$

式中，K_{sp} 称为溶度积常数。只要能测出平衡时 $Cu(IO_3)_2$ 饱和溶液中的 $[Cu^{2+}]$ 和 $[IO_3^-]$，便可计算出其溶度积 K_{sp}。$[Cu^{2+}]$ 的测定可通过分光光度法进行，用一系列已知浓度的 Cu^{2+} 溶液，加入氨水，使 Cu^{2+} 生成蓝色 $[Cu(NH_3)_4]^{2+}$，这种配位离子对波长为 600 nm 的光有强吸收，而且它对光的吸收强度（吸光度用 A 表示）与溶液的浓度成正比。由分光光度计上测定 $Cu(IO_3)_2$ 饱和溶液与氨水作用所得蓝色溶液的吸光度 A，做出工作曲线并通过计算便可求出 $[Cu^{2+}]$。

利用平衡时 $[Cu^{2+}]$ 与 $[IO_3^-]$ 的关系便可求出 K_{sp}。

【仪器和药品】

循环水式真空泵，吸滤瓶，布氏漏斗，电子台秤，电陶炉，吸量管（$10\ cm^3$、$2\ cm^3$），量筒（$10\ cm^3$），容量瓶（$50\ cm^3$），烧杯，定量滤纸，温度计（100℃），分光光度计，玻璃漏斗，玻璃棒。

$CuSO_4$($0.100\ mol \cdot dm^{-3}$)，KIO_3($0.2\ mol \cdot dm^{-3}$)，$NH_3 \cdot H_2O$($6\ mol \cdot dm^{-3}$)。

【实验步骤】

1. $Cu(IO_3)_2$ 固体的制备

取 $5\ cm^3$ $0.1\ mol \cdot dm^{-3}$ $CuSO_4$ 溶液与 $5\ cm^3$ $0.2\ mol \cdot dm^{-3}$ KIO_3 溶液于 $100\ cm^3$ 烧杯中加热搅拌，静置，大量沉淀产生后，冷却至室温。减压过滤，用去离子水洗涤沉淀多次。至无 SO_4^{2-} 和 Cu^{2+} 为止，得到 $Cu(IO_3)_2$ 固体。

2. $Cu(IO_3)_2$ 饱和溶液的制备

将制得的 $Cu(IO_3)_2$ 固体溶于 $30\ cm^3$ 去离子水中，加热配制饱和溶液，在搅拌下自然冷却至室温［由于新制备的 $Cu(IO_3)_2$ 固体配成饱和溶液 2～3 天才能达到平衡，因此需提前配制］。用干燥的双层滤纸、玻璃漏斗进行干过滤，滤液收集于干燥的烧杯中。

3. 工作曲线的绘制

分别吸取 $0.2\ cm^3$、$0.4\ cm^3$、$0.6\ cm^3$、$0.8\ cm^3$ 和 $1.0\ cm^3$ $0.100\ mol \cdot dm^{-3}$ $CuSO_4$ 溶液于 5 个 $50\ cm^3$ 容量瓶中，各加入 $3\ cm^3$ 的 $6\ mol \cdot dm^{-3}$ $NH_3 \cdot H_2O$ 溶液，摇匀，用去离子水稀释至刻度，摇匀。

以去离子水作参比液，选用 1 cm 比色皿，在波长为 600 nm 处，测定溶液的吸光度。以吸光度 A 为纵坐标，相应 Cu^{2+} 浓度为横坐标，绘制工作曲线。

4. 饱和溶液中 Cu^{2+} 浓度的测定

吸取 $10.00\ cm^3$ 过滤后的饱和 $Cu(IO_3)_2$ 溶液于 $50\ cm^3$ 容量瓶中，加入 $6\ mol \cdot dm^{-3}$ $NH_3 \cdot H_2O$ $3\ cm^3$，摇匀，用水稀释至刻度，再摇匀。按上述测定工作曲线的同样条件测定溶液的吸光度。根据工作曲线求出饱和溶液中的 $[Cu^{2+}]$。

【注意事项】

1. 用干过滤时一定要保证漏斗、滤纸和烧杯是干燥的。
2. 使用分光光度计时一定要按说明操作，比色皿使用后要清洗干净，且测样前要润洗。

【实验记录及结果】

碘酸铜的 K_{sp}，见表 2-12。

表 2-12 碘酸铜的 K_{sp}

编号	1	2	3	4	5	饱和 $Cu(IO_3)_2$ 溶液
V_{CuSO_4}/cm^3	0.2	0.4	0.6	0.8	1.0	
相应的 Cu^{2+} 浓度/mol·dm^{-3}	8.00×10^{-3}	1.60×10^{-3}	2.40×10^{-3}	3.20×10^{-3}	4.00×10^{-3}	
吸光度 A						
饱和溶液 Cu^{2+} 浓度/mol·dm^{-3}						
饱和溶液 IO_3^- 浓度/mol·dm^{-3}						
碘酸铜的 K_{sp}						

实验 9 配离子配位数的测定

【实验目的】

用溶度积和配位平衡原理测定银氨配离子$[Ag(NH_3)_n]^+$的配位数 n。

【预习与思考】

1. 预习沉淀溶解平衡和配位平衡的原理。
2. 思考下列问题：

本实验可以用几种方法获得银氨配离子的稳定常数?

【基本原理】

在 $AgNO_3$ 溶液中加入过量氨水，即生成稳定的$[Ag(NH_3)_n]^+$。再往溶液中加入 KI 溶液，至刚刚出现 AgI 沉淀为止，此时混合溶液中同时存在着以下配位平衡和沉淀平衡：

$$Ag^+ + nNH_3 \rightleftharpoons [Ag(NH_3)_n]^+$$

$$\frac{[Ag(NH_3)_n^+]}{[Ag^+][NH_3]^n} = K_{稳} \tag{1}$$

$$AgI(s) \rightleftharpoons Ag^+ + I^-$$

$$[Ag^+][I^-] = K_{sp} \tag{2}$$

式(1)×式(2) 得：

$$\frac{[Ag(NH_3)_n^+][I^-]}{[NH_3]^n} = K_{稳} \cdot K_{平} = K \tag{3}$$

整理得：

$$[I^-] = \frac{K[NH_3]^n}{[Ag(NH_3)_n^+]} \tag{4}$$

$[I^-]$、$[NH_3]$和$[Ag(NH_3)_n^+]$都是平衡时的浓度（mol·dm^{-3}），可做如下近似计算：设所用的 $AgNO_3$ 溶液的体积为 V_{Ag^+}，浓度为 $[Ag^+]_0$，氨水和碘化钾溶液的体积分别为 V_{NH_3} 和 V_{I^-}，其浓度分别为$[NH_3]_0$ 和$[I^-]_0$，混合溶液的总体积为 $V_{总}$，则平衡时体系的各组分浓度近似为：

$$[I^-] = [I^-]_0 \times \frac{V_{I^-}}{V_{总}} \tag{5}$$

$$[Ag(NH_3)_n^+] = [Ag^+]_0 \times \frac{V_{Ag^+}}{V_{总}} \tag{6}$$

$$[NH_3]=[NH_3]_0\times\frac{V_{NH_3}}{V_{总}} \tag{7}$$

将式(5)、式(6)、式(7) 代入式(4) 整理得：

$$V_{I^-}=V_{NH_3}^nK\left(\frac{[NH_3]_0}{V_{总}}\right)^n\Big/\left(\frac{[I^-]_0}{V_{总}}\times\frac{[Ag^+]_0V_{Ag^+}}{V_{总}}\right) \tag{8}$$

本实验只改变氨水的体积，各组分的起始浓度和 $V_{总}$、V_{Ag^+} 在实验过程中均保持不变。所以式(8) 可写成：

$$V_{I^-}=V_{NH_3}^nK_0 \tag{9}$$

式(9) 两边取对数得：

$$\lg V_{I^-}=n\lg V_{NH_3}+\lg K_0 \tag{10}$$

以 $\lg V_{I^-}$ 为纵坐标，$\lg V_{NH_3}$ 为横坐标，所做直线的斜率便是$[Ag(NH_3)_n]^+$的配位数 n。

【仪器和药品】

锥形瓶（250 cm^3），酸式滴定管（50 cm^3），量筒。

$AgNO_3$(0.010 mol·dm^{-3})，KI(0.010 mol·dm^{-3})，$NH_3\cdot H_2O$(2.0 mol·dm^{-3})。

【实验步骤】

按照表 2-13 编号所列数量依次加入 $AgNO_3$ 溶液、$NH_3\cdot H_2O$ 和去离子水于各号锥形瓶中。在不断缓慢振摇下从滴定管中逐滴加入 KI 溶液，直到溶液开始出现的浑浊不再消失为止，记下所用 KI 溶液的体积。从编号 2 开始，滴定接近终点时，还须补加适量的去离子水，继续滴定至终点，使溶液的总体积与编号 1 的体积基本相同。

【注意事项】

1. 配制每一份混合溶液时，最后加氨水（防止氨挥发）。
2. 反应一定要达到平衡（振荡后沉淀不消失）后观察终点，且每次浑浊度要一致。
3. 最后将取 $AgNO_3$ 溶液的移液管、锥形瓶用剩下的氨水荡洗。

【实验记录及结果】

测定银氨配离子$[Ag(NH_3)_n]^+$的配位数 n，见表 2-13。

表 2-13　测定银氨配离子 $[Ag(NH_3)_n]^+$ 的配位数 n

编号	V_{Ag^+}/cm^3	V_{NH_3}/cm^3	V_{H_2O}/cm^3	V_{I^-}/cm^3	V_{H_2O}/cm^3	$V_{总}/cm^3$	$\lg V_{NH_3}/cm^3$	$\lg V_{I^-}/cm^3$	n	$K_{稳}$
1	25.0	50.0	25.0							
2	25.0	45.0	30.0							
3	25.0	40.0	35.0							
4	25.0	35.0	40.0							
5	25.0	30.0	45.0							
6	25.0	25.0	50.0							
7	25.0	20.0	55.0							
8	25.0	15.0	60.0							

注：1. 根据有关数据作图，求出配离子$[Ag(NH_3)_n]^+$的配位数 n。

2. 已知 25℃时碘化银 $K_{sp}=8.51\times10^{-17}$，由截距 $\lg K_0$ 计算银氨配离子的稳定常数 $K_{稳}$。

实验 10　磺基水杨酸铜配合物组成和稳定常数的测定

【实验目的】

掌握分光光度法测定溶液中配合物的组成和稳定常数的原理和方法。

【预习与思考】

1. 预习有关磺基水杨酸铜配合物的组成和性质。

2. 思考下列问题：

（1）如果配合物中配体、金属离子及配合物都有颜色，能否用本实验方法测定配合物的组成和稳定常数？为什么？

（2）实验中使用的磺基水杨酸和硝酸铜的物质的量浓度是否相同？为什么？

【基本原理】

根据朗伯-比尔定律，溶液的吸光度与溶液中有色物质的浓度和液层厚度成正比。若液层厚度不变，溶液的吸光度只与此物质的浓度成正比。设中心离子 M 与配位体 L 能发生配位反应：

$$M+nL \rightleftharpoons ML_n$$

如果 M 和 L 在溶液中都是无色的，或者对所选定的波长的光不吸收，而所形成的配合物是有色的，且在一定条件下只生成这一种配合物，便可从测得的吸光度来求出该配合物的组成和稳定常数。本实验采用等摩尔系列法进行测定。

为了测定配合物 ML_n 的组成，可用其物质的量浓度相等的 M 溶液和 L 溶液配成一个系列，其中 M 和 L 的总物质的量不变但两者的物质的量分数连续变化的混合溶液。测定它们的吸光度，作吸光度-组成图。与吸光度极大值相对应的溶液的组成，便是配合物的组成。例如，如果在系列混合溶液中，其配位体的物质的量分数 X_L 为 0.5 的溶液的吸光度最大，那么在此溶液中 L 与 M 的物质的量之比为 1∶1，因而配合物的组成也就是 1∶1，即形成 ML 配合物，如图 2-6 所示。

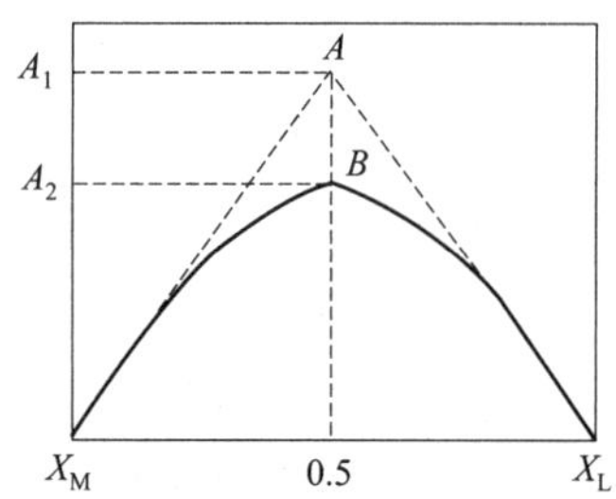

图 2-6　吸光度-组成图

从吸光度-组成图可以看得清楚，在极大值 B 两边的所有溶液中，配合物 ML 的浓度都小于与极大值 B 相对应的溶液的浓度，因而其吸光度也都小于 B。只有在 $X_L=X_M=0.5$ 的溶液中，也就是其组成（ML）与配合物组成相一致的溶液中，配合物浓度最大，因而吸光度也最大。

用等摩尔系列法还可求算配合物的稳定常数。在吸光度-组成图中，在极大值两侧其中 M 或 L 过量较多的溶液，配合物的解离度都很小，吸光度与溶液组成浓度几乎成直线关系。但是当 X_M 和 X_L 之比接近于配合物组成的时候，配合物的解离度相对来说就比较大，在此区域内曲线出现了近乎平坦的部分。吸光度-组成图中的 A 为曲线两侧直线部分的延长线交点，它相当于假定配合物完全不解离时的吸光度的极大值 A_1，而 B 则为实验测得的吸光度的极大值 A_2。显然，配合物的解离度越大，则 A_1-A_2 差值越大，所以对于配位平衡

$$M+L \rightleftharpoons ML$$

来说，其解离度 α 为：

$$\alpha=\frac{A_1-A_2}{A_1}$$

平衡常数 K_f 为：

$$K_f=\frac{[ML]}{[M][L]}=\frac{c-c\alpha}{c\alpha \cdot c\alpha}=\frac{1-\alpha}{\alpha^2 c}$$

c 为与 A（或 B）点相对应的溶液中 M 离子的总浓度。

【仪器和药品】

T_6 分光光度计，雷磁 PHSJ-3F 型 pH 计，电磁搅拌器，容量瓶（50 cm^3），酸式滴定管（50 cm^3）。

$Cu(NO_3)_2$(0.1 $mol \cdot dm^{-3}$)，磺基水杨酸（0.1 $mol \cdot dm^{-3}$），NaOH(1 $mol \cdot dm^{-3}$、0.05 $mol \cdot dm^{-3}$)，HNO_3(0.01 $mol \cdot dm^{-3}$)，KNO_3(0.1 $mol \cdot dm^{-3}$)。

【实验步骤】

1. 在 13 个烧杯中按表 2-14 的要求配制一系列混合溶液。
2. 使用电磁搅拌器和 pH 计调节每个烧杯中溶液的 pH=4.5。
3. 调好 pH 的溶液分别转移到 50 cm^3 容量瓶中，用 pH=4.5 的 0.1 $mol \cdot dm^{-3}$ KNO_3 溶液稀释到刻度。
4. 用 1 cm^3 比色皿，在波长 440 nm 处，用分光光度计分别测定每个混合液的吸光度，并记录在表 2-14。

【注意事项】

1. 在搅拌的过程中使用酸度计时，要注意保护电极。
2. 调 pH 时先用 1 $mol \cdot dm^{-3}$ NaOH 调到 4 左右，再用 0.05 $mol \cdot dm^{-3}$ NaOH 调；若有沉淀产生，说明 pH 值过高，则可用 0.01 $mol \cdot dm^{-3}$ HNO_3 溶液调回。

【实验记录及结果】

表 2-14　磺基水杨酸铜配合物组成和稳定常数的测定　　（室温：　℃）

溶液编号	1	2	3	4	5	6	7	8	9	10	11	12	13
V_{H_3L}/cm^3	0	1	2	3	4	5	6	7	8	9	10.	11	12
$V_{Cu(NO_3)_2}/cm^3$	12	11	10	9	8	7	6	5	4	3	2	1	0
$X_L=\frac{V_L}{V_L+V_M}$													
溶液的吸光度 A													
A_1													
A_2													
α													
K_f													

以吸光度 A 为纵坐标，磺基水杨酸摩尔分数为横坐标，作吸光度-组成图，求出配合物 CuL_n 的组成及其稳定常数。

实验 11　光度法测定配合物的分裂能

【实验目的】

掌握分光光度法测定配合物分裂能的测定方法。

【预习与思考】

1. 预习有关晶体场理论的内容。

2. 思考下列问题：

(1) 配合物的分裂能 Δ(10Dq) 受哪些因素影响？

(2) 用于测定吸收曲线的溶液浓度是否要很准确？为什么？

【基本原理】

过渡金属离子形成配合物后，d 轨道在晶体场的影响下会发生能级分裂。

$[Ti(H_2O)_6]^{3+}$ 在八面体场的影响下，Ti^{3+} 的 5d 轨道分裂为 2 组，分别是两个简并轨道的 e_g 轨道和三个简并轨道的 t_{2g} 轨道。Ti^{3+} 只有 1 个 d 电子，当吸收一定波长的光后，d 电子从基态 t_{2g} 轨道跃迁到 e_g 轨道，产生一个电子跃迁吸收峰，这种跃迁的能量就是分裂能 Δ(10Dq)，如图 2-7 所示。d-d 跃迁的能量差可以通过实验测定。对于配离子 $Cr(H_2O)_6^{3+}$ 和 $(Cr\text{-}EDTA)^-$ 来说，Cr^{3+} 含有 3 个 d 电子，d 电子同时受八面体场影响和电子之间的相互作用。这 2 种配离子吸收能量后，有 3 个相应的电子跃迁吸收峰，其中 2 个在可见光区。由最大波长的吸收峰对应的波长计算分裂能 Δ。

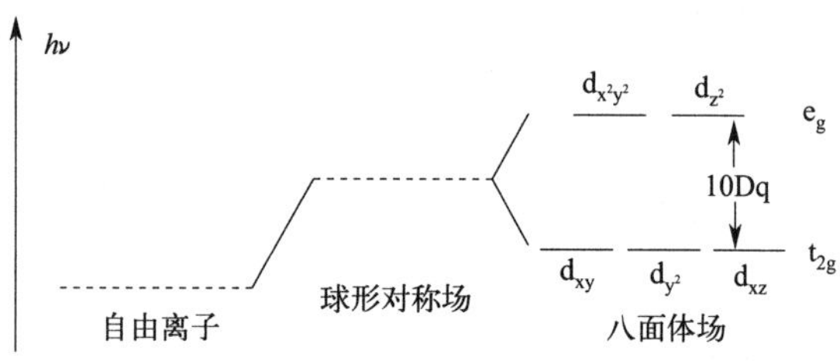

图 2-7　d 电子跃迁图

根据

$$E_光 = E_{e_g} - E_{t_{2g}} = \Delta \tag{1}$$

$$E_光 = h\nu = \frac{hc}{\lambda} \tag{2}$$

$$E_光 = \frac{hc}{\lambda} = 1.986 \times 10^{23} \times \frac{1}{\lambda} \times 10^7 (J) \tag{3}$$

式中，h 为普朗克常数，其值为 6.626×10^{-34} J·s；c 为光速，其值为 2.9979×10^8 m·s^{-1}；$E_光$为可见光光能，J；λ 为波长，nm。Δ 常用$\frac{1}{\lambda}$的单位 cm^{-1} 表示，由上式可知，1cm^{-1} 相当于 1.986×10^{-23} J。当 Δ 用 cm^{-1} 表示，λ 单位为 nm 时，则有：

$$\Delta = \frac{1}{\lambda} \times 10^7 (cm^{-1}) \tag{4}$$

本实验测定上述 3 种配离子在可见光区不同波长对应的吸光度 A，做 A-λ 吸收曲线，则可用曲线中最大波长的吸收峰所对应的波长来计算 Δ 值。

【仪器和药品】

电子台秤，分光光度计，电陶炉，烧杯，玻璃棒，滴管。

$TiCl_3$ [15%（质量分数）] 水溶液，$CrCl_3 \cdot 6H_2O$(AR)(s)，乙二胺四乙酸二钠盐

(AR)(s)。

【实验步骤】

1. $Cr(H_2O)_6{}^{3+}$ 溶液的配制：称量0.15 g $CrCl_3 \cdot 6H_2O$ 溶于20 cm^3 去离子水中。

2. $(Cr\text{-}EDTA)^-$ 溶液的配制：称量0.1 g乙二胺四乙酸二钠盐，用25 cm^3 去离子水加热溶解后，加入1.5 cm^3 配制好的 $Cr(H_2O)_6{}^{3+}$ 溶液，稍加热后得紫色的 $(Cr\text{-}EDTA)^-$ 溶液。

3. 溶液的配制：量取1 cm^3 $TiCl_3$ [15%(质量分数)] 水溶液，用去离子水稀释至10 cm^3。

4. 在分光光度计的470～650 nm波长范围内，每间隔10 nm测定上述溶液的吸光度，数据记录见表2-15。

【实验记录及结果】

1. 三种配离子的波长和吸光度。

表2-15　配离子的波长和吸光度

波长(λ)/nm	吸光度(A)		
	$Ti(H_2O)_6^{3+}$	$Cr(H_2O)_6^{3+}$	$(Cr\text{-}EDTA)^-$
470			
480			
490			
500			
510			
520			
530			
540			
550			
560			
570			
580			
590			
600			
610			
620			
630			
640			
650			

2. 绘制三种配离子的 $A\text{-}\lambda$ 吸收曲线。

3. 计算三种离子的分裂能 $\Delta(10Dq)$。

实验12　电导率法测定氯化银的溶度积（设计）

【实验目的】

用已有的知识设计用电导率法测定氯化银的溶度积。

【预习与思考】

1. 预习活度、活度系数和浓度的关系。

2. 思考下列问题：

（1）AgCl饱和溶液中如果存在NO_3^-对实验结果有何影响？

（2）在测定AgCl饱和溶液电导率时，水的电导率可否忽略？

【实验原理】

在难溶电解质AgCl的饱和溶液中，存在下列平衡

$$AgCl(s) \rightleftharpoons Ag^+(aq) + Cl^-(aq)$$

$$K_{sp}^{\ominus}(AgCl) = [Ag^+][Cl^-] = [Ag^+]^2 \qquad (1)$$

因此，只要测得AgCl的饱和溶液中Ag^+的浓度便可求出溶度积。本实验利用浓度与电导率的关系，通过测定溶液的电导率，从而计算出AgCl的$K_{sp}^{\ominus}$。

电解质溶液中存在下列关系：

$$\Lambda_m = \frac{1000k}{c} \qquad (2)$$

式中　Λ_m——溶液的摩尔电导率，$S \cdot cm^2 \cdot mol$；

k——溶液的电导率，$S \cdot cm^{-1}$；

c——溶液浓度，$mol \cdot dm^{-3}$。

难溶电解质的饱和溶液可近似看作无限稀释溶液，其溶液的摩尔电导率Λ_m可用极限摩尔电导率Λ_m^{∞}代替。上式可写成：

$$\Lambda_m^{\infty} = \frac{k}{c} \qquad (3)$$

溶液的极限摩尔电导率等于阴离子和阳离子极限摩尔电导率之和，所以

$$\Lambda_m^{\infty}(AgCl) = \Lambda_m^{\infty}(Ag^+) + \Lambda_m^{\infty}(Cl^-) \qquad (4)$$

温度一定时，$\Lambda_m^{\infty}(Ag^+)$与$\Lambda_m^{\infty}(Cl^-)$是定值，查表（无限稀释摩尔电导率表）即可得到。

实验所测的AgCl饱和溶液的电导率以k'表示，包括了H_2O电离出的H^+与OH^-的电导率，所以：

$$k = k' - k_{H_2O} \qquad (5)$$

综合上述各式得

$$K_{sp}^{\ominus}(AgCl) = \left[\frac{k' - k_{H_2O}}{\Lambda_m^{\infty}(AgCl)}\right]^2 \times 10^6 \qquad (6)$$

【实验要求】

1. 设计实验方案，测定氯化银的溶度积。实验方案应包括实验原理、仪器药品、实验试剂的用量、实验步骤。实验方案经指导教师同意后方可实施。

2. 查表列出$\Lambda_m^{\infty}(Ag^+)$与$\Lambda_m^{\infty}(Cl^-)$值。

3. 进行实验，并写出完整的实验报告。实验报告包括实验目的、实验原理、实验步骤、实验记录及实验数据处理。

拓展阅读

阅读1 跨越百年的美丽——居里夫人

我从来不曾有过幸运，将来也永远不指望幸运，我的最高原则是：不论对任何困难都决不屈服！

——玛丽·居里

玛丽·居里，出生于华沙，世称“居里夫人”，全名玛丽亚·斯克沃多夫斯卡·居里（Maria Skłodowska Curie），法国著名波兰裔科学家、物理学家、化学家。

玛丽·居里，这位科学界的传奇女性，出生于波兰华沙一个教师家庭。自小聪慧的她，对知识有着无尽的渴求。然而，当时波兰处于俄国的统治之下，女性接受高等教育的机会极为有限。但玛丽并未因此放弃自己的梦想。1891年，24岁的她怀揣着对知识的强烈渴望，毅然离开波兰，前往巴黎求学。初到巴黎，她面临着诸多困难，生活拮据，只能居住在简陋狭小的阁楼里。然而，艰苦的生活条件并没有阻挡她追求知识的脚步。她凭借着顽强的毅力和非凡的才智，在巴黎大学以优异的成绩毕业。1895年，玛丽与皮埃尔·居里喜结连理。婚后的他们，不仅在生活中相互扶持，更是在科学研究的道路上携手并肩。他们把目光聚焦在铀盐的放射性研究上。在设备简陋、环境恶劣的实验室里，夫妇二人废寝忘食地工作着。经过无数次的实验和探索，他们发现了一种新的元素——钋。这一发现让他们备受鼓舞，更加坚定了继续探索的决心。不久之后，他们又迎来了另一个重大发现——镭。然而，要从数吨铀矿渣中提取出极其微量的镭元素，绝非易事。他们需要克服无数的技术难题和艰苦的实验条件。为了提取镭，他们在破旧的棚屋里搭建起实验装置。棚屋夏天闷热潮湿，冬天寒冷刺骨。夫妇俩整天搅动着锅里的矿渣，在烟熏火燎中辛勤劳作。经过漫长而艰辛的努力，他们终于成功地分离出了镭，为科学界做出了巨大的贡献。玛丽·居里的科学成就举世瞩目，她的精神更是激励着一代又一代的人在追求真理和科学的道路上勇往直前。

阅读2 中国稀土之父——徐光宪

我们做科研的有一个信念，就是立足于基础研究，着眼于国家目标，不跟外国人跑，走自己的创新之路。

——徐光宪

徐光宪，浙江省上虞县（今绍兴市上虞区）人，物理化学家、无机化学家、教育家，2008年“国家最高科学技术奖”获得者，被誉为“中国稀土之父”“稀土界的袁隆平”。

1944年，徐光宪毕业于交通大学化学系；1951年3月，获美国哥伦比亚大学博士学位；1957年9月，任北京大学技术物理系副主任兼核燃料化学教研室主任；1980年12月，当选为中国科学院学部委员（院士）；1986年2月，任国家自然科学基金委员会化学学部主任；1991年，被选为亚洲化学联合会主席。

徐光宪被誉为“稀土之父”，他的故事充满了坚持与奉献。徐光宪出生于1920年的浙江绍兴，自幼勤奋好学。年少时，他经历了诸多波折，但始终没有放弃学业。留学美国期间，他成绩优异，获得博士学位后，面对国外的优厚待遇和科研条件，他毅然选择回国，与妻子高小霞一同投身祖国建设。20 世纪 70 年代，为改变我国稀土工业落后的状况，徐光宪开始研究稀土分离方法。当时，分离镨钕是国际公认的难题，国外采用的离子交换法和分级结晶法存在成本高、纯度低等问题。徐光宪决定采用萃取法另辟蹊径，这一想法在当时并不被看好。此后，他付出了巨大努力，日夜奋战在实验室，频繁往返于北京和包头矿山之间。经过无数次试验，徐光宪和他的团队终于取得突破。1975 年，他提出的串级萃取理论引起轰动。不仅如此，他还实现了串级萃取体系从设计到应用的“一步放大”，极大地降低了生产成本。

徐光宪的研究成果，使我国稀土分离技术走在世界前列，打破了发达国家的垄断，让中国稀土产业实现了从“资源大国”到“生产强国”的转变。中国高纯度稀土的大量出口，还导致国际稀土价格下降。然而，他并没有满足于此。面对稀土资源的大量出口和流失问题，年逾八十的他四处奔走，呼吁加强对我国稀土生产的宏观调控，以保护珍贵的稀土资源。徐光宪为我国的稀土事业奉献了一生，不仅培养了大批稀土领域的工程技术人员，还为国家的科技发展和资源保护做出了不可磨灭的贡献。

阅读 3 侯德榜与侯氏制碱法的强国之路

侯德榜，福建闽侯人，著名科学家，杰出化学家，侯氏制碱法的创始人，中国重化学工业的开拓者，近代化学工业的奠基人之一，是世界制碱业的权威。

屈辱与觉醒：工业救国的起点

1911 年，正在清华留美预备学堂学习的侯德榜，目睹上海码头外国纯碱以“洋碱”之名倾销，中国商人只能低价兜售土制“口碱”（含杂质的天然碱），洋人却以“杂质超标”为由肆意压价。这一幕如利刃刺痛他：化学工业不强，国家工业体系便无根基。1913 年，侯德榜赴美留学，在麻省理工学院攻读化学工程时，发现图书馆的索尔维制碱法资料被锁在“仅供欧美学生查阅”的专柜。民族自尊心驱使他暗下决心：“不打破技术垄断，誓不罢休。”1921 年，他婉拒导师“留美从事理论研究”的建议，带着“要让中国碱柜里没有洋碱”的誓言回国，出任永利碱厂总工程师。

破茧之路：在盐碱滩上铸剑

永利碱厂选址天津塘沽，这里虽靠近海盐产地，却因缺乏技术陷入“巧妇难为无米之炊”的困境。索尔维法的核心是氨碱循环，但关键参数如氨气浓度、二氧化碳通入速率等被严密封锁。侯德榜带着一群年轻人，用陶土盆、瓦罐做反应器，用天平称量每克原料，在风沙弥漫的实验室里记录了 2000 多条工作日志。1924 年 8 月，碱厂首次出碱，却呈暗红色——原来是铁锈污染了产品。外国工程师断言：“中国人不懂材料防腐，永远造不出白碱。”侯德榜变卖部分家产，从美国购进不锈钢设备，重新调试工艺。1926 年 6 月，当洁白的纯碱从蒸氨塔源源不断产出时，工人们热泪盈眶。这年秋天，“红三角”纯碱在费城万国博览会上斩获金奖，评委惊叹：“在莱茵河畔，我们能造出同样的产品，但中国人在盐碱地上做到了。”

二次革命：在战火中重构世界化工版图

1937 年，日军侵华战火蔓延至塘沽，侯德榜果断将设备拆解西运，在四川五通桥重建碱厂。然而，当地井盐需经多次提纯才能用于制碱，成本比海盐高 3 倍；更棘手的是，索尔维法副产物氯化钙无法在西南农田使用（会导致土壤板结），在环保与经济双重压力下，必须发明全新工艺。侯德榜在简陋的实验室里突发奇想：合成氨厂能生产氨气和二氧化碳，而制碱需要这两种原料，为何不将二者“联姻”？他日夜蹲守在反应釜旁，尝试调整氨盐比、温度、压力等参数，终于发现：当氨气过量时，氯化铵溶解度降低，可从溶液中结晶析出，而碳酸氢钠则优先沉淀——这正是联合制碱法的核心原理。1941 年，新工艺通过中试，食盐利用率从 70%跃升至 96%，每吨纯碱成本下降至原来的 60%，且副产物氯化铵成为优质氮肥。侯德榜将这一工艺命名为“侯氏制碱法”，并在论文中公开了全部技术细节。美国《化学工程新闻》评价：“这个来自中国的化学家，用一支笔改写了世界制碱业的规则。”

跨越百年的强国密码

如今，中国纯碱产能占全球的 40%以上，光伏玻璃、锂电池等新兴产业对纯碱的需求，正推动行业向低碳化、智能化升级。而侯氏制碱法的核心原理——资源循环利用与跨产业协同，依然闪耀着智慧的光芒。在芯片、高端材料等“卡脖子”领域，侯德榜的故事如同一面镜子：真正的科技自强，需要“把冷板凳坐热”的耐力，更需要“敢为天下先”的勇气。正如他在《制碱工学》序言中所写：“科学无捷径，唯真与勤而已。吾望后学，以工业兴国为己任，勿惧难，勿逐利，方得始终。”

从“化学救国”到“科技强国”

侯德榜用 40 年时间，让中国从“洋碱进口国”变为“制碱技术输出国”。他的实验室曾是盐碱地上的草棚，他的仪器曾是锈迹斑斑的铁锅，但他的目光始终望向工业强国的未来。当我们在实验室配制碳酸钠溶液时，不应只看到白色粉末的化学性质，更应看见百年前一位科学家在风沙中写下的誓言——那是中国工业突围的起点，也是科技报国精神的源头活水。这部跨越世纪的“碱业传奇”告诉我们，真正的科学成就，从来不是冰冷的公式，而是滚烫的家国情怀与永不停歇的创新脚步。

第3章 元素实验

实验1 氧和硫

【实验目的】

1. 掌握过氧化氢的性质。

2. 掌握硫化氢、硫代硫酸盐的还原性以及二氧化硫的氧化还原性。

3. 掌握过硫酸盐的强氧化性。

【预习与思考】

1. 预习教材中氧族元素的性质，写出相应的反应方程式。

2. 思考下列问题：

(1) 实验中用 $S_2O_8^{2-}$ 将 Mn^{2+} 氧化成 MnO_4^- 时，如果不用 $MnSO_4$ 而用 $MnCl_2$ 可否？为什么？

(2) 如何判断亚硫酸钠溶液已经失效？

【仪器和药品】

酒精灯，离心机，烧杯，离心试管，小试管。

H_2S[(CH_3CSNH_2)0.1 mol·dm^{-3}]，碘水，$MnSO_4$(0.002 mol·dm^{-3}、0.1 mol·dm^{-3})，$KMnO_4$(0.1 mol·dm^{-3})，SO_2 水溶液，$AgNO_3$(0.1 mol·dm^{-3})，NaOH(2 mol·dm^{-3})，H_2SO_4(3 mol·dm^{-3})，KI(0.1 mol·dm^{-3})，HCl(2 mol·dm^{-3})，K_2CrO_7(0.1 mol·dm^{-3}、0.5 mol·dm^{-3})，H_2O_2(3%)，$(NH_4)_2S_2O_8$(0.2 mol·dm^{-3})，$Na_2S_2O_3$(2 mol·dm^{-3})，乙醚(l)，CCl_4(l)，MnO_2(s)。

待鉴别溶液：Na_2CO_3、Na_2S、Na_2SO_3、$Na_2S_2O_3$、Na_2SO_4、$K_2S_2O_8$（均为 0.1 mol·dm^{-3}）。

【安全注意事项】

二氧化硫有刺激性气味，对人体黏膜和呼吸道造成损害，引起流泪、流涕、咽干、咽痛等呼吸系统炎症，大量吸入会窒息死亡。因此，凡涉及它的实验都要在通风橱中进行。

硫化氢是有臭鸡蛋气味的有毒气体，主要引起中枢神经系统中毒。轻度会头晕、头痛、呕吐，重度可使人昏迷、窒息以致死亡。因此，凡涉及它的实验都要在通风橱内进行。

【实验原理】

过氧化氢俗称双氧水，其分子中含有过氧键（—O—O—），具有较强的氧化性，也具有较弱的还原性，同时还会发生歧化反应。

H_2S 微溶于水，是较强的还原剂。本实验用硫代乙酰胺代替 H_2S 进行实验。

$$CH_3CSNH_2 + H_2O = CH_3CONH_2 + H_2S$$

$Na_2S_2O_3$ 是较强的还原剂。

过二硫酸盐结构中含有过氧键，在酸性介质中，具有强氧化性。

【实验内容及现象】

1. 过氧化氢的性质

（1）氧化性　取5滴3% H_2O_2 溶液，滴加3滴3 $mol \cdot dm^{-3}$ H_2SO_4 溶液酸化，再滴加5滴 CCl_4 溶液及5滴0.1 $mol \cdot dm^{-3}$ KI溶液，振摇试管。观察现象，写出反应方程式。

（2）还原性　取5滴3% H_2O_2 溶液，滴加5滴3 $mol \cdot dm^{-3}$ H_2SO_4 溶液酸化，滴加0.1 $mol \cdot dm^{-3}$ $KMnO_4$ 溶液，振摇试管。观察现象，写出反应方程式。

（3）H_2O_2 的分解

① 加热10滴3% H_2O_2 溶液，有何现象？用火柴余烬检验生成的气体，写出反应方程式。

② 取5滴3% H_2O_2 溶液，加入米粒大小的固体 MnO_2。观察现象。用火柴余烬检验生成的气体，写出反应方程式。

（4）介质酸碱性对 H_2O_2 氧化还原性的影响　取5滴3% H_2O_2 溶液，加入3滴2 $mol \cdot dm^{-3}$ NaOH溶液，再滴加5滴0.1 $mol \cdot dm^{-3}$ $MnSO_4$。观察现象，写出反应方程式。溶液静置后，倾去清液，在沉淀中加入少量3 $mol \cdot dm^{-3}$ H_2SO_4 酸化，再滴加3% H_2O_2 溶液，观察现象有何变化。解释现象并写出反应方程式。

（5）H_2O_2 的鉴定　在试管中加入10滴3% H_2O_2 溶液、5滴乙醚和5滴3 $mol \cdot dm^{-3}$ H_2SO_4 溶液，再加入2滴0.5 $mol \cdot dm^{-3}$ $K_2Cr_2O_7$ 溶液，振摇试管。观察乙醚层颜色，写出反应方程式。

2. 硫化氢的还原性

（1）取5滴0.1 $mol \cdot dm^{-3}$ $KMnO_4$ 溶液，加入5滴3 $mol \cdot dm^{-3}$ H_2SO_4 酸化，加入5滴0.1 $mol \cdot dm^{-3}$ H_2S 水溶液酸化，水浴加热试管。观察现象，写出反应方程式。

（2）在离心试管中，加入5滴0.1 $mol \cdot dm^{-3}$ $K_2Cr_2O_7$ 溶液、5滴3 $mol \cdot dm^{-3}$ H_2SO_4，再加入5滴0.1 $mol \cdot dm^{-3}$ H_2S 水溶液酸化，水浴加热试管。观察现象。将离心试管置于离心机中离心沉降后，观察试管壁上附着的固体颜色。写出反应方程式。

3. SO_2 的性质

（1）SO_2 氧化性　取5滴自制的 SO_2 水溶液，加入5滴0.1 $mol \cdot dm^{-3}$ H_2S 水溶液，水浴加热试管。观察现象，写出反应方程式。

（2）SO_2 还原性　取5滴自制的 SO_2 水溶液，加入5滴3 $mol \cdot dm^{-3}$ H_2SO_4 酸化，再滴加5滴0.1 $mol \cdot dm^{-3}$ $KMnO_4$ 溶液。观察现象，写出反应方程式。

4. 硫代硫酸盐的性质

（1）取5滴0.1 $mol \cdot dm^{-3}$ $Na_2S_2O_3$ 溶液，向其中滴加碘水。观察现象，写出反应方程式。

(2) 取 5 滴 0.1 $mol \cdot dm^{-3}$ $Na_2S_2O_3$ 溶液，向其中滴加 2 $mol \cdot dm^{-3}$ HCl 溶液。观察现象，写出反应方程式。

5. 过二硫酸盐的性质

(1) 取 5 滴 0.1 $mol \cdot dm^{-3}$ KI 溶液，加入 5 滴 3 $mol \cdot dm^{-3}$ H_2SO_4 酸化，再滴加 5 滴 0.2 $mol \cdot dm^{-3}$ $(NH_4)_2S_2O_8$ 溶液。观察现象，写出反应方程式。

(2) 取 5 滴 0.002 $mol \cdot dm^{-3}$ $MnSO_4$ 溶液，加入 5 滴 3 $mol \cdot dm^{-3}$ H_2SO_4 酸化，滴加 2 滴 0.1 $mol \cdot dm^{-3}$ $AgNO_3$ 溶液，再滴加 5 滴 0.2 $mol \cdot dm^{-3}$ $(NH_4)_2S_2O_8$ 溶液，水浴加热试管。观察现象，写出反应方程式。另取一支试管，不加 $AgNO_3$ 溶液，进行上述实验。比较两个实验结果，有何不同，为什么?

6. 设计实验

现有六种已失去标签的溶液，分别是 Na_2CO_3、Na_2S、Na_2SO_3、$Na_2S_2O_3$、Na_2SO_4 和 $(NH_4)_2S_2O_8$，用实验室现有试剂设计实验方案，进行鉴别。

实验 2 氮和磷

【实验目的】

1. 掌握氨气的制备方法及性质。
2. 掌握铵盐的性质。
3. 掌握硝酸及其盐的性质。
4. 掌握亚硝酸及其盐的性质。
5. 掌握磷酸盐的性质。

【预习与思考】

1. 预习教材中关于氮和磷的内容，写出相应的化学反应方程式。
2. 思考下列问题：

(1) 如何鉴定 NO_3^-?

(2) 如何鉴定 NH_4^+?

(3) 在氧化还原反应中，一般不用浓 HCl、HNO_3 作为反应的酸性介质，为什么?

【实验原理】

氨能与各种酸反应生成铵盐，铵盐与强碱反应会放出氨气。

HNO_3 具有强酸性和强氧化性，其氧化性与酸的浓度呈正比。浓硝酸与非金属反应一般被还原为 NO，与金属反应被还原为 NO_2，极稀的硝酸与活泼金属（如 Zn）反应还能被还原为 NH_4^+，稀硝酸与非金属一般不反应。

固体硝酸盐受热时能分解，分解产物因金属离子的性质不同而不同。固体铵盐受热易分解，分解产物因组成铵盐的酸的性质不同而不同。

亚硝酸不稳定，但亚硝酸盐是稳定的，亚硝酸及其盐既具有强于硝酸的氧化性，又具有弱还原性。

在磷的含氧酸中，因含水量的不同可分为正磷酸、偏磷酸及焦磷酸，酸性依次增强。正磷酸的二氢盐易溶于水，而磷酸一氢盐及磷酸盐，除钠、钾及铵盐外，都不溶于水。

【仪器和药品】

温度计，酒精灯，铁架台，铜片，锌片，硫黄粉，铝屑，硬质试管，表面皿，弯管附带胶塞，pH 试纸，电子台秤、玻璃棒、试管夹。

NH_4Cl(s)，$Ca(OH)_2$(s)，KNO_3(s)，$Cu(NO_3)_2$(s)，$AgNO_3$(s)，$FeSO_4\cdot7H_2O$(s)，$(NH_4)_2SO_4$(s)，$NaNO_2$(饱和、0.1 $mol\cdot dm^{-3}$、0.5 $mol\cdot dm^{-3}$、0.01 $mol\cdot dm^{-3}$)，$Na_4P_2O_7$(0.1 $mol\cdot dm^{-3}$)，$NaPO_3$(0.1 $mol\cdot dm^{-3}$)，Na_2HPO_4(0.1 $mol\cdot dm^{-3}$)，NaH_2PO_4(0.1 $mol\cdot dm^{-3}$)，$NaNO_3$(0.5 $mol\cdot dm^{-3}$)，$NH_3\cdot H_2O$(浓)，KI(0.1 $mol\cdot dm^{-3}$)，$AgNO_3$(0.1 $mol\cdot dm^{-3}$)，HNO_3(2 $mol\cdot dm^{-3}$、6 $mol\cdot dm^{-3}$、浓)，$KMnO_4$(0.1 $mol\cdot dm^{-3}$)，H_2SO_4(1 $mol\cdot dm^{-3}$、3 $mol\cdot dm^{-3}$、浓)，H_2S(1 $mol\cdot dm^{-3}$)，HAc(2 $mol\cdot dm^{-3}$、6 $mol\cdot dm^{-3}$)，$CaCl_2$(0.1 $mol\cdot dm^{-3}$)，HCl(2 $mol\cdot dm^{-3}$、浓)，Na_3PO_4(0.1 $mol\cdot dm^{-3}$)，NaOH(6 $mol\cdot dm^{-3}$、40%)，$FeSO_4$(0.1 $mol\cdot dm^{-3}$)，对氨基苯磺酸(l)，α-萘胺(l)，四氯化碳(l)，蛋白溶液(l)，酚酞溶液(l)，钼酸铵溶液(l)，$BaCl_2$(0.1 $mol\cdot dm^{-3}$)，$MgCl_2$(0.1 $mol\cdot dm^{-3}$)，奈斯勒试剂。

未知物 $NaNO_2$、$NaNO_3$、Na_2HPO_4、$Na_4P_2O_7$、$NaPO_3$。

【安全注意事项】

1. 除 N_2O 外，所有氮的氧化物都有毒，其中尤以 NO_2 为甚。在大气中的允许含量为每升空气不得超过 0.005 mg。目前，NO_2 中毒尚无特效药物治疗，一般只能输入氧气以帮助呼吸和血液循环。二氧化氮主要对人体造成黏膜损害引起肿胀充血；呼吸系统损害可引起各种炎症；神经系统损害引起眩晕、无力、痉挛、面部发绀等；造血系统损害破坏血红素等。吸入高浓度的氮氧化物将迅速出现窒息以致死亡。因此，凡涉及氮氧化物生成的反应均应在通风橱内进行。

2. 大剂量的亚硝酸盐能够引起高铁血红蛋白症，导致组织缺氧，还可使血管扩张、血压降低。人体摄入 0.2～0.5 g 即可引起中毒，摄入 3 g 可致死。因此，在使用时应避免入口。废液应集中处理，不要倒入下水道。

【实验内容及现象】

1. 氨和铵盐的性质

(1) 氨的实验室制备及其性质

① 制备（在通风橱中进行） 将 1.5 g NH_4Cl(s) 和 1.5 g $Ca(OH)_2$(s) 混合均匀后装入一支干燥的大试管中，按装置图 3-1 连接好，试管口稍稍向下倾斜，用塞子塞紧氨气收集管管口，留作下列实验使用，写出反应式。

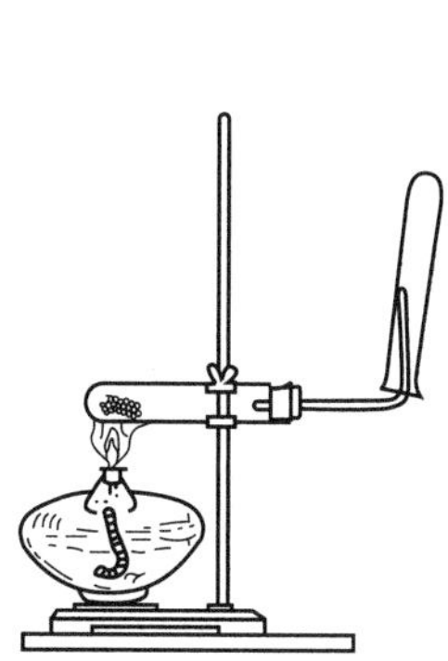

图 3-1 氨气的制备

② 性质

a. 在水中的溶解 把盛有氨气的试管倒置在盛有水的大烧杯中，在水下打开塞子，轻轻摇动试管，观察现象，写出反应式。当水柱停止上升后，用手指堵住管口并将试管从水中取出，供下面实验使用。

b. 氨水的酸碱性　取一干净玻璃棒蘸取上述氨水滴到 pH 试纸上，试纸放在表面皿上，半分钟内进行读数，对照比色卡读出具体的 pH 数值。

c. 氨的加和作用　在一个表面皿上滴加 3 滴浓氨水，再把一只内壁用浓盐酸润湿过的小烧杯倒扣在表面皿上。观察现象，写出反应方程式。

（2）铵盐的性质及检出

① 铵盐的热分解　在一支干燥的小试管中加入少量 $NH_4Cl(s)$，用试管夹夹好，管口贴上一条湿润的 pH 试纸，均匀加热试管底部，观察试纸颜色的变化，继续加热有何变化？写出反应方程式。

在另一支干燥试管中加入少量 $(NH_4)_2SO_4(s)$，加热，用湿润的 pH 试纸检验气体产物，写出反应方程式。

比较二种铵盐的热分解的异同，说明铵盐分解的一般规律。

② 铵盐的检出反应

a. 取 5 滴 0.1 $mol\cdot dm^{-3}$ NH_4Cl 溶液，加入 5 滴 6 $mol\cdot dm^{-3}$ NaOH 溶液，加热，在试管口附一条湿润的 pH 试纸。观察现象，写出反应方程式。

b. 取几滴铵盐溶液，取 5 滴 0.1 $mol\cdot dm^{-3}$ NH_4Cl 溶液，加入 2 滴 2 $mol\cdot dm^{-3}$ NaOH 溶液，然后加入 2 滴奈斯勒试剂（$K_2[HgI_4]+KOH$），观察红棕色沉淀的生成。反应式为：

$$NH_4Cl+2K_2[HgI_4]+4KOH = \left[O\begin{matrix}Hg\\ \diagup\quad\diagdown\\ \\ \diagdown\quad\diagup\\ Hg\end{matrix}NH_2\right]I\downarrow+KCl+7KI+3H_2O$$

2. 亚硝酸及其盐的性质

（1）亚硝酸的生成与分解　将 5 滴饱和 $NaNO_2$ 溶液与 5 滴 3 $mol\cdot dm^{-3}$ H_2SO_4 在试管中混合均匀，观察现象，溶液放置一段时间后又有什么变化？为什么？反应式为：

$$2NaNO_2 + H_2SO_4 = 2HNO_2 + Na_2SO_4$$

$$2HNO_2 = N_2O_3\text{（蓝色）} + H_2O$$

$$N_2O_3 = NO + NO_2\text{（棕色）}$$

（2）亚硝酸的还原性　取 5 滴 0.1 $mol\cdot dm^{-3}$ $KMnO_4$ 溶液于试管中，用 3 滴 3 $mol\cdot dm^{-3}$ 硫酸酸化后滴加 0.1$mol\cdot dm^{-3}$ $NaNO_2$ 溶液，观察现象，写出反应式。

（3）亚硝酸的氧化性　取 5 滴 0.1 $mol\cdot dm^{-3}$ $FeSO_4$ 溶液用 3 滴 2 $mol\cdot dm^{-3}$ HAc 酸化，再加入几滴 0.1 $mol\cdot dm^{-3}$ $NaNO_2$ 溶液。如何验证反应是否进行？写出反应式。

取 5 滴 0.1 $mol\cdot dm^{-3}$ H_2S 溶液用 3 滴 3 $mol\cdot dm^{-3}$ H_2SO_4 酸化，再加入几滴 0.1 $mol\cdot dm^{-3}$ $NaNO_2$ 溶液，微热试管，观察反应现象，写出反应式。

（4）亚硝酸根的检出

① 取 1 滴 0.01 $mol\cdot dm^{-3}$ $NaNO_2$ 溶液，加入 5 滴 6 $mol\cdot dm^{-3}$ HAc 酸化后，再加入一滴对氨基苯磺酸和一滴 α-萘胺溶液，溶液应显红色，表明溶液中有 NO_2^- 的存在。（注：NO_2^- 的浓度不宜太大，否则红紫色将很快褪去，生成褐色沉淀与黄色溶液）

② 在 5 滴 0.01 $mol\cdot dm^{-3}$ $NaNO_2$ 溶液中加入 0.1 $mol\cdot dm^{-3}$ KI 溶液 3 滴，用 3 $mol\cdot dm^{-3}$ H_2SO_4 酸化后，加入 5 滴四氯化碳，振荡试管，观察现象，写出反应式。四氯化碳层显紫色，表明 NO_2^- 的存在。

3. 硝酸及其硝酸盐的性质

(1) 硝酸的氧化性(在通风橱中进行)

① 浓硝酸与单质硫的反应 在一支试管中加入绿豆粒大小的硫黄粉，然后加入 0.5 cm^3 浓 HNO_3，水浴加热。检验有无 SO_4^{2-} 的生成，写出反应方程式。

② 浓硝酸与金属的反应 取一小块铜片放入试管中，滴加浓硝酸，观察现象，写出反应方程式。

③ 稀硝酸与金属的反应

a. 取一小块铜片放入试管中，加入 0.5 cm^3 的 1 $mol \cdot dm^{-3}$ HNO_3。观察现象，写出反应方程式。

b. 取一小块锌片放入试管中，加入 0.5 cm^3 的 1 $mol \cdot dm^{-3}$ HNO_3，静置片刻。检验溶液中的 NH_4^+，写出反应方程式。

(2) 硝酸盐的热分解(在通风橱中进行) 在干燥的试管中分别加入黄豆粒大小的 $KNO_3(s)$、$Cu(NO_3)_2(s)$、$AgNO_3(s)$，加热，用火柴余烬检验气体产物。观察现象，写出反应方程式。

根据以上实验总结硝酸盐热分解的规律。

(3) 硝酸盐的检验

① 在 5 滴 0.01 $mol \cdot dm^{-3}$ $NaNO_3$ 溶液中加入 NaOH(40%) 溶液至强碱性，再加入少量铝屑，用 pH 试纸检验反应产生的气体，证实 NO_3^- 的存在，写出反应式。

② 取绿豆粒大小的 $FeSO_4 \cdot 7H_2O(s)$ 于试管中，滴加 2 滴 0.5 $mol \cdot dm^{-3}$ $NaNO_3$ 溶液及 2 滴浓硫酸。观察现象。反应式为:

$$3Fe^{2+} + NO_3^- + 4H^+ \xlongequal{} 3Fe^{3+} + NO + 2H_2O$$

$$Fe^{2+} + NO + SO_4^{2-} \xlongequal{} Fe(NO)SO_4\text{(棕色)}$$

4. 磷酸盐的性质

(1) 磷酸盐的酸碱性

① 用 pH 试纸分别检验 0.1 $mol \cdot dm^{-3}$ 焦磷酸钠盐、0.1 $mol \cdot dm^{-3}$ 偏磷酸钠盐水溶液的 pH 值，记录具体数值。

② 分别检验 0.1 $mol \cdot dm^{-3}$ Na_3PO_4、0.1 $mol \cdot dm^{-3}$ Na_2HPO_4、0.1 $mol \cdot dm^{-3}$ NaH_2PO_4 水溶液的 pH 值。以等量的 0.1 $mol \cdot dm^{-3}$ $AgNO_3$ 溶液分别加入这些溶液中，产生沉淀后再测各溶液 pH 值，记录反应前后 pH 值并加以解释。

(2) 磷酸钙盐的生成与性质 分别向 5 滴 0.1 $mol \cdot dm^{-3}$ Na_3PO_4、0.1 $mol \cdot dm^{-3}$ Na_2HPO_4 和 0.1 $mol \cdot dm^{-3}$ NaH_2PO_4 溶液中加入 5 滴 0.1 $mol \cdot dm^{-3}$ $CaCl_2$ 溶液，观察有无沉淀生成。再加入 5 滴 $NH_3 \cdot H_2O$(浓)后又有何变化? 继续加入 2 $mol \cdot dm^{-3}$ HCl 后又有什么变化? 写出反应式并解释。

(3) 磷酸根、焦磷酸根、偏磷酸根的鉴别

① 分别向试管中滴加 5 滴 0.1 $mol \cdot dm^{-3}$ Na_2HPO_4、0.1 $mol \cdot dm^{-3}$ $Na_4P_2O_7$、0.1 $mol \cdot dm^{-3}$ $NaPO_3$ 溶液，再滴加 0.1 $mol \cdot dm^{-3}$ $AgNO_3$ 溶液，各有什么现象发生? 生成的沉淀溶于 2 $mol \cdot dm^{-3}$ HNO_3 吗?

② 用 2 $mol \cdot dm^{-3}$ HAc 溶液酸化磷酸盐溶液、焦磷酸盐和偏磷酸盐溶液后分别加入蛋白溶液，各有什么现象发生?

根据以上结果，说明磷酸根、焦磷酸根、偏磷酸根的鉴别方法。

(4) 磷酸根的鉴定 取 2 滴 0.1 mol·dm^{-3} Na_3PO_4 溶液，加入 4 滴 6 mol·dm^{-3} HNO_3 及 10 滴钼酸铵溶液，摩擦试管壁，观察黄色沉淀产生。

5. 小设计

(1) 无色强酸性混合液体中含有 PO_4^{3-}、Cl^-，设计实验方案检验 PO_4^{3-}、Cl^-。

(2) 失落标签的五种试剂，分别是 $NaNO_2$、$NaNO_3$、Na_2HPO_4、$Na_4P_2O_7$、$NaPO_3$，设计实验方案进行鉴别。

实验 3 碱金属和碱土金属

【实验目的】

1. 比较碱金属、碱土金属的活泼性。
2. 比较碱土金属氢氧化物及其盐类溶解度。
3. 比较锂盐、镁盐的相似性。
4. 了解焰色反应的操作并熟悉使用金属钾、钠的安全措施。

【预习与思考】

1. 预习教材中关于碱金属和碱土金属部分的内容，写出相应的反应方程式，并查出本实验中有关的难溶盐及氢氧化物的溶度积常数。

2. 思考下列问题：

(1) 为什么在实验中比较 $Mg(OH)_2$、$Ca(OH)_2$、$Ba(OH)_2$ 的溶解度时，所用的 NaOH 溶液必须是新配制的？如何配制不含 CO_3^{2-} 的 NaOH 溶液？

(2) 镍丝在使用前应如何处理？

【仪器和药品】

离心机，镊子，砂纸，镍丝，滤纸，点滴板，钴玻璃片，玻璃棒。

金属钾(s)、钠(s)、镁(s)、钙(s)。

$KMnO_4$(0.01 mol·dm^{-3})，NaOH(2 mol·dm^{-3}新制)，$NH_3 \cdot H_2O$(2 mol·dm^{-3}新制)，$K[Sb(OH)_6]$(饱和)，$NaHC_4H_4O_6$(饱和)，$(NH_4)_2C_2O_4$(饱和)，HAc(2 mol·dm^{-3})，H_2SO_4(3 mol·dm^{-3})，HCl(2 mol·dm^{-3})，$(NH_4)_2HPO_4$(2 mol·dm^{-3})，$(NH_4)_2SO_4$(饱和)。

LiCl，NaF，Na_2CO_3，Na_2HPO_4，NaCl，KCl，$CaCl_2$，$SrCl_2$，$BaCl_2$，K_2CrO_4，$MgCl_2$，Na_2SO_4，$(NH_4)_2CO_3$，Na_3PO_4，$NaHCO_3$（以上全部为 1 mol·dm^{-3}）。

未知液 1（均为 1 mol·dm^{-3}）：Na_2SO_3、NaOH、NaCl、Na_2SO_4、K_2CO_3、Na_2CO_3。

未知液 2（均为 1 mol·dm^{-3}）：$NaNO_2$、$(NH_4)_2SO_4$、HNO_3、Na_2CO_3、$BaCl_2$、NaOH、NaCl、H_2SO_4。

【实验原理】

碱金属和碱土金属常见的氧化数分别为+1 和+2。它们是化学活泼性很强的金属，能直接或间接地与电负性较大的非金属元素生成相应的化合物。碱金属及碱土金属的还原性很强，都能与水反应，并生成氢气。钙、锶、钡及碱金属的挥发性化合物在高温火焰中，电子易被激发，使火焰呈现出特征颜色。钙为砖红色，锶为洋红色，钡为黄绿色，锂为红色，钾、铷、铯为紫色，钠为黄色。在分析化学中，常利用这种性质来鉴定这些元素。

【安全注意事项】

金属钾、钠通常应保存在煤油中，放在阴凉处。使用时，应在煤油中切割成小块，用镊子夹取，再用滤纸吸干其表面的煤油，切勿与皮肤接触。未用完的金属碎屑不能乱丢，可加少量酒精，令其缓慢分解。

【实验内容及现象】

1. 碱金属、碱土金属活泼性的比较

（1）向教师领取一小块金属钠，用滤纸吸干表面的煤油，立即放在蒸发皿中加热。一旦金属钠开始燃烧，即停止加热。观察现象，写出反应式。产物冷却后，往蒸发皿中加入少量水令其溶解，测定溶液的 pH 值。以 3 $mol \cdot dm^{-3}$ 硫酸酸化后，加入 2 滴 0.01 $mol \cdot dm^{-3}$ $KMnO_4$ 溶液，观察现象，写出反应式。

（2）取一小段金属镁条，用砂纸擦去表面氧化层，点燃，观察现象，写出反应式。

（3）与水作用

① 分别取一小块大米粒大小的金属钠及金属钾，用滤纸吸干表面的煤油后放入两个盛有水的烧杯中，观察现象。在两个烧杯中各加入一滴酚酞指示剂，有何变化？写出反应式。

② 除去表面氧化膜的镁条和金属钙，分别实验它们与冷水和热水作用，用酚酞作指示剂比较反应的不同，写出反应式。

根据以上反应，总结碱金属、碱土金属的活泼性。

2. 碱金属及碱土金属的难溶盐

（1）钠、钾的微溶盐

① 钠盐　在 5 滴 1 $mol \cdot dm^{-3}$ NaCl 溶液中加入 5 滴饱和 $K[Sb(OH)_6]$ 溶液，用玻璃棒摩擦试管内壁，并放置数分钟，观察晶体沉淀 $Na[Sb(OH)_6]$ 的生成。此反应可用于钠离子的鉴别。

② 钾盐　在 5 滴 1 $mol \cdot dm^{-3}$ KCl 溶液中加入 1 cm^3 饱和酒石酸氢钠（$NaHC_4H_4O_6$）溶液，观察难溶盐 $KHC_4H_4O_6$ 晶体的析出。

（2）锂、镁的微溶盐

① 取 5 滴 1 $mol \cdot dm^{-3}$ LiCl 溶液与 5 滴 1 $mol \cdot dm^{-3}$ Na_2CO_3 溶液作用及 5 滴 1 $mol \cdot dm^{-3}$ $MgCl_2$ 溶液与 1 $mol \cdot dm^{-3}$ $NaHCO_3$ 溶液作用，各有什么现象？写出反应式。

② 在 5 滴 1 $mol \cdot dm^{-3}$ LiCl 溶液与 5 滴 1 $mol \cdot dm^{-3}$ $MgCl_2$ 溶液中，分别滴加 1 $mol \cdot dm^{-3}$ Na_3PO_4 溶液，观察现象，写出反应方程式。

③ 在 5 滴 1 $mol \cdot dm^{-3}$ LiCl 溶液与 5 滴 1 $mol \cdot dm^{-3}$ $MgCl_2$ 溶液中，分别滴加 1 $mol \cdot dm^{-3}$ NaF 溶液，观察现象，写出反应式。

（3）碱土金属难溶盐

① 碳酸盐：在 3 支离心试管中分别加入 5 滴 0.1 $mol \cdot dm^{-3}$ $MgCl_2$、$CaCl_2$、$BaCl_2$ 溶液，再各加入 3 滴 1 $mol \cdot dm^{-3}$ Na_2CO_3 溶液进行反应，生成的沉淀经离心分离后，分别与 2 $mol \cdot dm^{-3}$ HAc 及 2 $mol \cdot dm^{-3}$ HCl 反应，观察沉淀是否溶解。

② 草酸盐：在 3 支离心试管中分别加入 5 滴 0.1 $mol \cdot dm^{-3}$ $MgCl_2$、$CaCl_2$、$BaCl_2$ 溶液，再各加入 3 滴饱和 $(NH_4)_2CO_3$ 溶液，生成的沉淀经离心分离后，分别与 2 $mol \cdot dm^{-3}$ HAc 及 2 $mol \cdot dm^{-3}$ HCl 反应，观察现象，写出反应式。

③ 硫酸盐：在 3 支离心试管中分别加入 5 滴 0.1 $mol \cdot dm^{-3}$ $MgCl_2$、$CaCl_2$、$BaCl_2$ 溶液，滴加 1 $mol \cdot dm^{-3}$ Na_2SO_4 溶液，观察沉淀是否生成。沉淀经离心分离后，再试验其在饱和 $(NH_4)_2SO_4$ 溶液中及浓硝酸中的溶解性。写出反应方程式并比较硫酸盐的溶解度大小。

④ 磷酸镁铵的生成：在 5 滴 1 $mol \cdot dm^{-3}$ $MgCl_2$ 溶液中加入 5 滴 2 $mol \cdot dm^{-3}$ $NH_3 \cdot H_2O$ 及 5 滴 2 $mol \cdot dm^{-3}$ $(NH_4)_2HPO_4$ 溶液，振荡试管，观察现象，写出反应式。此反应可用于镁离子的鉴别。

3. 钙、镁、钡氢氧化物溶解度比较

用 1 $mol \cdot dm^{-3}$ $MgCl_2$、$CaCl_2$、$BaCl_2$ 及新配制的 2 $mol \cdot dm^{-3}$ 的 NaOH 及 $NH_3 \cdot H_2O$ 溶液作试剂，根据表 3-1 钙、镁、钡氢氧化物溶解度比较进行实验，说明碱土金属氢氧化物溶解度的大小顺序。

表 3-1 钙、镁、钡氢氧化物溶解度比较

试剂	$MgCl_2$	$CaCl_2$	$BaCl_2$
2 $mol \cdot dm^{-3}$ NaOH			
2 $mol \cdot dm^{-3}$ $NH_3 \cdot H_2O$			
氢氧化物溶解度顺序			

4. 焰色反应

在点滴板上分别滴入 1～2 滴 1 $mol \cdot dm^{-3}$ LiCl、NaCl、KCl、$CaCl_2$、$SrCl_2$、$BaCl_2$ 溶液，用对应离子的洁净的镍丝蘸取溶液后在氧化焰中灼烧，分别观察火焰颜色。对于钾离子的焰色，应通过钴玻璃观察。记录各离子的焰色。（注：镍丝在使用前，应反复蘸取浓盐酸溶液后在氧化焰中烧至近于无色。同学们在使用时应避免把镍丝弄串。）

5. 未知物及离子的鉴别

（1）现有六种溶液，分别为 Na_2SO_3、NaOH、NaCl、Na_2SO_4、K_2CO_3、Na_2CO_3，试采用合适试剂加以鉴别。

（2）现有 $NaNO_2$、$(NH_4)_2SO_4$、HNO_3、Na_2CO_3、$BaCl_2$、NaOH、NaCl、H_2SO_4 溶液，试利用它们之间的相互反应加以鉴别。

实验 4 碳、硅、硼、铝

【实验目的】

1. 掌握活性炭的吸附作用。
2. 掌握二氧化碳和碳酸盐的性质。
3. 掌握硅酸盐的性质。
4. 掌握硼酸的性质。

5. 掌握铝及其化合物的性质。

【预习与思考】

1. 预习教材中关于碳、硅、硼、铝这部分内容，写出相应的反应方程式。

2. 思考下列问题：

(1) 在硼酸溶液中加入甘油，酸度会有什么变化？为什么？

(2) 为什么不能用磨口的玻璃瓶装碱液？

(3) 金属铝具有什么性质？

【实验原理】

B、Al 原子的价电子结构为 ns^2p^1，易形成+3 氧化态的化合物；C、Si 原子的价电子结构为 ns^2np^2，易形成+4 氧化态的化合物。硼酸是一元弱酸，在硼酸中加入甘油或甘露醇可以使其酸性增强。Al 及 $Al(OH)_3$ 都具有两面性，能溶于酸，亦能溶于碱。碳酸是二元弱酸，碳酸盐有正盐和酸式盐之分。硅酸是比碳酸还弱的酸，易水解，它与 CO_2、HCl、NH_4Cl 在一定条件下反应都能形成硅酸凝胶。

【仪器和药品】

离心机，启普发生器，电陶炉，冰，pH 试纸，火柴。

活性炭，品红溶液，镁条，铝片，红磷。

$CaCO_3$(s)，$CaCl_2$(s)，$CuSO_4$(s)，$Co(NO_3)_2$(s)，$NiSO_4$(s)，$ZnSO_4$(s)，$Fe_2(SO_4)_3$(s)，$Na_2B_4O_7 \cdot 10H_2O$(s)，H_3BO_3(s)。

$Pb(NO_3)_2$(0.01 mol·dm^{-3})，K_2CrO_4(0.1 mol·dm^{-3})，NaOH(6 mol·dm^{-3})，Na_2CO_3(0.1 mol·dm^{-3})，$NaHCO_3$(0.1 mol·dm^{-3})，Na_2SiO_3(25%)，HCl(2 mol·dm^{-3}、6 mol·dm^{-3})，NH_4Cl(饱和)，HNO_3(浓)，H_2SO_4(浓)，甘油，无水乙醇，$Al_2(SO_4)_3$(饱和、0.1 mol·dm^{-3})，$NH_3 \cdot H_2O$(2 mol·dm^{-3})，铝试剂(l)，$CuSO_4$(0.1 mol·dm^{-3})，K_2SO_4(饱和)。

待测试剂 $Al_2(SO_4)_3$(s)、$Na_2B_4O_7$(s)、$NaHCO_3$(s)、Na_2CO_3(s)、$NaNO_2$(s)、Na_2SO_3(s)。

【实验内容及现象】

1. 活性炭的吸附作用

(1) 在 1 cm^3 品红溶液中加入一小勺活性炭，振摇试管，过滤。观察滤液的颜色变化，并说明原因。

(2) 取 5 滴 0.01 mol·dm^{-3} $Pb(NO_3)_2$ 溶液，加入 3 滴 0.1 mol·dm^{-3} K_2CrO_4 溶液；在另一支盛有 5 滴 0.01 mol·dm^{-3} $Pb(NO_3)_2$ 溶液的试管中，加入 1 小勺活性炭，振摇试管并过滤，在滤液中加入 3 滴 0.1 mol·dm^{-3} K_2CrO_4 溶液。观察现象，说明原因。

2. CO_2 的性质

(1) CO_2 的溶解性：用试管收集 CO_2，将盛有 CO_2 的试管倒置于盛有水的水槽中，摇动试管，观察现象。向水中加入 1 cm^3 的 6 mol·dm^{-3} NaOH 溶液，振摇试管。观察现象，说明原因并写出反应方程式。

(2) CO_2 与金属的反应：将点燃的镁条迅速放入充满 CO_2 的广口瓶中。观察现象，写出反应方程式。

(3) CO_2 与非金属的反应：在燃烧匙内放入绿豆大小的红磷，点燃后放入充满 CO_2 的广口瓶中。观察现象，写出反应方程式。

3. 碳酸盐的性质

(1) 碳酸盐的碱性 用 pH 试纸测定 0.1 $mol \cdot dm^{-3}$ Na_2CO_3、$NaHCO_3$ 的 pH 值。

(2) CO_3^{2-} 与 HCO_3^- 之间的相互转化 在试管中滴入 10 滴新配制的澄清石灰水，通入 CO_2，观察现象。继续通入 CO_2，观察现象。将所得溶液分成两份，分别进行如下实验：①加热溶液；②加入 5 滴澄清石灰水。观察两者现象。写出反应方程式。总结 CO_3^{2-} 与 HCO_3^- 之间相互转化的条件。

(3) 碳酸盐的热分解 将分别盛有黄豆粒大小的 Na_2CO_3 和 $NaHCO_3$ 的试管在酒精灯上加热，观察现象，写出反应方程式。

(4) 与金属离子的双水解反应 取 5 滴 0.1 $mol \cdot dm^{-3}$ $CuSO_4$ 溶液，加入 5 滴 0.1 $mol \cdot dm^{-3}$ Na_2CO_3 溶液。观察现象，写出反应方程式。

4. 硅酸盐的性质

(1) 硅酸凝胶的形成

① 在 5 滴 20% Na_2SiO_3 溶液中，通入 CO_2，静置片刻，观察现象，写出反应方程式。

② 在 5 滴 20% Na_2SiO_3 溶液中，加入 5 滴 2 $mol \cdot dm^{-3}$ HCl 溶液，水浴加热观察现象，写出反应方程式。

③ 在 5 滴 20% Na_2SiO_3 溶液中，加入 5 滴饱和 NH_4Cl 溶液，观察现象，写出反应方程式。

(2) 硅酸盐的酸碱性 用 pH 试纸测定 20% Na_2SiO_3 的 pH 值。

(3) 难溶硅酸盐的生成——“水中花园” 在一个 100 cm^3 烧杯中加入约 2/3 体积的水玻璃 [25% (质量分数) 的硅酸钠溶液]，将固体 $CaCl_2$、$CuSO_4$、$Co(NO_3)_2$、$NiSO_4$、$ZnSO_4$、$Fe_2(SO_4)_3$ 各一小粒放入烧杯内，并记住它们的位置，放置 1～2 小时后，观察现象。

5. 硼

(1) 硼酸的制备 取 1 g 硼砂晶体于 5 cm^3 水中加热，然后加入 2 cm^3 浓 H_2SO_4，用冰水冷却，趁冷过滤。观察产物的颜色及状态，写出反应方程式。

(2) 硼酸的酸性 取绿豆粒大小的硼酸固体于 2 cm^3 水中，水浴加热至其溶解，待其冷却后，测定溶液 pH。向溶液中加入 5 滴甘油，混匀，再次测定溶液的 pH 值。写出反应方程式，并作出解释。

(3) 含硼化合物的鉴别 将绿豆大小的硼酸晶体放入蒸发皿中，加入 5 滴无水乙醇、5 滴浓硫酸，混匀后点燃。观察绿色火焰，写出反应方程式。

6. 铝

(1) 金属铝的酸碱性 用砂纸除去铝片表面的氧化膜，将铝片分别与①冷水；②热水；③2 $mol \cdot dm^{-3}$ HCl 溶液；④2 $mol \cdot dm^{-3}$ NaOH 溶液；⑤冷浓硝酸；⑥热浓硝酸反应，观察现象，写出反应方程式，总结铝的性质。

(2) 氢氧化铝的酸碱性

① 在三支分别盛有 5 滴 0.1 $mol \cdot dm^{-3}$ $Al_2(SO_4)_3$ 于试管中，滴加 2 $mol \cdot dm^{-3}$ $NH_3 \cdot H_2O$

至沉淀生成，然后分别实验 $Al(OH)_3$ 与 2 mol·dm^{-3} HCl、2 mol·dm^{-3} NaOH 及过量的 $NH_3 \cdot H_2O$ 反应，观察现象，写出反应方程式。

② 取5滴0.1 mol·dm^{-3} $Al_2(SO_4)_3$ 于试管中，滴加2 mol·dm^{-3} $NH_3 \cdot H_2O$ 至 $Al(OH)_3$ 沉淀生成，然后慢慢滴加 2 mol·dm^{-3} NaOH 至沉淀刚好溶解，将溶液加热。观察现象，写出反应方程式。

③ 明矾的生成：取5滴饱和 K_2SO_4 与5滴饱和 $Al_2(SO_4)_3$ 混合，在冷水中冷却。观察现象，写出反应方程式。

④ Al^{3+} 的鉴定：取5滴0.1 mol·dm^{-3} $Al_2(SO_4)_3$ 溶液加入5滴2 mol·dm^{-3} NH_4Cl 和2滴铝试剂，水浴加热，红色沉淀生成，表明有 Al^{3+} 存在。

7. 小设计

有六种失落标签的固体试剂，分别是 $Al_2(SO_4)_3$、$Na_2B_4O_7$、$NaHCO_3$、Na_2CO_3、$NaNO_2$、Na_2SO_3，设计实验方案进行鉴定。

实验5 锡、铅、锑、铋

【实验目的】

1. 掌握锡、铅、锑、铋的氢氧化物的酸碱性。
2. 掌握不同价态锡、铅、锑、铋的氧化还原性。
3. 了解 Sn(Ⅱ)、Sb(Ⅲ)、Bi(Ⅲ)、Pb(Ⅱ) 的水解作用。

【预习与思考】

1. 预习教材中关于锡、铅、锑、铋性质的内容，写出相应的反应方程式。
2. 思考下列问题：

(1) 实验室如何配制硝酸铋、氯化锑及氯化亚锡溶液？为什么？

(2) 如何分离 Sb^{3+}、Bi^{3+}？

【仪器和药品】

离心机。

锡粒(s)，氯水(l)，碘水(l)，四氯化碳(l)，铅丹(s)。

PbO_2(s)，$NaBiO_3$(s)，$SnCl_2$(s)，$SbCl_3$(s)，$Bi(NO_3)_3$(s)，$Pb(NO_3)_2$(s)。

$FeCl_3$(0.1 mol·dm^{-3})，$NH_3 \cdot H_2O$(2 mol·dm^{-3})，$SnCl_4$(0.1 mol·dm^{-3})，NaAc(饱和)，$NaHCO_3$(饱和)，HNO_3(2 mol·dm^{-3}、6 mol·dm^{-3}、浓)，HCl(2 mol·dm^{-3}、6 mol·dm^{-3}、浓)，H_2SO_4(1 mol·dm^{-3}、3 mol·dm^{-3})，NaOH(3 mol·dm^{-3}、6 mol·dm^{-3}、40%)，$Pb(NO_3)_2$ (0.1 mol·dm^{-3})，$SnCl_2$(0.1 mol·dm^{-3})，$Bi(NO_3)_3$(0.1 mol·dm^{-3})，$MnSO_4$(0.1 mol·dm^{-3})，KI(0.1 mol·dm^{-3})，K_2CrO_4(0.1 mol·dm^{-3})，KOH(40%)，$KMnO_4$(0.1 mol·dm^{-3})，$SbCl_3$(0.1 mol·dm^{-3})，$BiCl_3$(0.1 mol·dm^{-3})，HAc(6 mol·dm^{-3})，$BaCl_2$(0.1 mol·dm^{-3})，Na_2SO_3(0.1 mol·dm^{-3})，$AgNO_3$(0.1 mol·dm^{-3})，KSCN(0.1 mol·dm^{-3})。

【实验原理】

锡和铅都能生成+2价及+4价化合物。+2价锡是强还原剂，过量的锡(Ⅱ)能将氯化汞还原为单质汞。+4 价铅是强氧化剂，能与浓盐酸反应生成氯气。

锑、铋都能生成+3 价及+5 价化合物。+5 价化合物的氧化能力是 Bi(Ⅴ)>Sb(Ⅴ)，铋酸钠在酸性条件下能将 Mn(Ⅱ) 氧化为 MnO_4^-。+3 价化合物的还原能力是 Bi(Ⅲ)<Sb(Ⅲ)。如 Sb(Ⅲ) 在一定条件下能被 I_2 氧化。

锡、锑、铅的氢氧化物都具有两性，而铋的氢氧化物是碱性。用 Sn(Ⅳ) 与碱反应得到的白色胶状物质是 α 锡酸，α 锡酸具有两性。用锡粒与浓硝酸在加热条件下制得的白色物质是 β 锡酸，β 锡酸在酸、碱中都不溶解。

【安全注意事项】

锡、铜、锑、铋等化合物均有毒性，因此使用时必须格外注意，废液应集中回收处理，不能倒入下水道。

【实验内容及现象】

1. 氢氧化物性质

(1) α 锡酸及 β 锡酸的生成与性质

① α 锡酸的制备与性质　取 5 滴 0.1 mol·dm^{-3} $SnCl_4$ 溶液，滴加 2 mol·dm^{-3} $NH_3 \cdot H_2O$，观察现象。把沉淀分成两份并实验其与 2 mol·dm^{-3} NaOH、2 mol·dm^{-3} HCl 溶液的作用，观察现象，写出反应方程式。

② β 锡酸的生成与性质　在放有少量浓 HNO_3 的试管里加入一粒金属锡，在通风橱中小火加热几分钟，观察现象。分别实验沉淀与 6 mol·dm^{-3} HCl 和 6 mol·dm^{-3} NaOH 作用。写出反应方程式。

根据以上结果，比较 α 锡酸和 β 锡酸在性质上的异同。

(2) 锡(Ⅱ)、铅、锑、铋的氢氧化物的性质　分别用 0.1 mol·dm^{-3} $Pb(NO_3)_2$、0.1 mol·dm^{-3} $SbCl_3$、0.1 mol·dm^{-3} $SnCl_2$、0.1 mol·dm^{-3} $Bi(NO_3)_3$ 与 2 mol·dm^{-3} NaOH 反应制得相应的氢氧化物。按下表 3-2 进行反应，将反应现象记录在表中。写出反应方程式，并总结铅、锑、铋氢氧化物的性质。

表 3-2　锡、铅、锑、铋氢氧化物的性质

试剂	$Pb(OH)_2$	$Sb(OH)_3$	$Sn(OH)_2$	$Bi(OH)_3$
2 mol·dm^{-3} HCl				
2 mol·dm^{-3} NaOH				
氢氧化物性质				

2. 水解反应

用 $SnCl_2$(s)、$SbCl_3$(s)、$Bi(NO_3)_3$(s)、$Pb(NO_3)_2$(s)、浓盐酸、浓硝酸及去离子水按表 3-3 进行反应，将反应现象记录在表中，并说明原因。

表 3-3　锡、铅、锑、铋的水解反应

试剂	$SnCl_2$(s)	$SbCl_3$(s)	$Pb(NO_3)_2$(s)	$Bi(NO_3)_3$(s)
H_2O				
浓 HCl			—	—
浓 HNO_3	—	—		

3. 氧化还原反应

(1) Sn(Ⅱ) 的还原性

① 取 5 滴 0.1 mol·dm^{-3} $SnCl_2$，加入过量的 2 mol·dm^{-3} NaOH 使生成的沉淀溶解，然后滴加 0.1 mol·dm^{-3} $Bi(NO_3)_3$ 溶液，观察黑色金属铋生成，写出反应方程式。此反应可以用来鉴别 Sn^{2+}、Bi^{3+}。

② 在 5 滴 0.1 mol·dm^{-3} $FeCl_3$ 溶液中滴加 0.1 mol·dm^{-3} $SnCl_2$ 有何现象？如何验证 Fe^{3+} 被还原？写出反应方程式。

(2) Sb(Ⅲ)、Bi(Ⅲ) 的还原性

① 在盛有 5 滴 0.1 mol·dm^{-3} $AgNO_3$ 的试管中，加入过量的 2 mol·dm^{-3} $NH_3 \cdot H_2O$，至沉淀完全溶解。在另一支试管中加入 5 滴 0.1 mol·dm^{-3} $SbCl_3$ 及过量的 2 mol·dm^{-3} NaOH，使生成的沉淀溶解。将两种溶液混合，观察现象，写出反应方程式。

② 往自制的 $Bi(OH)_3$ 上滴加氯水，观察现象，写出反应方程式。

根据以上实验，比较 Sb(Ⅲ)、Bi(Ⅲ) 的还原性。

(3) Pb(Ⅳ) 的氧化性

① 往少量的 PbO_2(s) 上滴加浓盐酸，观察现象，并用淀粉碘化钾试纸检验气体产物，写出反应方程式。

② 在 10 滴 3 mol·dm^{-3} H_2SO_4 和 2 滴 0.1 mol·dm^{-3} $MnSO_4$ 的混合溶液中加入少量 PbO_2(s)，水浴加热，观察现象。写出反应方程式。

(4) Bi(Ⅴ) 氧化性　在 10 滴 3 mol·dm^{-3} H_2SO_4 和 2 滴 0.1 mol·dm^{-3} $MnSO_4$ 的混合溶液中加入 $NaBiO_3$(s)，观察现象，写出反应方程式。

4. 铅的难溶盐

(1) 卤化物

① $PbCl_2$　取 5 滴 0.1 mol·dm^{-3} $Pb(NO_3)_2$ 加入 2 cm^3 去离子水稀释，然后滴加稀盐酸至白色沉淀 $PbCl_2$ 生成，将所得沉淀及溶液一起加热，有何变化？再把溶液冷却，又有什么变化？

取少量白色 $PbCl_2$ 沉淀，加入浓盐酸，观察现象，写出反应方程式。

② PbI_2　取 5 滴 0.1 mol·dm^{-3} $Pb(NO_3)_2$ 加入 2 cm^3 去离子水稀释，再滴加 0.1 mol·dm^{-3} KI 溶液至橙黄色 PbI_2 生成。实验其在冷水、热水中的溶解度。

根据以上实验，说明卤化铅的溶解度与温度的关系。

(2) 铬酸铅　取 5 滴 0.1 mol·dm^{-3} $Pb(NO_3)_2$ 加入 5 滴 0.1 mol·dm^{-3} K_2CrO_4 溶液，观察黄色 $PbCrO_4$ 沉淀生成。分别实验 $PbCrO_4$ 在 NaAc（饱和）、6 mol·dm^{-3} HAC、6 mol·dm^{-3} NaOH、2 mol·dm^{-3} HNO_3 中的溶解情况，写出反应方程式。

(3) 硫酸铅　取 5 滴 0.1 mol·dm^{-3} $Pb(NO_3)_2$ 加入 2 cm^3 去离子水稀释，再滴加 1 mol·dm^{-3} H_2SO_4，观察白色沉淀 $PbSO_4$ 的生成。实验沉淀在 NaAc（饱和）、6 mol·dm^{-3} NaOH 中的溶解情况，写出反应方程式。

5. 小设计

用铅丹(s)、HNO_3(浓)、0.1 mol·dm^{-3} $MnSO_4$、0.1 mol·dm^{-3} K_2CrO_4 四种药品设计实验，分析铅丹由几种价态组成。

实验 6　铜、银、锌、镉

【实验目的】

1. 掌握铜、银、锌、镉的氢氧化物的性质。

2. 掌握铜、银、锌、镉形成配合物的特征。

【预习与思考】

1. 预习教材中关于铜、银、锌、镉部分的内容，写出相应的化学反应方程式。

2. 思考下列问题：

（1）铜、银、锌、镉的氢氧化物具有什么特点？

（2）进行银镜反应时，为什么要把银离子转化为银氨配离子？

（3）比较 Cu(Ⅱ) 和 Cu(Ⅰ) 的稳定性，说明 Cu(Ⅱ) 和 Cu(Ⅰ) 相互转化的条件。

【仪器和药品】

离心机。

$CuSO_4$(0.1 mol·dm^{-3})，$AgNO_3$(0.1 mol·dm^{-3})，$ZnSO_4$(0.1 mol·dm^{-3})，$CdSO_4$(0.1 mol·dm^{-3})，NaCl(0.1 mol·dm^{-3})，KBr(0.1 mol·dm^{-3})，$Na_2S_2O_3$(0.1 mol·dm^{-3}、2 mol·dm^{-3})，$CuCl_2$(s)，KBr(s)，盐酸(浓)，H_2SO_4(3 mol·dm^{-3})，HNO_3(2 mol·dm^{-3})，NaOH(2 mol·dm^{-3}、6 mol·dm^{-3})，$NH_3 \cdot H_2O$(2 mol·dm^{-3}、浓)，葡萄糖［10%（质量分数)］，Na_2SO_3(2 mol·dm^{-3})。

待测试液 $CdSO_4$、$ZnSO_4$、$AgNO_3$、$Na_2S_2O_3$、KBr、KI（均为 0.1 mol·dm^{-3})。

【安全注意事项】

1. 镉会对呼吸道产生刺激，镉化合物可经呼吸被人体吸收，积存于肝脏或肾脏造成危害。含镉废液应集中回收处理，不能倒入下水道。

2. 含有银氨的溶液不宜长久保存。因为会从溶液中析出爆炸性很强的雷银（AgN_3）沉淀。使用含有银氨的溶液一定要现用现配，剩下的废液一定要用酸处理掉。

【实验原理】

铜、锌、镉通常形成+2 价化合物，但铜也可形成+1 价化合物。银通常形成+1 价化合物。$Cu(OH)_2$ 和 $Zn(OH)_2$ 都是两性的氢氧化物，$Cd(OH)_2$ 是碱性的氢氧化物。其中，氢氧化铜不稳定，在 90℃ 即脱水生成黑色的氧化铜。银与氢氧化钠反应生成氧化银，因为氢氧化银极其不稳定，在室温下就脱水生成氧化银。氢氧化物热稳定顺序是 $Zn(OH)_2 > Cd(OH)_2 > Cu(OH)_2$。

铜离子、银离子、锌离子、镉离子都具有较强的接受配体的能力，能与多种配体结合形成配离子。

铜离子、银离子都有氧化性。

【实验内容及现象】

1. 铜的化合物

（1）取少量 0.1 mol·dm^{-3} $CuSO_4$ 与 2 mol·dm^{-3} NaOH 反应，观察产生沉淀的颜色形

态。将沉淀分成3份，一份加热，另两份分别与6 mol·dm^{-3} NaOH和3 mol·dm^{-3} H_2SO_4反应，观察现象，写出反应方程式。

（2）在5滴0.1 mol·dm^{-3} $CuSO_4$中，滴加2 mol·dm^{-3} $NH_3 \cdot H_2O$，观察沉淀的生成，继续滴加2 mol·dm^{-3} $NH_3 \cdot H_2O$至沉淀完全溶解。将溶液分成两份，一份加热至沸，另一份滴加3 mol·dm^{-3} H_2SO_4溶液，观察现象，写出反应方程式。

（3）在5滴0.1 mol·dm^{-3} $CuSO_4$溶液中，加入过量的6 mol·dm^{-3} NaOH溶液，使最初生成的沉淀完全溶解。然后，再加入数滴10%（质量分数）葡萄糖溶液，摇匀，微热，观察现象。离心分离，并用去离子水洗涤沉淀。往沉淀中加入3 mol·dm^{-3} H_2SO_4溶液，再观察现象，写出反应方程式。

（4）取绿豆粒大小的固体$CuCl_2$，然后加入浓盐酸，温热，使固体溶解，再加入少量去离子水，观察溶液的颜色，写出反应方程式。

取少量固体KBr，慢慢加入上述溶液中，直到振荡后不再溶解为止。观察现象，写出反应方程式，并说明原因。

（5）在0.1mol·dm^{-3} $CuSO_4$溶液中加入0.1mol·dm^{-3} KI溶液，观察现象。再加入0.1mol·dm^{-3} $Na_2S_2O_3$又有何变化？写出反应方程式。

（6）取绿豆粒大小的固体$CuCl_2$，加入5cm^{3}的2mol·dm^{-3} Na_2SO_3溶液，搅拌，观察现象。离心分离，用去离子水洗涤沉淀，分别实验沉淀与浓氨水和浓盐酸作用，观察现象，写出反应方程式。

2. 银的化合物

（1）在0.1 mol·dm^{-3} $AgNO_3$溶液中，滴加2 mol·dm^{-3} NaOH，观察产生沉淀的颜色形态。将沉淀分成两份，分别实验沉淀与2 mol·dm^{-3} HNO_3和2 mol·dm^{-3} $NH_3 \cdot H_2O$反应，观察反应现象，写出反应方程式。将Ag_2O与2 mol·dm^{-3} $NH_3 \cdot H_2O$反应，溶液保留，做下面实验。

（2）在上述溶液中，加入少量10%（质量分数）的葡萄糖溶液，并在水浴上加热，观察现象，写出反应方程式。

（3）用自制的卤化银、2 mol·dm^{-3} $Na_2S_2O_3$、2 mol·dm^{-3} $NH_3 \cdot H_2O$按表3-4进行实验。根据实验结果，比较卤化银溶解度的大小及银的配合物稳定性的大小。写出反应方程式。

表3-4 卤化银溶解度及银的配合物稳定性比较

试剂	AgCl	AgBr	AgI
2 mol·dm^{-3} $NH_3 \cdot H_2O$			
2 mol·dm^{-3} $Na_2S_2O_3$			
氯化银的溶解度顺序			
银配合物稳定性顺序			

3. 锌的化合物

（1）取少量0.1 mol·dm^{-3} $ZnSO_4$与2 mol·dm^{-3} NaOH反应，观察产生沉淀的颜色形态。将沉淀分成2份，分别与2 mol·dm^{-3} NaOH和3 mol·dm^{-3} H_2SO_4反应，观察现象，写出反应方程式。

（2）在5滴0.1 mol·dm^{-3} $ZnSO_4$溶液中，滴加2 mol·dm^{-3} $NH_3 \cdot H_2O$，观察沉淀的

生成，继续滴加 2 mol·dm^{-3} $NH_3 \cdot H_2O$ 至沉淀完全溶解。将溶液分成两份，一份加热至沸，另一份滴加 3 mol·dm^{-3} H_2SO_4 溶液，观察现象，写出反应方程式。

4. 镉的化合物

（1）取少量 0.1 mol·dm^{-3} $CdSO_4$ 与 2 mol·dm^{-3} NaOH 反应，观察产生沉淀的颜色形态。将沉淀分成 3 份，一份加热，另两份分别与 2 mol·dm^{-3} NaOH 和 3 mol·dm^{-3} H_2SO_4 反应，观察现象，写出反应方程式。

（2）在 5 滴 0.1 mol·dm^{-3} $CdSO_4$ 溶液中滴加 2 mol·dm^{-3} $NH_3 \cdot H_2O$，观察沉淀的生成，继续滴加 2 mol·dm^{-3} $NH_3 \cdot H_2O$ 至沉淀完全溶解。将溶液分成两份，一份加热至沸，另一份滴加 3 mol·dm^{-3} H_2SO_4 溶液，观察现象，写出反应方程式。

5. 小设计

六种失落标签的溶液 $CdSO_4$、$ZnSO_4$、$AgNO_3$、$Na_2S_2O_3$、KBr、KI（都为 0.1 mol·dm^{-3}），设计实验方案进行鉴别。

实验 7 氟、氯、溴、碘

【实验目的】

1. 掌握卤素单质的性质。
2. 掌握卤素离子的性质。
3. 掌握次氯酸钠及卤酸盐的性质。

【预习与思考】

1. 预习教材中卤素部分的内容，写出相应的化学反应方程式。
2. 思考下列问题：

（1）在一个未知溶液中加入硝酸银，没产生沉淀，能否判定溶液中没有卤离子？

（2）NH_4HF_2 不能用玻璃器皿盛装，为什么？

（3）如何鉴别 Cl_2、Br_2、I_2？

【仪器和药品】

离心机，酒精灯，锤子，试管，玻璃棒，淀粉碘化钾试纸，醋酸铅试纸，pH 试纸。

氯水(l)，溴水(l)，I_2(s)，$KClO_3$(s)，KI(s)，KBr(s)，NaCl(s)，CaF_2(s)，石蜡，S (s)，CCl_4(l)，淀粉溶液［1%（质量分数)］，品红溶液，$KClO_3$(饱和)，$KBrO_3$(饱和)，KI(0.01 mol·dm^{-3}、0.1 mol·dm^{-3})，KBr(0.1 mol·dm^{-3})，NaOH(2 mol·dm^{-3})，HCl(浓)，H_2SO_4(浓、3 mol·dm^{-3})，$FeCl_3$(0.1 mol·dm^{-3})，$NH_3 \cdot H_2O$(浓)，HNO_3 (2 mol·dm^{-3})，$MnSO_4$(0.1 mol·dm^{-3})，NaF(0.1 mol·dm^{-3})，$AgNO_3$(0.1 mol·dm^{-3})，NaCl(0.1 mol·dm^{-3})，CaF_2(0.1 mol·dm^{-3})，KIO_3(0.1 mol·dm^{-3})，Na_2SO_3(0.1 mol·dm^{-3})，NaClO(0.1 mol·dm^{-3})。

待鉴别溶液：NaCl、KBr、KI、$KClO_3$、KClO（浓度都为 0.1 mol·dm^{-3}）。

待分离鉴定混合溶液 F^-、Cl^-、Br^-、I^-。

【实验原理】

卤素都可以生成氧化数为−1的化合物，除氟外，还可生成氧化数为+1、+3、+5或+7的化合物。

卤素单质氧化性顺序如下：$F_2 > Cl_2 > Br_2 > I_2$。卤素离子还原性顺序如下：$I^- > Br^- > Cl^- > F^-$。

卤素单质在碱存在的条件下可以发生以下两种歧化反应：

$$X_2 + 2OH^- = X^- + OX^- + H_2O$$

$$3X_2 + 6OH^- = 5X^- + XO_3^- + 3H_2O$$

卤素含氧酸的氧化性顺序：$HClO > HBrO > HIO$；$HClO_3 > HBrO_3 > HIO_3$

高氯酸与高溴酸都是极强的酸，但是高碘酸是五元弱酸。

【安全注意事项】

1. 氯气是有毒的刺激性气体，少量吸入会引起咳嗽、气短、胸闷，大量吸入会对身体造成严重危害甚至死亡。因此，凡涉及氯气的操作都要在通风橱中进行。

2. 溴蒸气对黏膜有刺激作用，易引起流泪、咳嗽。液体溴与皮肤接触能引起严重的伤害。取用时需戴橡皮手套。如果不小心溅在皮肤上，可先用水冲洗，再用乙醇洗涤。另外，溴可以腐蚀橡胶制品，因此在进行有关溴的实验时要避免使用胶塞和胶管。

3. 氟化氢是有剧毒的强腐蚀性气体，能灼伤皮肤，吸入会使人中毒。凡涉及氟化氢的实验都要在通风橱中进行。取用氟化氢时，必须戴橡皮手套，用塑料滴管吸取。

4. 氯酸钾是强氧化剂，易爆炸，不宜用力研磨、烘干或烤干。它与硫、磷混合易爆炸，因此不能把它们放在一起。进行氯酸钾实验时，应把残留物回收，不能倒入废酸缸里。

【实验内容及现象】

1. 卤素单质的性质

（1）溴和碘在不同溶剂中的溶解性

① 取5滴溴水，加入5滴CCl_4，振摇试管，观察水层及CCl_4层颜色变化，比较溴在CCl_4和水中的溶解性。

② 取米粒大小的固体碘于试管中，加入2 cm^3去离子水，振摇试管，观察现象。再加入5滴0.1 $mol \cdot dm^{-3}$ KI溶液，振摇试管，有何变化？说明原因，并写出反应方程式。

③ 取5滴上述碘溶液，加入5滴CCl_4溶液，振摇试管，观察水及CCl_4层颜色变化，比较I_2在水及CCl_4中的溶解性。再用滴管吸取上层的碘溶液，移到另一支盛有5滴淀粉溶液的试管，观察有何现象？（以上两种方法都可以用来鉴别单质碘）

（2）卤素的氧化性

① 在2支试管中分别加入5滴0.1 $mol \cdot dm^{-3}$的KI、KBr溶液，并分别加入5滴CCl_4溶液，然后向上述溶液各滴加5滴氯水，并振摇试管，观察CCl_4层颜色变化，写出反应方程式。

② 取一支试管加入5滴KI溶液及5滴CCl_4溶液，然后再往试管中加入5滴溴水，振摇试管，观察CCl_4层颜色变化，写出反应方程式。

③ 在试管中加入5滴0.1 $mol \cdot dm^{-3}$ KBr溶液，取1滴0.01 $mol \cdot dm^{-3}$ KI溶液，5滴CCl_4溶液，逐滴加入氯水，边加边振摇试管，观察CCl_4层颜色变化，写出反应方程式。

根据以上实验比较 Cl_2、Br_2、I_2 的氧化顺序

（3）溴和碘的歧化反应　在试管中加入 2 滴溴水，再加 2 滴 2 mol·dm^{-3} NaOH 溶液，振摇试管，观察现象。再加入 5 滴 3 mol·dm^{-3} 的 H_2SO_4 溶液，又有何现象？以碘水代替溴水进行上述实验，观察现象，写出反应方程式。

2. 卤素离子的还原性

（1）在一支盛有米粒大小 KI 固体的试管中，加入 5 滴浓硫酸，观察现象。并把湿润的醋酸铅试纸移近管口，检验生成的气体产物，写出反应方程式。

（2）在一支盛有米粒大小 KBr 固体的试管中，加入 5 滴浓硫酸，观察现象。并把湿润的淀粉-碘化钾试纸移近管口，检验生成的气体产物，写出反应方程式。

（3）在一支盛有米粒大小 NaCl 固体的试管中，加入 5 滴浓硫酸，水浴加热，观察现象。用玻璃棒蘸取浓氨水，检验生成的气体产物，写出反应方程式。

（4）分别在 2 支试管中各加入 5 滴 0.1 mol·dm^{-3} KI 和 0.1 mol·dm^{-3} KBr 溶液，然后各加 5 滴 CCl_4 溶液及 5 滴试管 0.1 mol·dm^{-3} $FeCl_3$ 溶液，振摇试管，观察 CCl_4 层颜色变化，写出反应方程式。

综合上述实验，比较 Cl^-、Br^-、I^- 的还原性。

3. 次卤酸盐及卤酸盐的氧化性

（1）次卤酸盐的氧化性

① 在 5 滴 0.1 mol·dm^{-3} NaClO 溶液中，加入两滴品红溶液，观察现象。

② 在 5 滴 0.1 mol·dm^{-3} NaClO 溶液中，加入 5 滴 0.1 mol·dm^{-3} $MnSO_4$，观察现象，写出反应方程式。

③ 在 5 滴 0.1 mol·dm^{-3} NaClO 溶液中，加入 5 滴 CCl_4、5 滴 0.1 mol·dm^{-3} KI、5 滴 3 mol·dm^{-3} H_2SO_4 溶液，观察现象，写出反应方程式。

根据以上实验，总结次氯酸钠的性质。

（2）卤酸盐的氧化性

① 氯酸钾的氧化性

a. 取 5 滴饱和氯酸钾溶液，加入 3 滴浓 HCl，观察现象，并用湿润的淀粉碘化钾试纸在试管口检验气体产物，写出反应方程式。

b. 在 5 滴 CCl_4、5 滴 0.1 mol·dm^{-3} KI 混合溶液中，滴加饱和 $KClO_3$ 溶液，并不断振荡试管，观察现象。再加入 5 滴 3 mol·dm^{-3} H_2SO_4，并振荡试管，观察 CCl_4 层的变化，写出反应方程式。

c. 把黄豆大小的 S 粉与黄豆大小的 $KClO_3$ 晶体混匀，用纸包紧，用铁锤锤击纸包。观察现象，写出反应方程式。

② 溴酸钾的氧化性

a. 取 5 滴饱和 $KBrO_3$ 溶液和 5 滴 CCl_4 溶液，再加入 5 滴 0.1 mol·dm^{-3} KBr 溶液，振摇试管，观察现象。继续滴加 5 滴 3 mol·dm^{-3} H_2SO_4，振摇试管，观察 CCl_4 层颜色的变化。

b. 用 0.1 mol·dm^{-3} KI 代替上述实验中的 0.1 mol·dm^{-3} KBr 溶液，进行上述实验。观察现象，写出反应方程式。

c. 取 10 滴饱和 $KBrO_3$ 溶液加入 5 滴 CCl_4 溶液、5 滴 3 mol·dm^{-3} H_2SO_4 溶液，再加

入小米粒大小的碘固体，振摇试管。观察现象，写出反应方程式。

d. 碘酸盐的氧化性　在5滴0.1 $mol \cdot dm^{-3}$ KIO_3 溶液中加入5滴 CCl_4 溶液，再加入3滴0.1 $mol \cdot dm^{-3}$ Na_2SO_3 溶液，振摇试管，观察现象。继续加入5滴3 $mol \cdot dm^{-3}$ H_2SO_4 溶液，振摇试管。有何变化？再加入7滴0.1 $mol \cdot dm^{-3}$ Na_2SO_3 溶液。又有何变化？写出反应方程式。

4. 氟化氢的制备及性质

在一块涂有石蜡的载玻片上，用钉子刻下印记，然后将 CaF_2 固体填充在印记上，在 CaF_2 上滴几滴浓硫酸，2个小时后，用水冲洗载玻片，将石蜡除去，在载玻片上可以看到清晰的印记。写出反应方程式，并说明原因。

5. 金属卤化物的溶解性

（1）分别取5滴0.1 $mol \cdot dm^{-3}$ NaF、NaCl、KBr、KI于4支试管中，各加5滴0.1 $mol \cdot dm^{-3}$ CaF_2 溶液。观察现象，写出反应方程式。

（2）分别取5滴0.1 $mol \cdot dm^{-3}$ NaF、NaCl、KBr、KI于4支试管中，各加10滴0.1 $mol \cdot dm^{-3}$ $AgNO_3$ 溶液。观察现象，写出反应方程式。

根据以上实验总结金属氟化物与其他金属卤化物的区别。

6. 小设计

（1）混合液中含有 F^-、Cl^-、Br^-、I^- 四种离子，设计实验进行分离鉴定。

（2）现有五种已失去标签的溶液，分别是KCl、KBr、KI、$KClO_3$、KClO，用实验室现有试剂设计实验方案，进行鉴别。

实验8　离子的分离与鉴定（设计）

【实验目的】

1. 掌握常见元素的性质。

2. 根据元素及其化合物的性质，对混合溶液中的离子进行分析鉴定。

【实验要求】

向指导老师领取阴、阳离子混合液各一组，设计实验方案，进行实验并写出实验报告。

【实验内容】

1. 阳离子混合溶液的分离检出

（1）K^+、Na^+、Ag^+、Cu^{2+}、Ba^{2+} 的混合溶液。

（2）Zn^{2+}、Ag^+、Cu^{2+}、Pb^{2+}、Bi^{3+} 的混合溶液。

（3）Ba^{2+}、Cr^{3+}、Al^{3+}、Mn^{2+} 的混合溶液。

（4）Ag^+、Cu^{2+}、Sb^{3+}、Bi^{3+} 的混合溶液。

2. 阴离子混合溶液的检出

（1）NO_3^-、NO_2^-、CO_3^{2-}、Cl^-、SO_4^{2-}、S^{2-} 的混合溶液。

（2）$S_2O_3^{2-}$、NO_2^-、CO_3^{2-}、I^-、Br^-、PO_4^{3-}、F^- 的混合溶液。

附　录

附录 1　酸度计

酸度计也称 pH 计，是测定溶液 pH 的精密仪器，也可用来测量电动势，由电极和电动势测量部分组成。实验室使用的酸度计有雷磁 25 型、PHS-2 和 PHSJ-3F 型等，虽然型号不一样，但原理是相同的。

1. 基本原理

(1) 电极

① 玻璃电极

pH 玻璃电极是对氢离子活度有选择性响应的电极。在电位分析法中，pH 玻璃电极是指示电极。pH 玻璃电极的结构如附图 1 所示。电极的下端是用特殊玻璃吹制成的薄膜小球，内部装有 pH 特定的内参比液，溶液中插入一个 Ag-AgCl 内参电极。玻璃电极在初次使用前必须在去离子水中浸泡 24 h 以上，不用时也应浸泡在其中。

② 参比电极

电位法中常用饱和甘汞电极作参比电极。饱和甘汞电极由汞、甘汞和氯化钾饱和溶液组成，如附图 2 所示。甘汞电极在初次使用前，应浸泡在饱和氯化钾溶液内，不能与玻璃电极一样浸泡在去离子水中。不使用时应浸泡在饱和氯化钾溶液中或用橡胶帽套住甘汞电极的下端毛细孔。

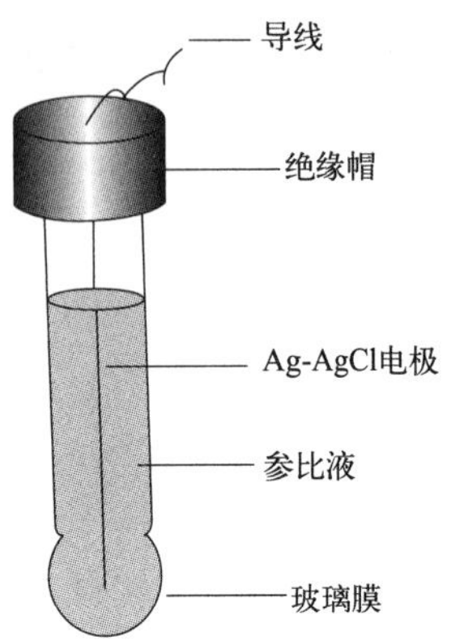

附图 1　玻璃电极

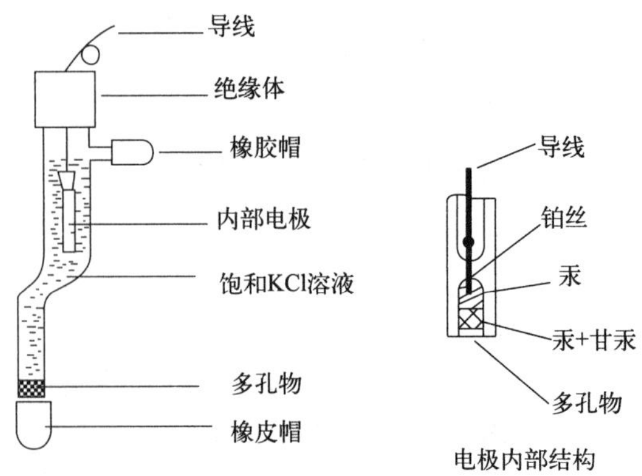

附图 2　饱和甘汞电极

饱和甘汞电极的电位稳定，不随溶液 pH 的变化而变化。当玻璃电极和饱和甘汞电极以及待测溶液组成工作电池时（例如，在 25℃时其值为 0.242 V），测量这一电动势就可获得待测溶液的 pH 值。

③ 复合电极

把 pH 玻璃电极和参比电极组合在一起的电极就是 pH 复合电极。pH 复合电极主要由电极球泡、玻璃支撑杆、内参比电极、内参比溶液、外参比电极、外参比溶液等组成。结构如附图 3 所示。相对于两个电极而言，复合电极最大的优点就是使用方便。

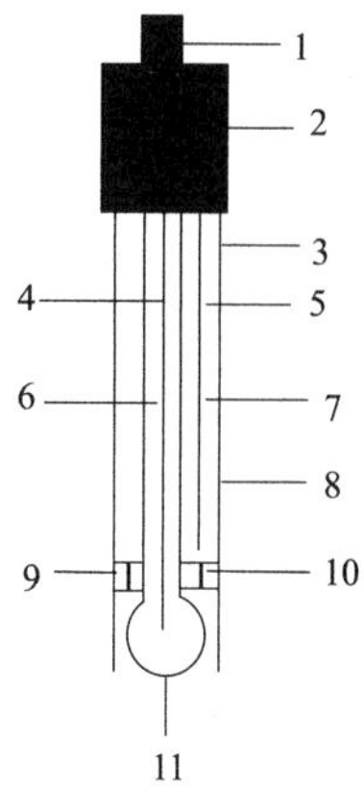

附图 3　pH 复合电极结构示意图

1—导线；2—密封塑料；3—加液孔；4—Ag/AgCl 内参比电极；5—Ag/AgCl 外参比电极；6—0.1 $mol \cdot dm^{-3}$ HCl；7—3 $mol \cdot dm^{-3}$ KCl；8—聚碳酸树脂；9—密封胶；10—细孔陶瓷；11—玻璃薄膜球

pH 复合电极的特点是参比溶液有较高的渗透速度、液接界电位稳定重现、测量精度较高。当参比液减少或受污染后，可以补充或更换 KCl 溶液。使用时应将加液孔打开，以增加液体压力，加速电极响应。当参比液液面低于加液孔 2 cm 时，应及时补充新的参比液。

电极头部配有一个用于密封的塑料小瓶，内部装有电极浸泡液，电极头长期浸泡其中，使用时拔出洗净即可。塑料小瓶中的浸泡液不要被污染，要注意更换。

使用前必须浸泡，因为 pH 球泡是一种特殊的玻璃膜，在玻璃膜表面有一层很薄的水合凝胶层，它只有在充分湿润的条件下才能与溶液中 H^+ 有良好的响应。同时，电极球泡经过浸泡，可以使不对称电势大大下降并趋向稳定。

（2）电动势测量

酸度计可用于测量电动势。测出的电动势经阻抗变换后进行直流放大，带动电表直接显示出溶液的 pH 值。目前，国产的酸度计型号众多，精度不同，使用方法也存在差异。

2. 使用方法

下面以 PHSJ-3F 型酸度计（附图 4）为例说明溶液 pH 的测定方法。PHSJ-3F 型酸度计是一种精密数字显示 pH 计，其测量精度为 0.01 pH 或 1 mV。具体操作如下。

（1）开机前准备　电极杆旋入电极杆插座，调节电极夹到适当位置，复合电极夹在电极夹上，拉下电极前端的电极套，拉下橡皮套，露出复合电极上端小孔，用去离子水清洗电极。

（2）开机　将电源线插入电源插座，按下电源开关，电源接通后，预热 30 min，接着进行标定。

（3）标定　仪器使用前，先要标定。一般来说，仪器在连续使用时，每天要标定一次。

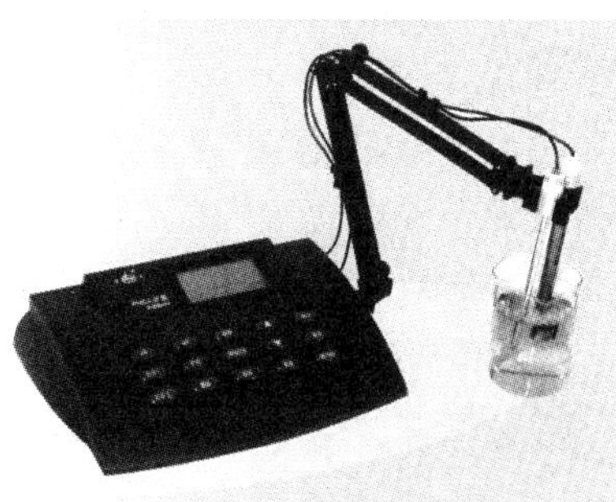

附图 4　PHSJ-3F 型酸度计

在测量电极插座处拔去 Q9 短路插头，在测量电极插座处插上复合电极，如不用复合电极，则在测量电极插座处插上电极转换器。玻璃电极插头插入转换器插座处，参比电极接入参比电极接口处。把选择开关旋钮调到 pH 挡，调节“温度”补偿旋钮，使旋钮白线对准溶液温度值，把“斜率”调节旋钮顺时针旋到底（即调到 100%位置）。

把用蒸馏水清洗过的电极插入 pH=6.86 的缓冲溶液中，调节“定位”调节旋钮使仪器显示读数与该缓冲溶液当时温度下的 pH 值相一致（如用混合磷酸盐定位温度为 10℃，pH=6.92），用去离子水清洗电极，再插入 pH=4.00（或 pH=9.18）的标准缓冲溶液中，调节“斜率”调节旋钮使仪器显示读数与该缓冲溶液中当时温度下的 pH 值一致。如果数值不一致，那么重复以上操作直到不用再调节“定位”或“斜率”两调节旋钮为止。仪器完成标定。

（4）测量 pH 值　经过标定的仪器，即可用来测量被测溶液，被测溶液与标定溶液温度相同与否、测量步骤也有所不同。

① 被测溶液与标定溶液温度相同，测量步骤如下：

用去离子水清洗电极头部，再用被测溶液清洗一次，然后将电极浸入被测溶液中，用玻璃棒搅拌溶液，使溶液均匀，在显示屏上读出溶液的 pH 值。

② 被测溶液和标定溶液温度不同时，测量步骤如下：

用去离子水清洗电极头部，再用被测溶液清洗一次，然后用温度计测出被测溶液的温度值，调节“温度”调节旋钮，使白线对准被测溶液的温度值，把电极插入被测溶液内，用玻璃棒搅拌溶液，使溶液均匀后读出该溶液的 pH 值。

（5）测量电极电位（mV）值　把离子选择电极或金属电极和参比电极夹在电极架上，用去离子水清洗电极头部，再用被测溶液清洗一次，把电极转换器的插头插入仪器后部的测量电极插座处；把离子电极的插头插入转换器插座处，把参比电极接入仪器后部的参比电极接口处，把两种电极插在被测溶液内，将溶液搅拌均匀后，即可在显示屏上读出该离子选择电极的电极电位（mV）值，还可自动显示±极性。如果被测信号超出仪器的测量范围，或测量端开路时，显示屏会不亮，作超载报警。使用金属电极测量电极电位时，用带夹子的 Q9 插头接入测量电极插座处，夹子与金属电极导线相接，参比电极接入参比电极接口处。

附录 2　离心机

离心机就是利用离心力使得需要分离的不同物料得到加速分离的机器。其主要分为过滤式离心机和沉降式离心机两大类。

1. 基本原理

过滤式离心机的主要原理是通过高速运转的离心转鼓产生的离心力（配合适当的滤材），将固液混合液中的液相加速甩出转鼓，而将固相留在转鼓内，达到分离固体和液体的效果，俗称脱水的效果。沉降式离心机的主要原理是通过转子高速旋转产生的强大的离心力，加快混合液中不同密度成分（固相或液相）的沉降速度，把样品中不同沉降系数和浮力密度的物质分离开。

附图 5　800 台式离心机

2. 使用方法

下面以 800 台式沉降式离心机（附图 5）为例，具体操作如下：

（1）本机采用三孔安全插座，使用前应接地线。

（2）本机底部装有三个吸盘形橡胶吸脚，应将本机放置在平整坚实的台面上。

（3）使用时，先查看转速旋钮，应处在“0”位置，然后将试样小心地放置于离心试管内。注意：对称的离心试管内必须放入同样重量的试样，以免由于重量偏差较大而产生严重晃动。

（4）顺时针转动转速旋钮至所需的转速位置，转头开始旋转，离心机开始工作。

（5）工作一定时间之后，当需要停止离心机工作时，将转速旋钮逆时针转回“0”位置，转头开始减速直至停止转动。

注意，必须让转头自行减速，切勿施加外力强行制动，以免发生危险。等到转头完全停转之后，方可取出试样。

（6）本机使用完毕后，必须切断电源，并置于干燥、通风、阴凉处，保持清洁。

附录 3　DDS-307 型电导率仪

1. 原理

电解质溶液在电势场作用下能导电，其导电能力的大小常以电导率或电阻表示。测量溶液电导的方法通常是用两个电极插入溶液中，测出两极间的电阻。根据欧姆定律，在温度一定时，两电极间的电阻与两电极间的距离成正比，与电极的截面积成反比。现以 DDS-307 型电导率仪（附图 6）为例说明。

2. 使用方法

（1）电源线插入仪器电源插座，仪器必须有良好的接地。

（2）按电源开关，接通电源，预热 30 min 后，进行校准。

（3）校准：仪器使用前必须进行校准！

将“选择”开关指向“检查”，“常数”补偿调节旋钮指向“1”刻度线，“温度”补偿调节旋钮指向“25”刻度线，调节“校准”调节旋钮，仪器显示 100.0 μS/cm，至此校准完毕。

附图 6　DDS-307 型电导率仪

（4）测量：

① 在电导率测量过程中，正确选择电导电极常数，对获得较高的测量精度是非常重要的。可配用的常数为 0.01、0.1、1.0、10 四种不同类型的电导电极。用户应根据测量范围参照附表 1 选择相应常数的电导电极。

附表 1　测量范围

测量范围/μS·cm^{-1}	推荐使用电导常数的电极
0～2	0.01、0.1
2～200	0.1、1.0
200～2000	1.0
2000～20000	1.0、10
20000～100000	10

注：电导常数为 1.0、10 类型的电导电极有“光亮”和“铂黑”两种形式，镀铂电极习惯称作铂黑电极，光亮电极测量范围以（0～300）μS·cm^{-1} 为宜。

② 电极常数的设置方法如下：目前电导电极的电极常数为 0.01、0.1、1.0、10 四种不同类型，但每种类型电极具体的电极常数值，制造厂均粘贴在每只电导电极上，根据电极上所标的电极常数值调节仪器面板“常数”补偿调节旋钮到相应的位置。

a. 将“选择”箭头指向“检查”，“温度”补偿调节旋钮指向“25”刻度线，调节“校准”调节旋钮，使仪器显示 100.0 $\mu S \cdot cm^{-1}$。

b. 调节“常数”补偿调节旋钮，使仪器显示值与电极所标数值一致。

例如：电极常数为 0.01025 cm^{-1}，则调节“常数”补偿调节旋钮使仪器显示为 102.5。(测量值＝读数值×0.01)

③ 温度补偿的设置

a. 调节仪器面板上“温度”补偿调节旋钮，使其指向待测溶液的实际温度值，此时，测量得到的将是待测溶液经过温度补偿后折算为 25℃下的电导率值。

b. 如果将“温度”补偿调节旋钮指向“25”刻度线，那么测量的将是待测溶液在该温度下未经补偿的原始电导率值。

④ 常数、温度补偿设置完毕，应将“选择”开关按附表 2 所示置合适位置。当测量过程中显示值熄灭时，说明测量超出量程范围，此时，应切换“开关”至上一挡量程。

附表 2 测量参数

序号	选择开关位置	量程范围/$\mu S \cdot cm^{-1}$	被测电导率/$\mu S \cdot cm^{-1}$
1	Ⅰ	0～20.0	显示读数×C
2	Ⅱ	≥20.0～200.0	显示读数×C
3	Ⅲ	≥200.0～2000	显示读数×C
4	Ⅳ	≥2000～20000	显示读数×C

注：C 为电导电极常数值。例，当电极常数为 0.01 时，C＝0.01。

附录 4 分光光度计

1. 分光光度法基本原理

分光光度法是根据物质对光的选择性吸收而进行分析的方法，其理论基础是朗伯-比尔定律：

$$A = \varepsilon bc$$

式中，A 为吸光度；ε 为摩尔吸光系数，$L \cdot mol^{-1} \cdot cm^{-1}$；$b$ 为液层厚度，cm；c 为吸光物质的浓度，$mol \cdot L^{-1}$。

该定律的物理意义是：当一束平行单色光垂直通过某溶液时，溶液的吸光度 A 与吸光物质的浓度 c 及液层厚度 b 成正比。待测样品通常盛装在比色皿中，因此，b 常指比色皿厚度。

2. 仪器的基本结构

分光光度计主要由光源、分光器、比色皿、光电元测量记录系统几部分组成。分光光度计的光源灯发出的白光，通过棱镜被分解成不同波长的单色光。单色光经过待测溶液，使透过光射在光电池或光电管上变成电信号，在检流计上或读数电表上就直接读出吸光度。

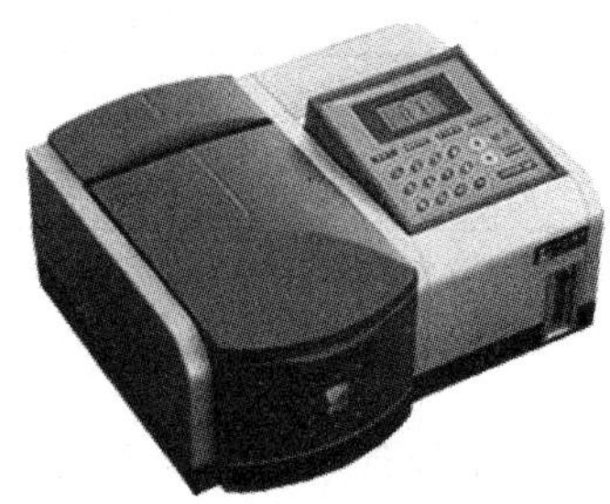

附图 7 T6 新锐可见光分光光度计

3. 使用方法

国内外不同档次的分光光度计型号繁多，现以 T6 新锐可见光分光光度计（附图 7）为例，使用步骤如下：

（1）打开电源开关，仪器开始初始化，约 3 min 完成初始化。确认光路未挡。

（2）设置测量波长：按下“GOTOλ”键，设置所测量的波长，按下“ENTER”键确认。

（3）设置样品池个数：按下“SHIFT/RETURN”键，根据使用比色皿个数按“▼”键确定使用样品池个数。

（4）自动校零：样品池设置完成后，按下“SHIFT/RETURN”键返回测量界面。在 1 号样品池中放入空白溶液，按“ZERO”键进行空白校正。

（5）测量样品：自动校零完成后，在 2 号样品池中放入样品，按“START”键进行测量。屏幕只显示一个样品的吸光度值，需要查看记录数据时按“▼”键翻页。

（6）改变参数后测量：如果需要更换波长，按“SHIFT/RETURN”键可返回到光度测量主界面，再按照步骤（2）进行即可。（注意：更换波长后必须重新放入空白溶液，按“ZERO”键进行空白校正。）

（7）结束测量：确保已从样品池中取出所有比色皿，清洗干净以便下次使用。按“SHIFT/RETURN”键直到返回仪器主菜单界面，再关闭仪器电源。

4. 注意事项

（1）将准备好的试剂倒入比色皿中，用吸水纸擦去比色皿外侧水滴，并依次放入比色皿架中。手拿比色皿粗糙面，试剂倒入比色皿体积的 2/3 即可，不得将比色皿放在仪器上。

（2）比色皿实验完毕后，要用去离子洗净并倒置晾干，存放在比色皿盒内。

（3）仪器不能受潮，可在样品室内放置硅胶袋防潮，但开机前一定要取出。使用时放置在坚固平稳的工作台上，室内照明不宜过强。

（4）在托运或移动仪器时，应注意轻拿轻放。

附录 5　部分难溶电解质的溶度积常数

化合物	K_{sp}	化合物	K_{sp}	化合物	K_{sp}
AgAc	1.94×10^{-3}	Hg_2CrO_4	2.0×10^{-9}	Hg_2SO_4	6.5×10^{-7}
AgBr	5.0×10^{-13}	$PbCrO_4$	2.8×10^{-13}	$PbSO_4$	1.6×10^{-8}
AgCl	1.8×10^{-10}	$SrCrO_4$	2.2×10^{-5}	$SrSO_4$	3.2×10^{-7}
AgI	8.3×10^{-17}	$Al(OH)_3$	1.3×10^{-33}	Ag_2S	6.3×10^{-50}
BaF_2	1.84×10^{-7}	$Be(OH)_2$	1.6×10^{-22}	CdS	8.0×10^{-27}
CaF_2	5.3×10^{-9}	$Ca(OH)_2$	5.5×10^{-6}	CoS(α 型)	4.0×10^{-21}
CuBr	5.3×10^{-9}	$Cd(OH)_2$	5.27×10^{-15}	CoS(β 型)	2.0×10^{-25}
CuCl	1.2×10^{-6}	$Co(OH)_2$(粉红)	1.09×10^{-15}	Cu_2S	2.5×10^{-48}
CuI	1.1×10^{-12}	$Co(OH)_2$(蓝色)	5.92×10^{-15}	CuS	6.3×10^{-36}
Hg_2Cl_2	1.3×10^{-18}	$Co(OH)_3$	1.6×10^{-44}	FeS	6.3×10^{-18}
Hg_2I_2	4.5×10^{-29}	$Cr(OH)_2$	2×10^{-16}	HgS(黑)	1.6×10^{-52}
HgI_2	2.9×10^{-29}	$Cr(OH)_3$	6.3×10^{-31}	HgS(红)	4×10^{-53}
$PbBr_2$	6.6×10^{-6}	$Cu(OH)_2$	2.2×10^{-20}	MnS(晶形)	2.5×10^{-13}
$PbCl_2$	1.6×10^{-5}	$Fe(OH)_2$	8.0×10^{-16}	NiS	1.07×10^{-21}
PbF_2	3.3×10^{-8}	$Fe(OH)_3$	4.0×10^{-38}	PbS	8.0×10^{-28}
PbI_2	7.1×10^{-9}	$Mg(OH)_2$	1.8×10^{-11}	SnS	1×10^{-25}
SrF_2	4.33×10^{-9}	$Mn(OH)_2$	1.9×10^{-13}	SnS_2	2×10^{-27}
Ag_2CO_3	8.45×10^{-12}	$Ni(OH)_2$	2.0×10^{-15}	ZnS	2.93×10^{-25}
$BaCO_3$	5.1×10^{-9}	$Pb(OH)_2$	1.2×10^{-15}	Ag_3PO_4	1.4×10^{-16}

续表

化合物	K_{sp}	化合物	K_{sp}	化合物	K_{sp}
$CaCO_3$	3.36×10^{-9}	$Sn(OH)_2$	1.4×10^{-28}	$AlPO_4$	6.3×10^{-19}
$CdCO_3$	1.0×10^{-12}	$Zn(OH)_2$	1.2×10^{-17}	$CaHPO_4$	1×10^{-7}
$CuCO_3$	1.4×10^{-10}	$Ag_2C_2O_4$	5.4×10^{-12}	$Ca_3(PO_4)_2$	2.0×10^{-29}
$FeCO_3$	3.13×10^{-11}	BaC_2O_4	1.6×10^{-7}	$Cd_3(PO_4)_2$	2.53×10^{-33}
Hg_2CO_3	3.6×10^{-17}	$CaC_2O_4\cdot H_2O$	4×10^{-9}	$Cu_3(PO_4)_2$	1.40×10^{-37}
$MgCO_3$	6.82×10^{-6}	CuC_2O_4	4.43×10^{-10}	$FePO_4\cdot 2H_2O$	9.91×10^{-16}
$MnCO_3$	2.24×10^{-11}	$FeC_2O_4\cdot 2H_2O$	3.2×10^{-7}	$MgNH_4PO_4$	2.5×10^{-13}
$NiCO_3$	1.42×10^{-7}	$Hg_2C_2O_4$	1.75×10^{-13}	$Mg_3(PO_4)_2$	1.04×10^{-24}
$PbCO_3$	7.4×10^{-14}	$MgC_2O_4\cdot 2H_2O$	4.83×10^{-6}	$Pb_3(PO_4)_2$	8.0×10^{-43}
$SrCO_3$	5.6×10^{-10}	$MnC_2O_4\cdot 2H_2O$	1.70×10^{-7}	$Zn_3(PO_4)_2$	9.0×10^{-33}
$ZnCO_3$	1.46×10^{-10}	PbC_2O_4	8.51×10^{-10}	$Cu_2[Fe(CN)_6]$	1.3×10^{-16}
Ag_2CrO_4	1.12×10^{-12}	$SrC_2O_4\cdot H_2O$	1.6×10^{-7}	$AgSCN$	1.03×10^{-12}
$Ag_2Cr_2O_7$	2.0×10^{-7}	$ZnC_2O_4\cdot 2H_2O$	1.38×10^{-9}	$CuSCN$	4.8×10^{-15}
$BaCrO_4$	1.2×10^{-10}	Ag_2SO_4	1.2×10^{-5}	$AgBrO_3$	5.3×10^{-5}
$CaCrO_4$	7.1×10^{-4}	$BaSO_4$	1.1×10^{-10}	$AgIO_3$	3.0×10^{-8}
$CuCrO_4$	3.6×10^{-6}	$CaSO_4$	9.1×10^{-6}	$Cu(IO_3)_2\cdot H_2O$	7.4×10^{-8}

附录 6 弱电解质的解离常数

名称	化学式	解离常数	pK
醋酸	HAc	1.76×10^{-5}	4.75
碳酸	H_2CO_3	$K_1=4.30\times10^{-7}$	6.37
		$K_2=5.61\times10^{-11}$	10.25
草酸	$H_2C_2O_4$	$K_1=5.90\times10^{-2}$	1.23
		$K_2=6.40\times10^{-5}$	4.19
亚硝酸	HNO_2	4.6×10^{-4}(285.5 K)	3.37
		$K_1=7.52\times10^{-3}$	2.12
磷酸	H_3PO_4	$K_2=6.23\times10^{-8}$	7.21
		$K_3=2.2\times10^{-13}$(291 K)	12.67
亚硫酸	H_2SO_3	$K_1=1.54\times10^{-2}$(291 K)	1.81
		$K_2=1.02\times10^{-7}$	6.91
硫酸	H_2SO_4	$K_1=1.20\times10^{-2}$	1.92
硫化氢	H_2S	$K_1=9.1\times10^{-8}$(291 K)	7.04
		$K_2=1.1\times10^{-12}$	11.96
氢氰酸	HCN	4.93×10^{-10}	9.31
铬酸	H_2CrO_4	$K_1=1.8\times10^{-1}$	0.74
		$K_2=3.20\times10^{-7}$	6.49
硼酸	H_3BO_3	5.8×10^{-10}	9.24
氢氟酸	HF	3.53×10^{-4}	3.45
过氧化氢	H_2O_2	2.4×10^{-12}	11.62
次氯酸	HClO	2.95×10^{-5}(291 K)	4.53
次溴酸	HBrO	2.06×10^{-9}	8.69
次碘酸	HIO	2.3×10^{-11}	10.64
碘酸	HIO_3	1.69×10^{-1}	0.77
砷酸	H_3AsO_4	$K_1=5.62\times10^{-3}$(291 K)	2.25
		$K_2=1.70\times10^{-7}$	6.77
		$K_3=3.95\times10^{-12}$	11.40

续表

名称	化学式	解离常数	pK
亚砷酸	$HAsO_2$	6×10^{-10}	9.22
铵根离子	NH_4^+	5.56×10^{-10}	9.25
氨水	$NH_3\cdot H_2O$	1.79×10^{-5}	4.75
联氨	N_2H_4	8.91×10^{-7}	6.05
羟氨	NH_2OH	9.12×10^{-9}	8.04
氢氧化铅	$Pb(OH)_2$	9.6×10^{-4}	3.02
氢氧化锂	LiOH	6.31×10^{-1}	0.2
氢氧化铍	$Be(OH)_2$	1.78×10^{-6}	5.75
	$BeOH^+$	2.51×10^{-9}	8.6
氢氧化铝	$Al(OH)_3$	5.01×10^{-9}	8.3
	$Al(OH)_2^+$	1.99×10^{-10}	9.7
氢氧化锌	$Zn(OH)_2$	7.94×10^{-7}	6.1
氢氧化镉	$Cd(OH)_2$	5.01×10^{-11}	10.3
乙二胺	$H_2NC_2H_4NH_2$	$K_1=8.5\times10^{-5}$	4.07
		$K_2=7.1\times10^{-8}$	7.15
六亚甲基四胺	$(CH_2)_6N_4$	1.35×10^{-9}	8.87
尿素	$CO(NH_2)_2$	1.3×10^{-14}	13.89
质子化六亚甲基四胺	$(CH_2)_6N_4H^+$	7.1×10^{-6}	5.15
甲酸	HCOOH	1.77×10^{-4} (293 K)	3.75
氯乙酸	$ClCH_2COOH$	1.40×10^{-3}	2.85
氨基乙酸	NH_2CH_2COOH	1.67×10^{-10}	9.78
邻苯二甲酸	$C_6H_4(COOH)_2$	$K_1=1.12\times10^{-3}$	2.95
		$K_2=3.91\times10^{-6}$	5.41
柠檬酸	$(HOOCCH_2)_2C(OH)COOH$	$K_1=7.1\times10^{-4}$	3.14
		$K_2=1.68\times10^{-5}$ (293 K)	4.77
		$K_3=4.1\times10^{-7}$	6.39
α-酒石酸	$[CH(OH)COOH]_2$	$K_1=1.04\times10^{-3}$	2.98
		$K_2=4.55\times10^{-5}$	4.34
8-羟基喹啉	C_9H_6NOH	$K_1=8\times10^{-6}$	5.1
		$K_2=1\times10^{-9}$	9.0
苯酚	C_6H_5OH	1.28×10^{-10} (293 K)	9.89
对氨基苯磺酸	$H_2NC_6H_4SO_3H$	$K_1=2.6\times10^{-1}$	0.58
		$K_2=7.6\times10^{-4}$	3.12

附录 7 常用酸碱溶液的浓度及配制

溶液	化学式	浓度(近似) /mol·dm^{-3}	相对密度 (20℃)	溶质分数/%	浓度/mol·dm^{-3}
盐酸	HCl (浓)	12	1.19	37.23	—
	HCl (稀)	6	1.10	20.0	取浓 HCl 与等体积水混合
	HCl (稀)	2	—	7.15	取浓 HCl 167 mL，稀释成 1 L
硝酸	HNO_3 (浓)	16	1.42	69.80	—
	HNO_3 (稀)	6	1.20	32.36	取浓 HNO_3 381 mL，稀释成 1 L
	HNO_3 (稀)	2	—	—	取浓 HNO_3 128 mL，稀释成 1 L
硫酸	H_2SO_4 (浓)	18	1.84	95.6	—
	H_2SO_4 (稀)	3	1.18	24.8	取浓 H_2SO_4 167 mL，缓缓倾入 833 mL 水中
	H_2SO_4 (稀)	1	—	—	取浓 H_2SO_4 56 mL，缓缓倾入 944 mL 水中

续表

溶液	化学式	浓度(近似)/mol·dm^{-3}	相对密度(20℃)	溶质分数/%	浓度/mol·dm^{-3}
醋酸	HAc (浓)	17	1.05	99.5	—
	HAc (稀)	6	1.04	35.0	取浓 HAc 350 mL，稀释成 1 L
	HAc (稀)	2	—	—	取浓 HAc 118 mL，稀释成 1 L
磷酸	H_3PO_4	14.7	1.7	85	—
氢氟酸	HF	22.5	1.13	40	—
溴酸	HBr	8.6	1.49	47	—
氨水	$NH_3 \cdot H_2O$(浓)	15	0.90	25～27	—
	$NH_3 \cdot H_2O$(稀)	6	10	—	取浓 $NH_3 \cdot H_2O$ 400 mL，稀释成 1 L
	$NH_3 \cdot H_2O$(稀)	2	—	—	取浓 $NH_3 \cdot H_2O$ 134 mL，稀释成 1 L
氢氧化钠	NaOH	6	1.22	19.7	将 NaOH 240 g 溶于水，稀释至 1 L
	NaOH	2	—	—	将 NaOH 80 g 溶于水，稀释至 1 L

附录 8 常用无机化学实验化学药品安全数据说明书（MSDS）

盐酸

中文名称：盐酸

英文名称：hydrochloric acid

别　名：氢氯酸

分子式：HCl

分子量：36.46

熔　点：－114.8 ℃（纯）

相对密度（水＝1）：1.20

外观与性状：无色液体、有刺激性气味。

一、危险性概述

健康危害：接触其蒸气或烟雾，可引起急性中毒，出现眼结膜炎，鼻及口腔黏膜有烧灼感，鼻衄、齿龈出血，气管炎等。误服可引起消化道灼伤、溃疡形成，有可能引起胃穿孔、腹膜炎等。眼和皮肤接触可致灼伤。慢性影响：长期接触，引起慢性鼻炎、慢性支气管炎、牙齿酸蚀症及皮肤损害。

环境危害：对环境有危害，对水体和土壤可造成污染。

燃爆危险：本品不燃，具有强腐蚀性、强刺激性，可致人体灼伤。

二、操作处置与储存

操作注意事项：密闭操作，注意通风。操作尽可能机械化、自动化。操作人员必须经过专门培训，严格遵守操作规程。建议操作人员佩戴自吸过滤式防毒面具（全面罩），穿橡胶耐酸碱服，戴橡胶耐酸碱手套。远离易燃、可燃物。防止蒸气泄漏到工作场所空气中。避免与碱类、胺类、碱金属接触。搬运时要轻装轻卸，防止包装及容器损坏。配备泄漏应急处理设备。倒空的容器可能残留有害物。

储存注意事项：储存于阴凉、通风的库房。库温不超过 30℃，相对湿度不超过 85%。

保持容器密封。应与碱类、胺类、碱金属、易（可）燃物分开存放，切忌混储。储区应备有泄漏应急处理设备和合适的收容材料。

三、急救措施

皮肤接触：立即脱去污染的衣着，用大量流动清水冲洗至少 15 分钟。就医。

眼睛接触：立即提起眼睑，用大量流动清水或生理盐水彻底冲洗至少 15 分钟。就医。

吸入：迅速脱离现场至空气新鲜处。保持呼吸道通畅。如呼吸困难，给输氧。如呼吸停止，立即进行人工呼吸。就医。

食入：用水漱口，给饮牛奶或蛋清。就医。

四、消防措施

危险特性：能与一些活性金属粉末发生反应，放出氢气。遇氰化物能产生剧毒的氰化氢气体。与碱发生中和反应，并放出大量的热。具有较强的腐蚀性。

有害燃烧产物：氯化氢。

灭火方法：用碱性物质如碳酸氢钠、碳酸钠、消石灰等中和。也可用大量水扑灭。

五、防护措施

呼吸系统防护：可能接触其烟雾时，佩戴自吸过滤式防毒面具（全面罩）或空气呼吸器。紧急事态抢救或撤离时，建议佩戴氧气呼吸器。

眼睛防护：呼吸系统防护中已作防护。

身体防护：穿橡胶耐酸碱服。

手防护：戴橡胶耐酸碱手套。

其他防护：工作现场禁止吸烟、进食和饮水。工作完毕，淋浴更衣。单独存放被毒物污染的衣服，洗后备用。保持良好的卫生习惯。

六、泄漏应急处理

应急处理：迅速撤离泄漏污染区人员至安全区，并进行隔离，严格限制出入。切断火源。建议应急处理人员戴自给正压式呼吸器，穿防毒服。不要直接接触泄漏物。尽可能切断泄漏源。防止流入下水道、排洪沟等限制性空间。小量泄漏：用活性炭或其他惰性材料吸收。也可以用大量水冲洗，洗水稀释后放入废水系统。大量泄漏：构筑围堤或挖坑收容。喷雾状水冷却和稀释蒸气、保护现场人员、把泄漏物稀释成不燃物。用防爆泵转移至槽车或专用收集器内，回收或运至废物处理场所处置。

硫酸

中文名称：硫酸

英文名称：sulfuric acid

别　名：磺镪水；铅室酸；蓄电池硫酸；三氧化硫；硫酸酐

分子式：H_2SO_4

分子量：98.08

熔　点：10.35 ℃（100%）

相对密度（水=1）：1.841（96%～98%）

稳定性：340 ℃分解成三氧化硫和水

外观与性状：透明、无色、无臭的油状液体。

一、危险性概述

健康危害：对皮肤、黏膜等组织有强烈的刺激和腐蚀作用。蒸气或雾可引起结膜炎、结膜水肿、角膜浑浊，以致失明；引起呼吸道刺激，重者发生呼吸困难和肺水肿；高浓度引起喉痉挛或声门水肿而窒息死亡。口服后引起消化道烧伤以致溃疡形成；严重者可能有胃穿孔、腹膜炎、肾损害、休克等。皮肤灼伤轻者出现红斑、重者形成溃疡，愈后瘢痕收缩影响功能。溅入眼内可造成灼伤，甚至角膜穿孔、全眼炎以致失明。慢性影响：牙齿酸蚀症、慢性支气管炎、肺气肿和肺硬化。

环境危害：对环境有危害，对水体和土壤可造成污染。

燃爆危险：本品助燃，具有强腐蚀性、强刺激性，可致人体灼伤。

二、操作处置与储存

操作注意事项：密闭操作，注意通风。操作尽可能机械化、自动化。操作人员必须经过专门培训，严格遵守操作规程。建议操作人员佩戴自吸过滤式防毒面具（全面罩），穿橡胶耐酸碱服，戴橡胶耐酸碱手套。远离火种、热源，工作场所严禁吸烟。远离易燃、可燃物。防止蒸气泄漏到工作场所空气中。避免与还原剂、碱类、碱金属接触。搬运时要轻装轻卸，防止包装及容器损坏。配备相应品种和数量的消防器材及泄漏应急处理设备。倒空的容器可能残留有害物。稀释或制备溶液时，应把酸加入水中，避免沸腾和飞溅。

储存注意事项：储存于阴凉、通风的库房。库温不超过 35℃，相对湿度不超过 85%。保持容器密封。应与易（可）燃物、还原剂、碱类、碱金属、食用化学品分开存放，切忌混储。储区应备有泄漏应急处理设备和合适的收容材料。

三、急救措施

皮肤接触：立即脱去污染的衣着，用大量流动清水冲洗至少 15 分钟。就医。

眼睛接触：立即提起眼睑，用大量流动清水或生理盐水彻底冲洗至少 15 分钟。就医。

吸入：迅速脱离现场至空气新鲜处。保持呼吸道通畅。如呼吸困难，给输氧。如呼吸停止，立即进行人工呼吸，就医。

食入：用水漱口，给饮牛奶或蛋清。就医。

四、消防措施

危险特性：遇水大量放热，可发生沸溅。与易燃物（如苯）和可燃物（如糖、纤维素等）接触会发生剧烈反应，甚至引起燃烧。遇电石、高氯酸盐、雷酸盐、硝酸盐、苦味酸盐、金属粉末等猛烈反应，发生爆炸或燃烧。有强烈的腐蚀性和吸水性。

有害燃烧产物：氧化硫。

灭火方法：消防人员必须穿全身耐酸碱消防服。灭火剂：干粉、二氧化碳、砂土。避免水流冲击物品，以免遇水放出大量热量发生喷溅而灼伤皮肤。

五、防护措施

呼吸系统防护：空气中浓度超标时，必须佩戴防毒面具，紧急事态抢救或撤离时，应佩戴正压自给式呼吸器。

眼睛防护：呼吸系统防护中已作防护。

身体防护：穿橡胶耐酸碱防护服。

手防护：戴橡胶防护手套。

其他：工作场所严禁吸烟、进食和饮水。工作后淋浴更衣。保持良好的卫生习惯。进入高浓度区作业，应有监护。

六、泄漏应急处理

应急处理：迅速撤离泄漏污染区人员至安全区，并进行隔离，严格限制出入。建议应急处理人员戴自给正压式呼吸器，穿防酸碱工作服。不要直接接触泄漏物。尽可能切断泄漏源。防止流入下水道、排洪沟等限制性空间。小量泄漏：用砂土、干燥石灰或苏打灰混合。也可以用大量水冲洗，洗水稀释后放入废水系统。大量泄漏：构筑围堤或挖坑收容。用泵转移至槽车或专用收集器内，回收或运至废物处理场所处置。

硝酸

中文名称：硝酸

英文名称：nitric acid

分子式：HNO_3

分子量：63.01

熔　点：－42℃（无水）

相对密度（水＝1）：1.5（无水）

外观与性状：纯品为无色透明发烟液体，有酸味。

一、危险性概述

健康危害：其蒸气有刺激作用，引起眼和上呼吸道刺激症状，如流泪、咽喉刺激感、呛咳，并伴有头痛、头晕、胸闷等。口服引起腹部剧痛，严重者可有胃穿孔、腹膜炎、喉痉挛、肾损害、休克以及窒息。皮肤接触引起灼伤。慢性影响：长期接触可引起牙齿酸蚀症。

环境危害：对环境有危害，对水体和土壤可造成污染。

燃爆危险：本品助燃，具有强腐蚀性、强刺激性，可致人体灼伤。

二、操作处置与储存

操作注意事项：密闭操作，注意通风。操作尽可能机械化、自动化。操作人员必须经过专门培训，严格遵守操作规程。建议操作人员佩戴自吸过滤式防毒面具（全面罩），穿橡胶耐酸碱服，戴橡胶耐酸碱手套。远离火种、热源，工作场所严禁吸烟。防止蒸气泄漏到工作场所空气中。避免与还原剂、碱类、醇类、碱金属接触。搬运时要轻装轻卸，防止包装及容器损坏。配备相应品种和数量的消防器材及泄漏应急处理设备。倒空的容器可能残留有害物。稀释或制备溶液时，应把酸加入水中，避免沸腾和飞溅。

储存注意事项：储存于阴凉、通风的库房。远离火种、热源。库温不宜超过 30 ℃。保持容器密封。应与还原剂、碱类、醇类、碱金属等分开存放，切忌混储。储区应备有泄漏应急处理设备和合适的收容材料。

三、急救措施

皮肤接触：立即脱去污染的衣着，用大量流动清水冲洗至少 15 分钟。就医。

眼睛接触：立即提起眼睑，用大量流动清水或生理盐水彻底冲洗至少 15 分钟。就医。

吸入：迅速脱离现场至空气新鲜处。保持呼吸道通畅。如呼吸困难，给输氧。如呼吸停止，立即进行人工呼吸。就医。

食入：用水漱口，给饮牛奶或蛋清。就医。

四、消防措施

危险特性：强氧化剂。能与多种物质如金属粉末、电石、硫化氢、松节油等猛烈反应，甚至发生爆炸。与还原剂、可燃物（如糖、纤维素、木屑、棉花、稻草或废纱头等）接触，引起燃烧并散发出剧毒的棕色烟雾。具有强腐蚀性。

灭火方法：消防人员必须穿全身耐酸碱消防服。灭火剂：雾状水、二氧化碳、砂土。

五、防护措施

呼吸系统防护：可能接触其烟雾时，佩戴自吸过滤式防毒面具（全面罩）或空气呼吸器。紧急事态抢救或撤离时，建议佩戴氧气呼吸器。

眼睛防护：呼吸系统防护中已作防护。

身体防护：穿橡胶耐酸碱服。

手防护：戴橡胶耐酸碱手套。

其他防护：工作现场禁止吸烟、进食和饮水。工作完毕，淋浴更衣。单独存放被毒物污染的衣服，洗后备用。保持良好的卫生习惯。

六、泄漏应急处理

应急处理：迅速撤离泄漏污染区人员至安全区，并进行隔离，严格限制出入。建议应急处理人员戴自给正压式呼吸器，穿防酸碱工作服。从上风处进入现场。尽可能切断泄漏源。防止流入下水道、排洪沟等限制性空间。小量泄漏：将地面撒上苏打灰（Na_2CO_3），然后用大量水冲洗，洗水稀释后放入废水系统。大量泄漏：构筑围堤或挖坑收容。喷雾状水冷却和稀释蒸气、保护现场人员、把泄漏物稀释成不燃物。用泵转移至槽车或专用收集器内，回收或运至废物处理场所处置。

磷酸

中文名称：磷酸

英文名称：phosphoric acid

分子式：H_3PO_4

分子量：98.00

熔　点：42.4 ℃

相对密度（水=1）：1.87

外观与性状：纯磷酸为无色结晶，无臭，具有酸味。

一、危险性概述

健康危害：蒸气或雾对眼、鼻、喉有刺激性。口服液体可引起恶心、呕吐、腹痛、血便或休克。皮肤或眼接触可致灼伤。慢性影响：鼻黏膜萎缩、鼻中隔穿孔。长期反复皮肤接触可引起皮肤刺激。

环境危害：对环境有危害，对水体可造成污染。

燃爆危险：本品不燃，具有腐蚀性、刺激性，可致人体灼伤。

二、操作处置与储存

操作注意事项：密闭操作，注意通风。操作尽可能机械化、自动化。操作人员必须经过专门培训，严格遵守操作规程。建议操作人员佩戴自吸过滤式防毒面具（半面罩），戴化学安全防护眼镜，穿橡胶耐酸碱服，戴橡胶耐酸碱手套。远离易燃、可燃物。避免产生粉尘。避免与碱类、活性金属粉末接触。搬运时要轻装轻卸，防止包装及容器损坏。配备泄漏应急处理设备。倒空的容器可能残留有害物。稀释或制备溶液时，应小心把酸慢慢加入水中，防止发生过热和飞溅。

储存注意事项：储存于阴凉、通风的库房。远离火种、热源。包装密封。应与易（可）燃物、碱类、活性金属粉末分开存放，切忌混储。储区应备有合适的材料收容泄漏物。

三、急救措施

皮肤接触：立即脱去污染的衣着，用大量流动清水冲洗至少 15 分钟。就医。

眼睛接触：立即提起眼睑，用大量流动清水或生理盐水彻底冲洗至少15分钟。就医。

吸入：迅速脱离现场至空气新鲜处。保持呼吸道通畅。如呼吸困难，给输氧。如呼吸停止，立即进行人工呼吸。就医。

食入：用水漱口，给饮牛奶或蛋清。就医。

四、消防措施

危险特性：遇金属反应放出氢气，能与空气形成爆炸性混合物。受热分解产生剧毒的氧化磷烟气。具有腐蚀性。

有害燃烧产物：氧化磷。

灭火方法：用雾状水保持火场中容器冷却。用大量水灭火。

五、防护措施

呼吸系统防护：可能接触其蒸气时，必须佩戴自吸过滤式防毒面具（半面罩）；可能接触其粉尘时，建议佩戴自吸过滤式防尘口罩。

眼睛防护：戴化学安全防护眼镜。

身体防护：穿橡胶耐酸碱服。

手防护：戴橡胶耐酸碱手套。

其他防护：工作场所禁止吸烟、进食和饮水，饭前要洗手。工作完毕，淋浴更衣。单独存放被毒物污染的衣服，洗后备用。保持良好的卫生习惯。

六、泄漏应急处理

应急处理：隔离泄漏污染区，限制出入。建议应急处理人员戴防尘面具（全面罩），穿防酸碱工作服。不要直接接触泄漏物。小量泄漏：用洁净的铲子收集于干燥、洁净、有盖的容器中。大量泄漏：收集回收或运至废物处理场所处置。

氢氧化钠

中文名称：氢氧化钠

英文名称：sodium hydroxide

别　名：烧碱

分子式：NaOH

分子量：40.01

熔　点：318.4 ℃

相对密度（水=1）：2.12

稳定性：稳定

外观与性状：白色不透明固体，易潮解。

一、危险性概述

侵入途径：吸入、食入。

健康危害：本品有强烈刺激性和腐蚀性。粉尘或烟雾刺激眼和呼吸道，腐蚀鼻中隔；皮肤和眼直接接触可引起灼伤；误服可造成消化道灼伤，黏膜糜烂、出血和休克。

二、操作处置与储存

操作注意事项：操作人员应佩戴防护眼镜和胶皮手套。避免与酸类接触。搬运时轻装轻卸，防止包装及容器损坏。配备泄漏应急处理设备。稀释或配制溶液时应把碱倒入水中，避免沸腾和飞溅。

储存注意事项：储存于阴凉、干燥、通风良好的库房。远离火种、热源。库温不超过

35℃，相对湿度不超过80%。包装必须密封，切勿受潮。应与易（可）燃物、酸类等分开存放，切忌混储。储区应备有合适的材料收容泄漏物。

三、急救措施

皮肤接触：立即用水冲洗至少15分钟。若有灼伤，就医治疗。

眼睛接触：立即提起眼睑，用流动清水或生理盐水冲洗至少15分钟。或用3%硼酸溶液冲洗。就医。

吸入：迅速脱离现场至空气新鲜处。必要时进行人工呼吸。就医。

食入：患者清醒时立即漱口，口服稀释的醋或柠檬汁，就医。

四、消防措施

危险特性：与酸发生中和反应并放热，遇潮时对铝、锌和锡有腐蚀性，并放出易燃易爆的氢气。本品不会燃烧，遇水和水蒸气大量放热，形成腐蚀性溶液。具有强腐蚀性。

有害燃烧产物：可能产生有害的毒性烟雾。

灭火方法：用水、砂扑救，但须防止物品遇水飞溅，造成灼伤。

五、防护措施

呼吸系统防护：必要时佩戴防毒口罩。

眼睛防护：戴化学安全防护眼镜。

防护服：穿工作服（防腐材料制作）。

手防护：戴胶皮手套。

其他防护：工作后，淋浴更衣。注意个人清洁卫生。

六、泄漏应急处理

应急处理：隔离泄漏污染区，周围设警告标志，建议应急处理人员戴好防毒面具，穿化学防护服。不要直接接触泄漏物。若少量泄漏，用洁净的铲子收集于干燥、洁净、有盖的容器中，以少量加入大量水中，调节至中性，再放入废水系统。也可以用大量水冲洗，经稀释的洗水放入废水系统。如大量泄漏，收集回收或无害处理后废弃。

硝酸钠

中文名称：硝酸钠

英文名称：sodium nitrate

别　名：智利硝

分子式：$NaNO_3$

分子量：85.01

熔　点：306.8 ℃

相对密度（水=1）：2.26

稳定性：稳定

外观与性状：无色透明或白色微带黄色的菱形结晶，味微苦，易潮解。

一、危险性概述

健康危害：对皮肤、黏膜有刺激性。大量口服中毒时，患者会出现剧烈腹痛、呕吐、血便、休克、全身抽搐、昏迷，甚至死亡。

燃爆危险：本品助燃，具有刺激性。

二、操作处置与储存

操作注意事项：密闭操作，加强通风。操作人员必须经过专门培训，严格遵守操作规程。建议操作人员佩戴自吸过滤式防尘口罩，戴化学安全防护眼镜，穿聚乙烯防毒服，戴氯丁橡胶手套。远离火种、热源，工作场所严禁吸烟。远离易燃、可燃物。避免产生粉尘。避免与还原剂、活性金属粉末、酸类接触。搬运时要轻装轻卸，防止包装及容器损坏。配备相应品种和数量的消防器材及泄漏应急处理设备。倒空的容器可能残留有害物。

储存注意事项：储存于阴凉、通风的库房。远离火种、热源。库温不超过 30℃，相对湿度不超过 80%。应与还原剂、活性金属粉末、酸类、易（可）燃物等分开存放，切忌混储。储存区应备有合适材料收容泄漏物。

三、急救措施

皮肤接触：脱去污染的衣着，用大量流动清水冲洗。

眼睛接触：提起眼睑，用流动清水或生理盐水冲洗。就医。

吸入：迅速脱离现场至空气新鲜处，并用蘸湿的棉签清理鼻腔内壁。保持呼吸道通畅。如呼吸困难，给输氧。如呼吸停止，立即进行人工呼吸。就医。

食入：用水漱口，给饮牛奶或蛋清。就医。

四、消防措施

危险特性：强氧化剂。遇可燃物着火时，能助长火势。与有机物、金属还原剂、易燃物（如硫、磷）等接触或混合时有引起燃烧爆炸的危险。燃烧分解时，放出有毒的氮氧化物气体。受热分解，放出氧气。

有害燃烧产物：氮氧化物。

灭火方法：消防人员须戴防毒面具、穿全身消防服，在上风向灭火。雾状水、砂土。切勿将水流直接射至熔融物，以免引起严重的流淌火灾或剧烈的沸溅。

五、防护措施

呼吸系统防护：可能接触其粉尘时，建议佩戴自吸过滤式防尘口罩。

眼睛防护：戴化学安全防护眼镜。

身体防护：穿聚乙烯防毒服。

手防护：戴氯丁橡胶手套。

其他防护：工作现场禁烟、进食和饮水。工作完毕，沐浴更衣。保持良好的卫生习惯。

六、泄漏应急处理

应急处理：隔离泄漏污染区，限制出入。建议应急处理人员戴防尘面具（全面罩），穿防毒服。不要直接接触泄漏物。勿使泄漏物与有机物、还原剂、易燃物接触。小量泄漏：用大量水冲洗，洗水稀释后放入废水系统。大量泄漏：收集回收或运至废物处理场所处置。

亚硝酸钠

中文名称：亚硝酸钠

英文名称：sodium nitrite

别　名：亚钠

分子式：$NaNO_2$

分子量：69.01

熔　点：271℃

相对密度（水=1）：2.17

稳定性：不稳定

外观与性状：白色或淡黄色结晶，无臭，略有咸味，易潮解。

一、危险性概述

健康危害：毒作用为麻痹血管运动中枢、呼吸中枢及周围血管；形成高铁血红蛋白。急性中毒表现为全身无力、头痛、头晕、恶心、呕吐、腹泻、胸部压迫感，以及呼吸困难；检查见皮肤黏膜明显紫绀。严重者血压下降、昏迷，甚至死亡。接触工人手、足部皮肤可发生损害。

二、操作处置与储存

操作注意事项：密闭操作，加强通风。操作人员必须经过专门培训，严格遵守操作规程。建议操作人员佩戴自吸过滤式防尘口罩，戴化学安全防护眼镜，穿胶布防毒衣，戴橡胶手套。远离火种、热源，工作场所严禁吸烟。避免产生粉尘。避免与还原剂、活性金属粉末、酸类接触。搬运时要轻装轻卸，防止包装及容器损坏。配备相应品种和数量的消防器材及泄漏应急处理设备。倒空的容器可能残留有害物。

储存注意事项：储存于阴凉、通风的库房。远离火种、热源。库温不超过 30 ℃，相对湿度不超过 80 %。包装要求密封，不可与空气接触。应与还原剂、活性金属粉末、酸类、食用化学品分开存放，切忌混储。储区应备有合适的材料收容泄漏物。

三、急救措施

皮肤接触：脱去污染的衣着，用肥皂水和清水彻底冲洗皮肤。

眼睛接触：提起眼睑，用流动清水或生理盐水冲洗。就医。

吸入：迅速脱离现场至空气新鲜处。保持呼吸道通畅。如呼吸困难，给输氧。如呼吸停止，立即进行人工呼吸。就医。

食入：饮足量温水，催吐。就医。

四、消防措施

危险特性：无机氧化剂。与有机物、可燃物的混合物能燃烧和爆炸，并放出有毒和刺激性的氧化氮气体。与铵盐、可燃物粉末或氰化物的混合物会爆炸。加热或遇酸能产生剧毒的氮氧化物气体。

有害燃烧产物：氮氧化物。

灭火方法：消防人员须戴好防毒面具，在安全距离以外，在上风向灭火。灭火剂：雾状水、砂土。

五、防护措施

呼吸系统防护：空气中浓度较高时，应该佩戴自吸过滤式防尘口罩。必要时，建议佩戴自给式呼吸器。

眼睛防护：戴化学安全防护眼镜。

身体防护：穿胶布防毒衣。

手防护：戴橡胶手套。

其他防护：工作完毕，淋浴更衣。保持良好的卫生习惯。

六、泄漏应急处理

应急处理：隔离泄漏污染区，限制出入。建议应急处理人员戴防尘面具（全面罩），穿防毒服。勿使泄漏物与还原剂、有机物、易燃物或金属粉末接触。不要直接接触泄漏物。小量泄漏：用洁净的铲子收集于干燥、洁净、有盖的容器中。大量泄漏：收集、回收或运至废物处理场所处置。

硝酸铝

中文名称：硝酸铝

英文名称：aluminum nitrate

别　名：九水合硝酸铝

分子式：$Al(NO_3)_3 \cdot 9H_2O$

分子量：375.13

熔　点：73.5 ℃（100%）

稳定性：135℃分解

外观与性状：无色或白色易潮解的单斜晶体。

一、危险性概述

健康危害：本品粉尘对上呼吸道有刺激性，吸入后引起咳嗽和胸部不适。对眼有刺激性。口服引起恶心、呕吐。长期接触对皮肤有刺激性。

燃爆危险：本品助燃，具有刺激性。

二、操作处置与储存

操作注意事项：密闭操作，加强通风。操作人员必须经过专门培训，严格遵守操作规程。建议操作人员佩戴自吸过滤式防尘口罩，戴化学安全防护眼镜，穿胶布防毒衣，戴橡胶手套。远离火种、热源，工作场所严禁吸烟。远离易燃、可燃物。避免产生粉尘。避免与还原剂、酸类、活性金属粉末接触。搬运时要轻装轻卸，防止包装及容器损坏。配备相应品种和数量的消防器材及泄漏应急处理设备。倒空的容器可能残留有害物。

储存注意事项：储存于阴凉、干燥、通风良好的库房。远离火种、热源。包装必须密封，切勿受潮。应与易（可）燃物、还原剂、酸类、活性金属粉末等分开存放，切忌混储。储区应备有合适的材料收容泄漏物。

三、急救措施

皮肤接触：脱去污染的衣着，用肥皂水和清水彻底冲洗皮肤。

眼睛接触：提起眼睑，用流动清水或生理盐水冲洗。就医。

吸入：迅速脱离现场至空气新鲜处。保持呼吸道通畅。如呼吸困难，给输氧。如呼吸停止，立即进行人工呼吸。就医。

食入：饮足量温水，催吐。就医。

四、消防措施

危险特性：无机氧化剂。与可燃物的混合物易于着火，并会猛烈燃烧。高温时分解，释出剧毒的氮氧化物气体。

有害燃烧产物：氧化氮、氧化铝。

灭火方法：消防人员必须佩戴过滤式防毒面具（全面罩）或隔离式呼吸器、穿全身防火防毒服，在上风向灭火。切勿将水流直接射至熔融物，以免引起严重的流淌火灾或引起剧烈的沸溅。灭火剂：雾状水、砂土。

五、防护措施

呼吸系统防护：空气中浓度过高时，应该佩戴自吸过滤式防尘口罩。必要时，建议佩戴自给式呼吸器。

眼睛防护：戴化学安全防护眼镜。

身体防护：穿胶布防毒衣。

手防护：戴橡胶手套。

其他防护：工作完毕，淋浴更衣。保持良好的卫生习惯。

六、泄漏应急处理

应急处理：隔离泄漏污染区，限制出入。建议应急处理人员戴防尘面具（全面罩），穿防毒服。不要直接接触泄漏物。勿使泄漏物与有机物、还原剂、易燃物接触。小量泄漏：用砂土、干燥石灰或苏打灰混合。大量泄漏：收集回收或运至废物处理场所处置。

硝酸银

中文名称：硝酸银

英文名称：silver nitrate

分子式：$AgNO_3$

分子量：169.87

熔　点：212 ℃（100%）

相对密度（水=1）：4.35

稳定性：稳定

外观与性状：无色透明的斜方结晶或白色的结晶，有苦味。

一、危险性概述

健康危害：误服硝酸银可引起剧烈腹痛、呕吐、血便，甚至发生胃肠道穿孔。可造成皮肤和眼睛灼伤。长期接触本品的工人会出现全身性银质沉着症。表现包括：全身皮肤广泛的色素沉着，呈灰蓝色或浅石板色；眼部银质沉着造成眼损害；呼吸道银质沉着造成慢性支气管炎等。

燃爆危险：本品助燃，高毒。

二、操作处置与储存

操作注意事项：密闭操作，加强通风。操作人员必须经过专门培训，严格遵守操作规程。建议操作人员佩戴头罩型电动送风过滤式防尘呼吸器，穿胶布防毒衣，戴氯丁橡胶手套。远离火种、热源，工作场所严禁吸烟。远离易燃、可燃物。避免产生粉尘。避免与还原剂、碱类、醇类接触。搬运时要轻装轻卸，防止包装及容器损坏。配备相应品种和数量的消防器材及泄漏应急处理设备。倒空的容器可能残留有害物。

储存注意事项：储存于阴凉、通风的库房。远离火种、热源。避免光照。库温不超过30 ℃，相对湿度不超过80%。包装必须密封，切勿受潮。应与易（可）燃物、还原剂、碱类、醇类、食用化学品分开存放，切忌混储。储区应备有合适的材料收容泄漏物。应严格执行极毒物品“五双”管理制度。

三、急救措施

皮肤接触：脱去污染的衣着，用肥皂水和清水彻底冲洗皮肤。

眼睛接触：提起眼睑，用流动清水或生理盐水冲洗。就医。

吸入：迅速脱离现场至空气新鲜处。保持呼吸道通畅。如呼吸困难，给输氧。如呼吸停止，立即进行人工呼吸。就医。

食入：用水漱口，给饮牛奶或蛋清。就医。

四、消防措施

危险特性：无机氧化剂。遇可燃物着火时，能助长火势。受高热分解，产生有毒的氮氧化物。

有害燃烧产物：氮氧化物。

灭火方法：采用水、雾状水、砂土灭火。

五、防护措施

呼吸系统防护：可能接触其粉尘时，建议佩戴头罩型电动送风过滤式防尘呼吸器。

眼睛防护：呼吸系统防护中已作防护。

身体防护：穿胶布防毒衣。

手防护：戴氯丁橡胶手套。

其他防护：工作场所严禁吸烟、进食和饮水。工作后淋浴更衣。保持良好的卫生习惯。

六、泄漏应急处理

应急处理：隔离泄漏污染区，限制出入。建议应急处理人员戴防尘面具（全面罩），穿防毒服。不要直接接触泄漏物。勿使泄漏物与还原剂、有机物、易燃物或金属粉末接触。小量泄漏：用洁净的铲子收集于干燥、洁净、有盖的容器中。也可以用大量水冲洗，洗水稀释后放入废水系统。大量泄漏：收集回收或运至废物处理场所处置。

硝酸铅

中文名称：硝酸铅

英文名称：lead nitrate

分子式：$Pb(NO_3)_2$

分子量：331.23

熔　点：470 ℃（100%）

相对密度（水=1)：4.53

稳定性：稳定

外观与性状：白色立方或单斜晶体，硬而发亮。

一、危险性概述

健康危害：铅及其化合物损害造血系统、神经系统、消化系统及肾脏。职业中毒主要为慢性。神经系统主要表现为神经衰弱综合征、周围神经病（以运动功能受累较明显），重者出现铅中毒性脑病。消化系统表现有齿龈铅线、食欲不振、恶心、腹胀、腹泻或便秘；腹绞痛见于中度及重度中毒病例。造血系统损害出现卟啉代谢障碍、贫血等。短时大量接触可发生急性或亚急性中毒，表现类似重症慢性铅中毒。对肾脏损害多见于急性、亚急性中毒或较重的慢性病例。

燃爆危险：本品助燃，具有刺激性。

二、操作处置与储存

操作注意事项：密闭操作，加强通风。操作人员必须经过专门培训，严格遵守操作规程。建议操作人员佩戴自吸过滤式防尘口罩，戴化学安全防护眼镜，穿胶布防毒衣，戴氯丁橡胶手套。远离火种、热源，工作场所严禁吸烟。远离易燃、可燃物。避免产生粉尘。避免与还原剂接触。搬运时要轻装轻卸，防止包装及容器损坏。配备相应品种和数量的消防器材及泄漏应急处理设备。倒空的容器可能残留有害物。

储存注意事项：储存于阴凉、通风的库房。远离火种、热源。包装密封。应与易（可）燃物、还原剂、食用化学品分开存放，切忌混储。储区应备有合适的材料收容泄漏物。

三、急救措施

皮肤接触：脱去污染的衣着，用肥皂水和清水彻底冲洗皮肤。

眼睛接触：提起眼睑，用流动清水或生理盐水冲洗。就医。

吸入：迅速脱离现场至空气新鲜处。保持呼吸道通畅。如呼吸困难，给输氧。如呼吸停止，立即进行人工呼吸。就医。

食入：饮足量温水，催吐。就医。

四、消防措施

危险特性：无机氧化剂。遇易氧化物立即猛烈反应，着火爆炸。与还原剂、有机物、易燃物（如硫、磷或金属粉末等）混合可形成爆炸性混合物。受高热分解，产生有毒的氮氧化物。

有害燃烧产物：氧化氮。

灭火方法：消防人员须佩戴防毒面具、穿全身消防服，在上风向灭火。雾状水、砂土。切勿将水流直接射至熔融物，以免引起严重的流淌火灾或引起剧烈的沸溅。

五、防护措施

呼吸系统防护：可能接触其粉尘时，建议佩戴自吸过滤式防尘口罩。

眼睛防护：戴化学安全防护眼镜。

身体防护：穿胶布防毒衣。

手防护：戴氯丁橡胶手套。

其他防护：工作场所严禁吸烟、进食和饮水。工作后淋浴更衣。保持良好的卫生习惯。

六、泄漏应急处理

应急处理：隔离泄漏污染区，限制出入。建议应急处理人员戴防尘面具（全面罩），穿防毒服。不要直接接触泄漏物。勿使泄漏物与还原剂、有机物、易燃物或金属粉末接触。小量泄漏：用洁净的铲子收集于干燥、洁净、有盖的容器中。大量泄漏：收集回收或运至废物处理场所处置。

二氯化锡

中文名称：二氯化锡

英文名称：stannous chloride

别　名：氯化亚锡，无水氯化亚锡（Ⅱ）

分子式：$SnCl_2$

分子量：189.62

熔　点：246℃

相对密度（水=1）：3.95

稳定性：稳定

外观与性状：白色吸湿的结晶粉末。

一、危险性概述

侵入途径：吸入、食入。

健康危害：吸入可引起锡末沉着症；误服后可能发生食物中毒，产生恶心、呕吐、腹泻症状。

二、操作处置与储存

操作注意事项：严加密闭，提供充分的局部排风和全面通风，操作人员必须经过专门培训，严格遵守操作规程。建议操作人员佩戴自吸过滤式防尘口罩，戴化学安全防护眼镜，穿防毒物渗透工作服，戴乳胶手套。避免产生粉尘，避免与氧化剂、碱类接触。搬运时要轻装轻卸，防止包装及容器损坏。配备泄漏应急处理设备。倒空的容器可能残留有害物。

储存注意事项：储存于阴凉、干燥、通风良好的库房。远离火种、热源。保持容器密封。应与氧化剂、碱类、食用化学品分开存放，切忌混储。储区应备有合适的材料收容泄漏物。

三、急救措施

皮肤接触：脱去污染的衣着，用肥皂水及清水彻底冲洗。

眼睛接触：立即翻开上下眼睑，用流动清水冲洗 15 分钟。就医。

吸入：脱离现场至空气新鲜处。就医。

食入：误服者给饮足量温水，催吐，就医。

四、消防措施

危险特性：受高热分解产生有毒的腐蚀性烟气。

有害燃烧产物：氯化氢。

灭火方法及灭火剂：干粉、砂土。

五、防护措施

呼吸系统防护：可能接触其蒸气时，应该佩戴防毒面具。紧急事态抢救或撤离时，佩戴自给式呼吸器。

眼睛防护：戴化学安全防护眼镜。

身体防护：穿防毒物渗透工作服。

手防护：戴防乳胶手套。

其他防护：工作现场禁止吸烟、进食和饮水。实行就业前和定期的体检。

六、泄漏应急处理

应急处理：隔离泄漏污染区，周围设警告标志，应急处理人员戴好防毒面具和手套。不要直接接触泄漏物，用洁净的铲子收集于干燥、洁净、有盖的容器中，运至废物处理场所。如大量泄漏，收集回收或无害处理后废弃。

高锰酸钾

中文名称：高锰酸钾

英文名称：potassium permanganate

别　名：灰锰氧

分子式：$KMnO_4$

分子量：158.03

熔　点：240℃（100％）

相对密度（水＝1）：2.7

稳定性：稳定

外观与性状：深紫色细长斜方柱状晶体，有金属光泽。

一、危险性概述

健康危害：吸入后可引起呼吸道损害。溅入眼睛内，刺激结膜，重者致灼伤。刺激皮肤。浓溶液或结晶对皮肤有腐蚀性。口服腐蚀口腔和消化道，出现口内烧灼感、上腹痛、恶心、呕吐、口咽肿胀等。口服剂量大者，口腔黏膜呈棕色、肿胀、糜烂，剧烈腹痛，呕吐，血便，休克，最后死于循环衰竭。

燃爆危险：本品助燃，具有腐蚀性、刺激性，可致人体灼伤。

二、操作处置与储存

操作注意事项：密闭操作，加强通风。操作人员必须经过专门培训，严格遵守操作规程。建议操作人员佩戴头罩型电动送风过滤式防尘呼吸器，穿胶布防毒衣，戴氯丁橡胶手套。远离火种、热源，工作场所严禁吸烟。避免产生粉尘。避免与还原剂、活性金属粉末接触。搬运时要轻装轻卸，防止包装及容器损坏。配备相应品种和数量的消防器材及泄漏应急处理设备。倒空的容器可能残留有害物。

储存注意事项：储存于阴凉、通风的库房。远离火种、热源。库温不超过 32℃，相对湿度不超过 80%。包装密封。应与还原剂、活性金属粉末等分开存放，切忌混储。储区应备有合适的材料收容泄漏物。

三、急救措施

皮肤接触：立即脱去污染的衣着，用大量流动清水冲洗至少 15 分钟。就医。

眼睛接触：立即提起眼睑，用大量流动清水或生理盐水彻底冲洗至少 15 分钟。就医。

吸入：迅速脱离现场至空气新鲜处。保持呼吸道通畅。如呼吸困难，给输氧。如呼吸停止，立即进行人工呼吸。就医。

食入：用水漱口，给饮牛奶或蛋清。就医。

四、消防措施

危险特性：强氧化剂。遇硫酸、铵盐或过氧化氢会发生爆炸。遇甘油、乙醇能引起自燃。与有机物、还原剂、易燃物（如硫、磷等）接触或混合时有引起燃烧爆炸的危险。

有害燃烧产物：氧化钾、氧化锰。

灭火方法：采用水、雾状水、砂土灭火。

五、防护措施

呼吸系统防护：可能接触其粉尘时，建议佩戴头罩型电动送风过滤式防尘呼吸器。

眼睛防护：呼吸系统防护中已作防护。

身体防护：穿胶布防毒衣。

手防护：戴氯丁橡胶手套。

其他防护：工作场所严禁吸烟、进食和饮水；工作后淋浴更衣；保持良好的卫生习惯。

六、泄漏应急处理

应急处理：隔离泄漏污染区，限制出入。建议应急处理人员戴防尘面具（全面罩），穿防毒服；不要直接接触泄漏物；小量泄漏：用砂土、干燥石灰或苏打灰混合。用洁净的铲子收集于干燥、洁净、有盖的容器中。大量泄漏：收集回收或运至废物处理场所处置。

乙醚

中文名称：乙醚

英文名称：ethyl ether

别　名：二乙醚，乙氧基乙烷

分子式：$C_4H_{10}O$

分子量：74.12

熔　点：－116℃

相对密度（水＝1)：713.5

稳定性：比较稳定

外观与性状：无色、易燃、极易挥发的液体。

一、危险性概述

该品的主要作用为全身麻醉。急性大量接触，早期出现兴奋，继而嗜睡、呕吐、面色苍白、脉缓、体温下降和呼吸不规则，而有生命危险。急性接触后的暂时作用有头痛、易激动或抑郁、流涎、呕吐、食欲下降和多汗等。液体或高浓度蒸气对眼睛有刺激性。

慢性影响：长期低浓度吸入，有头痛、头晕、疲倦、嗜睡、蛋白尿、红细胞增多症。长期皮肤接触，可发生皮肤干燥、皲裂。

二、操作处置与储存

操作注意事项：密闭操作，全面通风。操作人员必须经过专门培训，严格遵守操作规程。建议操作人员佩戴过滤式防毒面具（半面罩），戴化学安全防护眼镜，穿防静电工作服，戴橡胶耐油手套。远离火种、热源，工作场所严禁吸烟。使用防爆型的通风系统和设备。防止蒸气泄漏到工作场所空气中。避免与氧化剂接触。灌装适量，应留有5%的空容积。配备相应品种和数量的消防器材及泄漏应急处理设备。倒空的容器可能残留有害物。

储存注意事项：通常商品加有稳定剂。储存于阴凉、通风的库房。远离火种、热源。库温不宜超过26℃。包装要求密封，不可与空气接触。应与氧化剂等分开存放，切忌混储。不宜大量储存或久存。采用防爆型照明、通风设施。禁止使用易产生火花的机械设备和工具。储区应备有泄漏应急处理设备和合适的收容材料。

三、急救措施

皮肤接触：脱去污染的衣着，用大量流动清水冲洗。

眼睛接触：提起眼睑，用流动清水或生理盐水冲洗。就医。

吸入：迅速脱离现场至空气新鲜处。保持呼吸道通畅。如呼吸困难，给输氧。如呼吸停止，立即进行人工呼吸。就医。

食入：饮足量温水，催吐。就医。

四、消防措施

危险特性：其蒸气与空气可形成爆炸性混合物，遇明火、高热极易燃烧爆炸。与氧化剂能发生强烈反应。在空气中久置后能生成有爆炸性的过氧化物。在火场中，受热的容器有爆炸危险。其蒸气比空气密度大，能在较低处扩散到相当远的地方，遇火源会着火回燃。

有害燃烧产物：一氧化碳、二氧化碳。

灭火方法：尽可能将容器从火场移至空旷处。喷水保持火场容器冷却，直至灭火结束。处在火场中的容器若已变色或从安全泄压装置中产生声音，必须马上撤离。灭火剂：抗溶性泡沫、二氧化碳、干粉、砂土。用水灭火无效。

五、防护措施

呼吸系统防护：空气中浓度超标时，必须佩戴防毒面具。

眼睛防护：必要时，戴化学安全防护眼镜。

身体防护：穿防静电工作服。

手防护：戴橡胶耐油手套.

其他防护：工作场所严禁吸烟。

六、泄漏应急处理

应急处理：迅速撤离泄漏污染区人员至安全区，并进行隔离，严格限制出入。切断火源。建议应急处理人员戴自给正压式呼吸器，穿防静电工作服。尽可能切断泄漏源。防止流入下水道、排洪沟等限制性空间。小量泄漏：用活性炭或其他惰性材料吸收。也可以用大量水冲洗，洗水稀释后放入废水系统。大量泄漏：构筑围堤或挖坑收容。用泡沫覆盖，降低蒸气灾害。用防爆泵转移至槽车或专用收集器内，回收或运至废物处理场所处置。

乙腈

中文名称：乙腈

英文名称：acetonitrile

别　名：甲基氰

分子式：C_2H_3N

分子量：41.05

熔　点：−45℃

相对密度（水=1）：0.7768

稳定性：稳定

外观与性状：无色透明液体。

一、危险性概述

健康危害：乙腈急性中毒发病较氢氰酸慢，可有数小时潜伏期。主要症状为衰弱、无力、面色灰白、恶心、呕吐、腹痛、腹泻、胸闷、胸痛；严重者呼吸及循环系统紊乱，呼吸浅、慢而不规则，血压下降，脉搏细而慢，体温下降，阵发性抽搐，昏迷。可有尿频、蛋白尿等。

燃爆危险：本品易燃。

二、操作处置与储存

操作注意事项：严加密闭，提供充分的局部排风和全面通风。操作尽可能机械化、自动化。操作人员必须经过专门培训，严格遵守操作规程。建议操作人员佩戴过滤式防毒面具（全面罩）、自给正压式呼吸器或通风式呼吸器，穿胶布防毒衣，戴橡胶耐油手套。远离火种、热源，工作场所严禁吸烟。使用防爆型的通风系统和设备。远离易燃、可燃物。防止蒸气泄漏到工作场所空气中。避免与氧化剂、还原剂、酸类、碱类接触。搬运时要轻装轻卸，防止包装及容器损坏。配备相应品种和数量的消防器材及泄漏应急处理设备。倒空的容器可能残留有害物。

储存注意事项：储存于阴凉、通风的库房。远离火种、热源。库温不宜超过30℃。保持容器密封。应与氧化剂、还原剂、酸类、碱类、易（可）燃物、食用化学品分开存放，切忌混储。采用防爆型照明、通风设施。禁止使用易产生火花的机械设备和工具。储区应备有泄漏应急处理设备和合适的收容材料。

三、急救措施

皮肤接触：脱去污染的衣着，用肥皂水和清水彻底冲洗皮肤。

眼睛接触：提起眼睑，用流动清水或生理盐水冲洗。就医。

吸入：迅速脱离现场至空气新鲜处。保持呼吸道通畅。如呼吸困难，给输氧。如呼吸停止，立即进行人工呼吸。就医。

食入：饮足量温水，催吐。用1∶5000高锰酸钾或5%硫代硫酸钠溶液洗胃。就医。

四、消防措施

危险特性：易燃，其蒸气与空气可形成爆炸性混合物，遇明火、高热或与氧化剂接触，有引起燃烧爆炸的危险。与氧化剂能发生强烈反应。燃烧时有发光火焰。与硫酸、发烟硫酸、氯磺酸、过氯酸盐等反应剧烈。

有害燃烧产物：一氧化碳、二氧化碳、氧化氮、氰化氢。

灭火方法：喷水冷却容器，可能的话将容器从火场移至空旷处。灭火剂：抗溶性泡沫、干粉、二氧化碳、砂土。用水灭火无效。

五、防护措施

呼吸系统防护：可能接触毒物时，必须佩戴过滤式防毒面具（全面罩）、自给正压式呼吸器或通风式呼吸器。紧急事态抢救或撤离时，佩戴空气呼吸器。

眼睛防护：呼吸系统防护中已作防护。

身体防护：穿胶布防毒衣。

手防护：戴橡胶耐油手套。

其他防护：工作现场禁止吸烟、进食和饮水。工作完毕，彻底清洗。单独存放被毒物污染的衣服，洗后备用。车间应配备急救设备及药品。作业人员应学会自救互救。

六、泄漏应急处理

应急处理：迅速撤离泄漏污染区人员至安全区，并进行隔离，严格限制出入。切断火源。建议应急处理人员戴自给正压式呼吸器，穿防毒服。不要直接接触泄漏物。尽可能切断泄漏源。防止流入下水道、排洪沟等限制性空间。小量泄漏：用活性炭或其他惰性材料吸收。也可以用大量水冲洗，洗水稀释后放入废水系统。大量泄漏：构筑围堤或挖坑收容。喷雾状水冷却和稀释蒸气、保护现场人员、把泄漏物稀释成不燃物。用防爆泵转移至槽车或专用收集器内，回收或运至废物处理场所处置。

四氯化碳

中文名称：四氯化碳

英文名称：tetrachloromethane

别　名：四氯甲烷

分子式：CCl_4

分子量：153.823

熔　点：－23℃

相对密度（水＝1）：1.595

稳定性：稳定

外观与性状：无色有特臭的透明液体，极易挥发。

一、危险性概述

健康危害：高浓度四氯化碳蒸气对黏膜有轻度刺激作用，对中枢神经系统有麻醉作用，对肝、肾有严重损害。急性中毒：吸入较高浓度四氯化碳蒸气，最初出现眼及上呼吸道刺激症状。随后可能出现中枢神经系统抑制和胃肠道症状。较严重病例数小时或数天后出现中毒性肝肾损伤。重者甚至发生肝坏死、肝昏迷或急性肾功能衰竭。吸入极高浓度可迅速出现昏迷、抽搐，可因室颤和呼吸中枢麻痹而猝死。口服中毒肝肾损害明显。少数病例发生周围神经炎、眼球后视神经炎。皮肤直接接触可致损害。慢性中毒：神经衰弱综合征、肝肾损害、皮炎。

燃爆危险：该品不燃，有毒

二、操作处置与储存

操作注意事项：密闭操作，加强通风。操作人员必须经过专门培训，严格遵守操作规程。建议操作人员佩戴直接式防毒面具（半面罩），戴安全护目镜，穿防毒物渗透工作服，戴防化学品手套。防止蒸气泄漏到工作场所空气中。避免与氧化剂、活性金属粉末接触。搬运时要轻装轻卸，防止包装及容器损坏。配备泄漏应急处理设备。倒空的容器可能残留有害物。

储存注意事项：储存于阴凉、通风的库房。远离火种、热源。库温不超过 30℃，相对湿度不超过80%。保持容器密封。应与氧化剂、活性金属粉末、食用化学品分开存放，切忌混储。储区应备有泄漏应急处理设备和合适的收容材料。

三、急救措施

皮肤接触：脱去污染的衣着，用肥皂水和清水彻底冲洗皮肤。就医。

眼睛接触：提起眼睑，用流动清水或生理盐水冲洗。就医。

吸入：迅速脱离现场至空气新鲜处。保持呼吸道通畅。如呼吸困难，给输氧。如呼吸停止，立即进行人工呼吸。就医。

食入：饮足量温水，催吐。洗胃。就医。

四、消防措施

危险特性：该品不会燃烧，但遇明火或高温易产生剧毒的光气和氯化氢烟雾。在潮湿的空气中逐渐分解成光气和氯化氢。

有害燃烧产物：光气、氯化物。

灭火方法：消防人员必须佩戴过滤式防毒面具（全面罩）或隔离式呼吸器、穿全身防火防毒服，在上风向灭火。

灭火剂：雾状水、二氧化碳、砂土。

五、防护措施

眼睛防护：戴化学安全防护眼镜。

身体防护：穿橡胶耐酸碱防护服。

手防护：穿橡胶防护手套。

其他防护：工作场所严禁吸烟、进食和饮水。工作后淋浴更衣。保持良好的卫生习惯。进入高浓度区作业，应有监护。

六、泄漏应急处理

应急处理：迅速撤离泄漏污染区人员至安全区，并进行隔离，严格限制出入。建议应急处理人员戴自给正压式呼吸器，穿防毒服。不要直接接触泄漏物。尽可能切断泄漏源。小量泄漏：用活性炭或其他惰性材料吸收。大量泄漏：构筑围堤或挖坑收容。喷雾状水冷却和稀释蒸气，保护现场人员，但不要对泄漏点直接喷水。用防爆泵转移至槽车或专用收集器内，回收或运至废物处理场所处置。

硫

中文名称：硫

英文名称：sulphur

别　名：硫黄

分子式：S

分子量：32.06

熔　点：115.21

相对密度（水＝1）：444

稳定性：易燃

外观与性状：淡黄色脆性结晶或粉末，有特殊臭味。

一、危险性概述

健康危害：因其能在肠内部分转化为硫化氢而被吸收，故大量口服可导致硫化氢中毒。急性硫化氢中毒的全身毒作用表现为中枢神经系统症状，有头痛、头晕、乏力、呕吐、共济失调、昏迷等。本品可引起眼结膜炎、皮肤湿疹。对皮肤有弱刺激性。生产中长期吸入硫粉尘一般无明显毒性作用。

燃爆危险：本品易燃。

二、操作处置与储存

操作注意事项：密闭操作，局部排风。操作人员必须经过专门培训，严格遵守操作规程。建议操作人员佩戴自吸过滤式防尘口罩。远离火种、热源，工作场所严禁吸烟。使用防爆型的通风系统和设备。避免产生粉尘。避免与氧化剂接触。搬运时要轻装轻卸，防治包装及容器损坏。配备相应品种和数量的消防器材及泄漏应急处理设备。倒空的容器可能残留有害物。

储存注意事项：储存于阴凉、通风的库房。远离火种、热源。包装密封。应与氧化剂分开放，切忌混储。采用防爆型照明、通风设施。禁止使用易产生火花的机械设备和工具。储区应备有合适的材料收容泄漏物。

三、急救措施

皮肤接触：脱去污染的衣着，用肥皂水和清水彻底冲洗皮肤。

眼睛接触：提起眼睑，用流动清水或生理盐水冲洗。就医。

吸入：迅速脱离现场至空气新鲜处。保持呼吸道通畅。如呼吸困难，给输氧。如呼吸停止，立即进行人工呼吸。就医。

食入：饮足量温水，催吐。就医。

四、消防措施

危险特性：与卤素、金属粉末等接触剧烈反应。硫黄为不良导体，在储运过程中易产生静电，可导致硫尘起火。粉尘或蒸气与空气或氧化剂混合形成爆炸性混合物。

有害燃烧产物：氧化硫。

灭火方法：遇小火用砂土闷熄。遇大火可用雾状水灭火。切勿将水流直接射至熔融物，以免引起严重的流淌火灾或引起剧烈的沸溅。消防人员须戴好防毒面具，在安全距离以外，在上风向灭火。

五、防护措施

呼吸系统防护：一般不需要特殊防护。空气中粉尘浓度较高时，佩戴自吸过滤式防尘口罩。

眼睛防护：一般不需要特殊防护。

身体防护：穿一般作业防护服。

手防护：戴一般作业防护手套。

其他防护：工作现场禁止吸烟、进食和饮水。工作完毕，淋浴更衣。注意个人清洁卫生。

六、泄漏应急处理

应急处理：隔离泄漏污染区，限制出入。切断火源。建议应急处理人员戴防尘面具（全面罩），穿一般作业工作服。不要直接接触泄漏物。小量泄漏：避免扬尘，用洁净的铲子收集于干燥、洁净、有盖的容器中，转移至安全场所。大量泄漏：用塑料布、帆布覆盖。使用无火花工具收集回收或运至废物处理场所处置。

碘

中文名称：碘

英文名称：iodine

别名：碘片，精碘，碘标准液，碘粒

分子式：I_2

分子量：253.8089

熔　点：114℃

相对密度（水=1）：3.834

稳定性：稳定

外观与性状：带有金属光泽的紫黑色鳞晶或片晶。性脆，蒸气呈紫色。具有特殊刺激性臭味。

一、危险性概述

健康危害：人口服的致死剂量约2～3g。碘的蒸气对黏膜具有明显刺激性，可引起结膜炎、支气管炎等。有时可能发生过敏性皮炎或哮喘。皮肤接触碘，发生强刺激作用，甚至灼伤。接触后可引起咳嗽、胸闷、流泪、喉咙干燥、皮疹，还有食欲亢进、体重减轻、轻度腹泻、四肢无力、记忆减退、多梦、震颤、精神萎靡等。

燃爆危险：本品不燃，具有刺激性。

二、操作处置与储存

操作注意事项：密闭操作，提供充分的局部排风。操作人员必须经过专门培训，严格遵守操作规程。建议操作人员佩戴自吸过滤式防尘口罩，戴化学安全防护眼镜，穿防毒物渗透工作服，戴橡胶手套。避免产生粉尘。避免与氨、活性金属粉末接触。搬运时要轻装轻卸，防止包装及容器损坏。配备泄漏应急处理设备。倒空的容器可能残留有害物。

储存注意事项：储存于阴凉、通风的库房。远离火种、热源。应与氨、活性金属粉末等分开存放。切忌混储。储区应备有合适的材料收容泄漏物。

三、急救措施

皮肤接触：立即脱去污染的衣着，用大量流动清水冲洗皮肤至少15分钟。就医。

眼睛接触：提起眼睑，用大量流动清水或生理盐水冲洗至少15分钟。就医。

吸入：迅速脱离现场至空气新鲜处。保持呼吸道通畅。如呼吸困难，给输氧。如呼吸停止，立即进行人工呼吸。就医。

食入：饮足量温水，催吐。洗胃，导泻。就医。

四、消防措施

危险特性：受热分解放出有毒的碘化物烟气。

有害燃烧产物：自然分解产物未知。

灭火方法：消防人员须戴好防毒面具，在安全距离以外，在上风向灭火。灭火时尽可能将容器从火场移至空旷处。

五、防护措施

呼吸系统防护：空气中粉尘浓度超标时，必须佩戴自吸过滤式防尘口罩。紧急事态抢救或撤离时，应该佩戴空气呼吸器。

眼睛防护：戴化学安全防护眼镜。

身体防护：穿防毒物渗透工作服。

手防护：戴橡胶手套。

其他防护：工作现场禁止吸烟。注意个人清洁卫生。

六、泄漏应急处理

应急处理：隔离泄漏污染区，限制出入。建议应急处理人员戴防尘面具（全面罩），穿防毒服。用砂土、干燥石灰或苏打灰混合。收集于干燥、洁净、有盖的容器中，转移至安全场所。若大量泄漏，收集回收或运至废物处理场所处置。

溴

中文名称：溴

英文名称：bromine

分子式：Br_2

分子量：159.82

熔　点：−7.2℃

相对密度（水＝1）：3.10

外观与性状：暗红褐色发烟液体，有刺激性气味。

一、危险性概述

健康危害：对皮肤、黏膜有强烈刺激作用和腐蚀作用。吸入较低浓度，很快发生眼睛和呼吸道黏膜的刺激症状，并有头痛、眩晕、全身无力、胸部发紧、干咳、恶心和呕吐等症状；吸入高浓度时有剧咳、呼吸困难、哮喘。严重时可发生窒息、肺炎、肺水肿。可出现中枢神经系统症状。皮肤接触高浓度溴蒸气或液态溴可造成严重灼伤。长期吸入，除黏膜刺激症状外，还伴有神经衰弱综合征。

燃爆危险：本品助燃，具有强腐蚀性、强刺激性，可致人体灼伤。

二、操作处置与储存

操作注意事项：密闭操作，注意通风。操作尽可能机械化、自动化。操作人员必须经过专门培训，严格遵守操作规程。建议操作人员佩戴自吸过滤式防毒面具（全面罩），穿橡胶耐酸碱服，戴橡胶耐酸碱手套。远离火种、热源，工作场所严禁吸烟。远离易燃、可燃物。防止蒸气泄漏到工作场所空气中。避免与还原剂、碱类、碱金属接触。搬运时要轻装轻卸，防止包装及容器损坏。配备相应品种和数量的消防器材及泄漏应急处理设备。倒空的容器可能残留有害物。

储存注意事项：储存于阴凉、通风的库房。远离火种、热源。库温应保持在−5～25℃。保持容器密封，应与还原剂、碱金属、易（可）燃物、金属粉末等分开存放，切忌混储。储区应备有泄漏应急处理和合适的收容材料。

三、急救措施

皮肤接触：立即脱去污染的衣着，用大量流动清水冲洗至少15分钟，就医。

眼睛接触：立即提起眼睑，用大量流动清水或生理盐水彻底冲洗至少15分钟，就医。

吸入：迅速脱离现场至空气新鲜处。保持呼吸道通畅。如呼吸困难，给输氧。如呼吸停止，立即进行人工呼吸。就医。

食入：用水漱口，给饮牛奶或蛋清，就医。

四、消防措施

危险特性：强氧化剂。与易燃物（如苯）和可燃物（如糖、纤维素等）接触会发生剧烈反应，甚至引起燃烧。和氢、甲烷、硫黄、锑、砷、磷、钠、钾及其他金属粉末剧烈反应，甚至引起燃烧爆炸。与还原剂能发生强烈反应。能腐蚀大多数金属及有机组织。

有害燃烧产物：溴化氢。

灭火方法：喷水保持火场容器冷却，直至灭火结束。用雾状水赶走泄漏的液体。用氨水从远处喷射，驱散蒸气，并使之中和。但对泄漏出来的溴液不可用氨水喷射，以免引起强烈反应，放热而产生大量剧毒的溴蒸气。

五、防护措施

呼吸系统防护：可能接触其烟雾时，必须佩戴自吸过滤式防毒面具（全面罩）或空气呼吸器。紧急事态抢救或撤离时，建议佩戴氧气呼吸器。

眼睛防护：呼吸系统防护中已作防护。

身体防护：穿橡胶耐酸碱服。

手防护：戴橡胶耐酸碱手套。

其他防护：工作现场禁止吸烟、进食和饮水。工作完毕，淋浴更衣。单独存放被毒物污染的衣服。

六、泄漏应急处理

应急处理：迅速撤离泄漏污染区人员至安全区，并立即进行隔离，小泄漏时隔离150 m，大泄漏时隔离300 m，严格限制出入。建议应急处理人员戴自给正压式呼吸器，穿防酸碱工作服。不要直接接触泄漏物。尽可能切断泄漏源。防止流入下水道、排洪沟等限制性空间。小量泄漏：用苏打灰中和。也可以用大量水冲洗，洗水稀释后放入废水系统。大量泄漏：构筑围堤或挖坑收容。用泡沫盖，降低蒸气灾害。喷雾状水冷却和稀释蒸气。用泵转移至槽车或专用收集器内，回收或运至废物处理场所处置。

乙酸

中文名称：乙酸

英文名称：acetic acid

别　名：醋酸

分子式：$C_2H_4O_2$

分子量：60.05

熔　点：16.7℃

相对密度（水=1）：1.05

稳定性：稳定

外观与性状：无色透明液体，有刺激性酸臭。

一、危险性概述

健康危害：吸入本品蒸气对鼻、喉和呼吸道有刺激性。对眼睛有强烈刺激作用。皮肤接触，轻者出现红斑，重者引起化学灼伤。误服浓乙酸，口腔和消化道可产生糜烂，重者可因休克而致死。慢性影响：眼睑水肿、结膜充血、慢性咽炎和支气管炎。长期反复接触，可致皮肤干燥、脱脂和皮炎。

环境危害：对环境有危害，对水体可造成污染。

燃爆危险：本品易燃，具有腐蚀性、强刺激性，可致人体灼伤。

二、操作处置与储存

操作注意事项：密闭操作，加强通风。操作人员必须经过专门培训，严格遵守操作规程。建议操作人员佩戴自吸过滤式防毒面具（半面罩），戴化学安全防护眼镜，穿防酸碱塑料工作服，戴橡胶耐酸碱手套。远离火种、热源，工作场所严禁吸烟。使用防爆型的通风系统和设备。防止蒸气泄漏到工作场所空气中。避免与氧化剂、碱类接触。搬运时要轻装轻卸，防止包装及容器损坏。配备相应品种和数量的消防器材及泄漏应急处理设备。倒空的容器可能残留有害物。

储存注意事项：储存于阴凉、通风的库房。远离火种、热源。冬季应保持库温高于16℃，以防凝固。保持容器密封。应与氧化剂、碱类分开存放，切忌混储。采用防爆型照明、通风设施。禁止使用易产生火花的机械设备和工具。储区应备有泄漏应急处理设备和合适的收容材料。

三、急救措施

皮肤接触：立即脱去污染的衣着，用大量流动清水冲洗至少15分钟。就医。

眼睛接触：立即提起眼睑，用大量流动清水或生理盐水彻底冲洗至少 15 分钟。就医。

吸入：迅速脱离现场至空气新鲜处。保持呼吸道通畅。如呼吸困难，给输氧。如呼吸停止，立即进行人工呼吸。就医。

食入：用水漱口，就医。

四、消防措施

危险特性：易燃，其蒸气与空气可形成爆炸性混合物，遇明火、高热能引起燃烧爆炸。与铬酸、过氧化钠、硝酸或其他氧化剂接触，有爆炸危险。具有腐蚀性。

有害燃烧产物：一氧化碳、二氧化碳。

灭火方法：用水喷射逸出液体，使其稀释成不燃性混合物，并用雾状水保护消防人员。灭火剂：雾状水、抗溶性泡沫、干粉、二氧化碳。

五、防护措施

呼吸系统防护：空气中浓度超标时，应该佩戴自吸过滤式防毒面具（半面罩）。紧急事态抢救或撤离时，佩戴空气呼吸器。

眼睛防护：戴化学安全防护眼镜。

身体防护：穿防酸碱塑料工作服。

手防护：戴橡胶耐酸碱手套。

其他防护：工作现场严禁吸烟。工作完毕，淋浴更衣。注意个人清洁卫生。

六、泄漏应急处理

应急处理：迅速撤离泄漏污染区人员至安全区，并进行隔离，严格限制出入。切断火源。建议应急处理人员戴自给正压式呼吸器，穿防酸碱工作服。不要直接接触泄漏物。尽可能切断泄漏源。防止流入下水道、排洪沟等限制性空间。小量泄漏：用砂土、干燥石灰或苏打灰混合。大量泄漏：构筑围堤或挖坑收容。喷雾状水冷却和稀释蒸气、保护现场人员、把泄漏物稀释成不燃物。用防爆泵转移至槽车或专用收集器内，回收或运至废物处理场所处。

己二酸

中文名称：己二酸

英文名称：hexanedioic acid

别　名：肥酸

分子式：$C_6H_{10}O_4$

分子量：146.14

熔　点：153℃

相对密度（水=1）：1.36

稳定性：稳定

外观与性状：白色固体粉末，能升华。

一、危险性概述

健康危害：对眼睛、皮肤、黏膜和上呼吸道有刺激作用。目前，在工业使用中未见职业性损害的报告。

环境危害：对环境有危害，对水体和大气可造成污染。

燃爆危险：本品可燃，具有刺激性。

二、操作处置与储存

操作注意事项：密闭操作。操作人员必须经过专门培训，严格遵守操作规程。建议操作人员佩戴自吸过滤式防尘口罩，戴化学安全防护眼镜，穿防毒物渗透工作服，戴橡胶手套。远离火种热源，工作场所严禁吸烟。使用防爆型的通风系统和设备。避免产生粉尘。避免与氧化剂、还原剂接触。搬运时要轻装轻卸，防止包装及容器损坏。配备相应品种和数量的消防器材及泄漏应急处理设备。倒空的容器可能残留有害物。

储存注意事项：储存于阴凉、通风的库房。远离火种、热源。应与氧化剂、还原剂、碱类分开存放，切忌混储。配备相应品种和数量的消防器材。储区应备有合适的材料收容泄漏物。

三、急救措施

皮肤接触：脱去污染的衣着，用大量流动清水冲洗，就医。

眼睛接触：提起眼睑，用流动清水或生理盐水彻底冲洗，就医。

吸入：迅速脱离现场至空气新鲜处。如呼吸困难，给输氧。如呼吸停止，立即进行人工呼吸。就医。

食入：饮足量温水、催吐。就医。

四、消防措施

危险特性：粉末与空气可形成爆炸性混合物，当达到一定浓度时，遇火星会发生爆炸。受高热分解，放出刺激性烟气。

有害燃烧产物：一氧化碳、二氧化碳。

灭火方法：消防人员须戴防毒面具，穿全身消防服，在上风向灭火。灭火剂：雾状水、泡沫、干粉、二氧化碳、砂土。

五、防护措施

呼吸系统防护：空气中粉尘浓度超标，必须佩戴自吸过滤式防尘口罩。紧急事态抢救或撤离时，应该佩戴空气呼吸器。

眼睛防护：戴化学安全防护眼镜。

身体防护：穿防毒物渗透工作服。

手防护：戴橡胶手套。

其他防护：工作现场禁止吸烟。注意清洁个人卫生。

六、泄漏应急处理

应急处理：隔离泄漏污染区，限制出入。切断火源。建议应急处理人员戴防尘面具（全面罩），穿防毒服。避免扬尘，小心扫起，置于袋中转移至安全场所。若大量泄漏，用塑料布、帆布覆盖。收集回收或运至废物处理场所处置。

氨水

中文名称：氨水

英文名称：ammonium hydroxide，ammonia water

别　名：氢氧化铵，氨溶液

分子式：$NH_3 \cdot H_2O$

分子量：35.05

相对密度（水=1）：0.91

稳定性：稳定

外观与性状：无色透明液体，有强烈的刺激性气味。

一、危险性概述

健康危害：吸入后对鼻、喉和肺有刺激性，引起咳嗽、气短和哮喘等；重者发生喉头水肿、肺水肿及心、肝、肾损害。溅入眼内可造成灼伤。皮肤接触可致灼伤。口服灼伤消化道。慢性影响：反复低浓度接触，可引起支气管炎；可致皮炎。

环境危害：对环境有危害。

燃爆危险：本品不燃，具有腐蚀性、刺激性，可致人体灼伤。

二、操作处置与储存

操作注意事项：严加密闭，提供充分的局部排风和全面通风。操作人员必须经过专门培训，严格遵守操作规程。建议操作人员佩戴导管式防毒面具，戴化学安全防护眼镜，穿防酸碱工作服，戴橡胶手套。防止蒸气泄漏到工作场所空气中。避免与酸类、金属粉末接触。搬运时要轻装轻卸，防止包装及容器损坏。配备泄漏应急处理设备。倒空的容器可能残留有害物。

储存注意事项：储存于阴凉、通风的库房。远离火种、热源。库温不宜超过 30℃。保持容器密封。应与酸类、金属粉末等分开存放，切忌混储。储区应备有泄漏应急处理设备和合适的收容材料。

三、急救措施

皮肤接触：立即用水冲洗至少 15 分钟。若有灼伤，就医治疗。对少量皮肤接触，避免将物质播散面积扩大。注意患者保暖并且保持安静。

眼睛接触：立即提起眼睑，用流动清水或生理盐水冲洗至少 15 分钟，或用 3%硼酸溶液冲洗。立即就医。

吸入：迅速脱离现场至空气新鲜处。保持呼吸道通畅。呼吸困难时给输氧。呼吸停止时，立即进行人工呼吸。就医。如果患者食入或吸入该物质时，不要用口对口进行人工呼吸，可用单向阀小型呼吸器或其他适当的医疗呼吸器。脱去并隔离被污染的衣服和鞋。

食入：误服者立即漱口，口服稀释的醋或柠檬汁，就医。吸入、食入或皮肤接触该物质可引起迟发反应。确保医务人员了解该物质相关的个体防护知识，注意自身防护。

四、消防措施

危险特性：易分解放出氨气，温度越高，分解速度越快，可形成爆炸性气氛。

有害燃烧产物：氨。

灭火方法：雾状水、二氧化碳、砂土。

五、防护措施

呼吸系统防护：可能接触其蒸气时，应该佩戴防毒面具。紧急事态抢救或逃生时，建议佩戴自给式呼吸器。

眼睛防护：戴化学安全防护眼镜。

身体防护：穿工作服。

手防护：戴防化学品手套。

其他防护：工作场所严禁吸烟、进食和饮水。工作后淋浴更衣。保持良好的卫生习惯。

六、泄漏应急处理

应急处理：迅速撤离泄漏污染区人员至安全区，并进行隔离，严格限制出入。建议应急处理人员戴自给正压式呼吸器，穿防酸碱工作服。不要直接接触泄漏物。尽可能切断泄漏源。小量泄漏：用砂土、蛭石或其他惰性材料吸收。也可以用大量水冲洗，洗水稀释后放入废水系统。大量泄漏：构筑围堤或挖坑收容。用防爆泵转移至槽车或专用收集器内，回收或运至废物处理场所处置。

参考文献

[1] 中山大学等校．无机化学实验．4版．北京：高等教育出版社，2019.

[2] 周井炎．基础化学实验（上册）．2版．武汉：华中科技出版社，2008.

[3] 朱湛，傅引霞．无机化学实验．北京：北京理工大学出版社，2007.

[4] 翟永清，马志领，李志林．无机化学实验．北京：化学工业出版社，2008.

[5] 李英生，白林，徐飞．无机化学实验．北京：化学工业出版社，2007.

[6] 北京大学化学与分子工程学院普通化学教研室．普通化学实验．3版．北京：北京大学出版社，2012.

[7] 黄涛，张明通．无机化学实验．北京：化学工业出版社，2011.

[8] 王升富，周立群．无机及化学分析实验．北京：科学出版社，2009.

[9] 刘晓微．实验化学基础．北京：国防出版社，2005.

[10] 大连理工大学无机化学教研室．无机化学．6版．北京：高等教育出版社，2018.

[11] 张丽荣，程鹏，徐家宁．无机化学（上，下册）．5版．北京：高等教育出版社，2024.

[12] 中国科学技术大学无机化学实验课题组．无机化学实验．合肥：中国科学技术大学出版社，2014.